本书是中央级公益性科研院所基本科研业务费专项资金青年人才项目“国家公园体制试点区生态补偿与管理体系研究”（项目编号：CAFYBB2017QC006）的重要成果

国家公园体制试点区生态补偿与管理体系研究

何友均　赵晓迪 等　著

科 学 出 版 社
北　京

内容简介

本书以钱江源国家公园体制试点区为对象，分类界定了生态资源资产的内涵和外延，集成研发了生态资源资产统计指标体系和定价机制，构建了生态资源资产评估模型和方法，阐明了生态资源资产价值变化的驱动机制，凝练了可实现试点区内生态功能协同提升、社区居民持续增收的多元化生态补偿模式，阐明了国家公园体制试点政策对保护地及其周边社区的影响及响应机制，形成了可复制、可推广的国家公园建设管理技术体系，为推动试点期结束后国家公园规模化、科学化建设提供经验借鉴，对于保护较大区域自然生态系统的完整性和原真性具有重要指导意义，有利于促进人与自然和谐共生，建设生态文明和推进美丽中国建设。

本书可供自然资源、林草建设、土地管理、资源与环境经济、农林经济管理等领域的管理、科研和教学人员阅读，也可为相关专业大中专院校和科研院所的学生，以及国家公园所在地的居民、企业、地方政府等利益相关者提供参考。

图书在版编目（CIP）数据

国家公园体制试点区生态补偿与管理体系研究／何友均等著．—北京：科学出版社，2020.6

ISBN 978-7-03-065154-9

Ⅰ.①国… Ⅱ.①何 … Ⅲ.①国家公园-体制-研究-中国 Ⅳ.①S759.992

中国版本图书馆 CIP 数据核字（2020）第 085885 号

责任编辑：李轶冰／责任校对：樊雅琼

责任印制：吴兆东／封面设计：无极书装

科学出版社 出版

北京东黄城根北街 16 号

邮政编码：100717

http://www.sciencep.com

北京建宏印刷有限公司 印刷

科学出版社发行 各地新华书店经销

*

2020 年 6 月第 一 版 开本：720×1000 B5

2020 年 6 月第一次印刷 印张：15 3/4

字数：318 000

定价：178.00 元

（如有印装质量问题，我社负责调换）

《国家公园体制试点区生态补偿与管理体系研究》
著者名单

何友均　赵晓迪　叶　兵　许单云
邹文涛　段艺璇　肖仁乾

前　　言

国家公园是指以保护具有国家代表性的自然生态系统为主要目的，实现自然资源科学保护和合理利用的特定陆域或海域，是我国自然生态系统中最重要、自然景观最独特、自然遗产最精华、生物多样性最富集的部分，保护范围大，生态过程完整，具有全球价值、国家象征意义，国民认同度高。建立国家公园体制是我国生态文明建设的重要内容，是实现自然生态保护领域治理体系和治理能力现代化的重要举措，是贯彻习近平生态文明思想的生动实践，对于保护较大区域自然生态系统的完整性和原真性具有重要意义。

开展国家公园体制试点是推进国家公园建设与管理的重要途径。党的十八届三中全会提出“建立国家公园体制”以来，我国启动了国家公园体制试点工作。2018 年机构改革后，明确组建国家林业和草原局，加挂国家公园管理局牌子，统一管理国家公园等各类自然保护地。当前，我国已选择三江源、大熊猫、东北虎豹、神农架、钱江源、南山、武夷山、普达措、祁连山、海南热带雨林 10 处国家公园体制试点，涉及青海、吉林、黑龙江、四川、陕西、甘肃、湖北、福建、浙江、湖南、云南、海南 12 个省，总面积约 22 万平方千米。经过 3 年的建设，各个试点区生态保护和恢复成效日益显现，环境质量持续提升，生态功能不断强化，经济社会协调发展，试点工作取得了显著成效。

2019 年，中共中央办公厅、国务院办公厅印发了《关于建立以国家公园为主体的自然保护地体系的指导意见》，标志着我国的国家公园体制建设进入全面深化改革的新阶段。该意见指出，到 2020 年，提出国家公园及各类自然保护地总体布局和发展规划，完成国家公园体制试点，设立一批国家公园，完成自然保护地勘界立标并与生态保护红线衔接，制定自然保护地内建设项目负面清单，构建统一的自然保护地分类分级管理体制；到 2025 年，健全国家公园体制。党的十九届四中全会通过的《中共中央关于坚持和完善中国特色社会主义制度 推进国家治理体系和治理能力现代化若干重大问题的决定》提出，“构建以国家公园为主体的自然保护地体系，健全国家公园保护制度”。建立国家公园体制，并非是在原有自然保护区基础上建立几个国家公园，而是突出“尊重自然、顺应自然、保护自然”的生态文明理念，通过“试点先行、重点突破、带动全局”的思路做好系统整合、利益均衡与部门协同，根除“九龙治水”顽疾，以国家名义推进自然资源科学保护和合理利用，促进人与自然和谐共生，推进美丽中国建设。

由于历史原因，国家公园体制试点区存在生态保护地类型多样、空间范围相互重叠、管理权属分散、管理部门多头、生态资源资产价值本底不清、生态补偿缺失、社区矛盾突出和开发强度过大等一系列问题。因此，科学评估国家公园体制试点区生态资源资产价值，凝练可实现多自然保护地集中区域生态功能协同提升、产业持续发展、社区居民持续增收的多元化生态补偿模式，形成可复制、可推广的国家公园建设管理技术体系显得尤为重要和迫切，对于推动试点期结束后国家公园规模化、科学化建设具有重大指导作用和现实意义。

钱江源国家公园体制试点区地处浙江省开化县，毗邻江西省婺源县、德兴市及安徽省休宁县，包括古田山国家级自然保护区、钱江源国家森林公园、钱江源省级风景名胜区以及上述自然保护地之间的连接地带，是我国东部地区最重要的水源涵养地和名副其实的“浙江水塔”。域内生态系统完整性高，资源独特性强，分布有较为完整的低海拔中亚热带常绿阔叶林，是联系华南—华北植物的典型过渡带，保存有大片原始状态的天然次生林，林相结构复杂、生物资源丰富，是中国特有的世界珍稀濒危物种、国家一级重点保护野生动物白颈长尾雉、黑麂的主要栖息地。试点区面积约 252 平方千米，涵盖 3 处保护地、4 个乡镇、19 个行政村、72 个自然村，区内原住民人口基数大，集体土地占比突出，自然保护地多头管理、人为分割的碎片化问题严重，土地资源保护与开发矛盾冲突明显，“人、地要素”成为限制钱江源试点持续推进的重要约束。本书以钱江源国家公园体制试点区为对象，践行绿水青山就是金山银山理念，探索自然保护和资源利用新模式，建立了反映国家公园生态资源资产价值的差异化生态补偿标准，提出了多自然保护地集中的国家公园生态补偿模式、管理体系，为建立国家公园差异化、多元化生态补偿机制和精细化管理国家公园提供支撑，并能为全国江河源区及其流域经济社会发展和生态文明建设提供经验借鉴。

本书主要分为六章，各章节主要内容如下。

第一章简要介绍国家公园体制试点区的基本情况，包括区位条件、自然地理条件、社会经济条件、利益相关者分析及建设管理现状。

第二章研究国家公园体制试点区批准前各种重要生态保护地在生态建设、产业发展、社区建设、管理体制等方面的建设成效，基于驱动力–压力–状态–影响–响应模型（DPSIR），分析存在的核心矛盾和主要问题。

第三章以国家公园体制试点区的森林、湿地、农田、水流等生态资源资产为对象，分类界定生态资源资产的内涵和外延；通过集成研发生态资源资产统计指标体系和定价机制，构建生态资源资产评估模型和方法，开展了生态资源资产价值时空动态评估，阐明了影响生态资源资产价值变化的驱动机制。

第四章研究国家公园体制试点区生态资源资产的权属结构，探索了所有权、承包权和经营权分离途径；建立起反映各种成本和生态资源资产价值的差异化生态补偿标准；研究提出了可实现多自然保护地集中区域生态经济和社会功能协同提升的多元化生态补偿模式。

第五章研究国家公园体制试点区政策对保护地及其周边社区的影响。构建了接受意愿模型，分析社区居民参与当地的意愿接受条件，探讨影响国家公园和社区关系的关键因素；利用博弈论分析法，研究中央和地方政府、国家公园管理局、社区居民等多方利益相关主体对国家公园体制试点区政策供给的行为选择和响应。

第六章根据国家公园体制试点区批准前生态建设成效结果和试点政策反馈信息，构建反映人权、事权、财权和责任支出，以法律法规体系、管理体系（产权、管理体制、管理方式）、投融资、科技支撑、环境教育、监督管理、人才队伍建设为主体的国家公园适应性综合管理技术体系。

本书是中央级公益性科研院所基本科研业务费专项资金青年人才项目“国家公园体制试点区生态补偿与管理体系研究”（项目编号：CAFYBB2017QC006）的重要成果。项目研究历时3年多，得到了相关单位和专家的大力支持，主要包括中国林业科学研究院林业科技信息研究所王登举研究员、戴栓友高级工程师，国家林业和草原局国家公园管理办公室褚卫东教授级高工，中国科学院地理科学与资源研究所钟林生研究员，中国科学院生态环境研究中心吕一河研究员，清华大学杨锐教授，山东大学张林波研究员，中国农业大学靳乐山研究员，生态环境部环境规划院张丽荣研究员，北京林业大学崔国发教授、张卫民教授，以及浙江省公益林和国有林场管理总站蒋仲龙站长、林松科长，钱江源国家公园管理局鲁霞光局长、汪长林副局长、方明副局长，开化县发展和改革局党委委员江红、毛玉明教授级高工，钱江源国家公园生态资源保护中心科研合作交流部余建平主任，钱江源国家公园管理局干部汪俊红、何斌敏、周崇武、方豪、徐文越、陈小南，开化县林业局邓长平总工程师，钱江源国家公园管理局苏庄保护站汪东福专职副站长，开化县齐溪林业站王建华站长，开化县长虹林业站余永泉站长，开化县何田林业站于喜旺站长，开化县林场保护站吴继勇副站长，开化县林场马金分场刘志军场长，以及开化县其他局委办同志，在此一并致谢！

由于学术水平和认识上的局限，书中难免有疏漏之处，敬请各位读者批评指正。

著 者

2020年4月

目　　录

第一章 国家公园体制试点区概况

一、区位条件

钱江源国家公园体制试点区位于浙皖赣三省交界处，西与江西婺源县森林鸟类自然保护区毗邻、北接安徽省休宁县岭南省级自然保护区，包含钱江源国家森林公园、古田山国家级自然保护区（简称古田山保护区）两处国家级保护地，距离衢州机场 70 千米、黄山机场 90 千米、义乌机场 200 千米、萧山国际机场 280 千米。试点区是中东部地区生态环境的重要连接性节点区域，其建设将为浙皖赣及其周边地区的生态文明建设提供示范带动作用。

二、自然地理条件

（一）地质地貌

该地区属于白际山脉，形成于燕山运动后期，山体主要由花岗岩、花岗斑岩等构成，花岗岩侵入体风化形成了许多悬崖峭壁，具有典型的江南古陆强烈抬升形成的地貌特征。境内崇山峻岭连绵不断，加之切割作用明显，谷狭坡陡，山脊脉络清晰。

试点区山地陡峭，山体坡度大，陡坡分布广、面积大，切割深度一般在 400 米以上，境内最高峰（外溪岗）海拔 1266.8 米；重力坡地貌广泛分布，山顶部位两坡格外陡峭，山坡上冲沟崩塌、滑坡现象较常见，但规模不大。受断层作用，山坡断崖陡峭如切。沟谷宽度小，梯级状明显，下蚀作用强烈。瀑布和深潭发育广泛。

试点区地质地貌特征明显，具有科学展示价值的有重力坡地貌、花岗岩山体以及各种类型的断层、河流阶地、峡谷等地质地貌景观，代表了这一区域地质地貌演化历史和景观变化过程。

（二）气候水文

试点区属中亚热带湿润季风区，受夏季风影响较大，四季分明、雨水丰沛、光照适宜。境内复杂的地形构成了丰富多样的小气候环境。据多年气候资料统计，试点区年平均降水天数 142.5 天，年降水总量为 1963 毫米，日平均降水量为 5.38 毫米，相对湿度为 92.4%，最小湿度为 41%；日平均气温为 16.2℃，最高气温为 38.1℃，最低气温为 -6.8℃，年温差为 44.9℃，年日照总时数为 1334.1 小时，平日照数为 3.66 小时，无霜期约为 250 天。

试点区主要有古田山水系和钱塘江水系，前者属长江水系乐安江支流，东、西两条苏庄溪在苏庄镇汇合折入江西省境内，经江西德兴市的乐安江流入我国最大的淡水湖——鄱阳湖。后者属钱塘江水系，钱塘江发源于钱江源国家森林公园西部浙赣皖三省交界海拔 1136.8 米的莲花尖，经里秧田、仁宗坑、上村、左溪等乡村，流入齐溪水库，后流经马金镇、城关镇、华埠镇等进入钱塘江干流——常山港。长虹乡和何田乡分布有两条水系的支流。

河流流经地区森林茂密，地下水源以裂隙水为主，富含多种对人体有益的矿物质，符合国家一级饮用水标准；区内河谷、阶地也是野生动物和各种鸟类的活动区域。

（三）土壤植被

试点区母岩以花岗岩为主，外围有含砾粉砂岩及紫红色细砂岩。区内分布有红壤、黄壤、水稻土、沼泽土四个土类：红壤主要分布于 500 米以下的区域，成土时间较短，肥力较好；黄壤主要分布于 600 米以上的区域，以山地黄泥砂土种分布最广。水稻土分布于附近的农田中，为长期耕作形成；沼泽土分布在海拔 850 米左右的古田庙一带局部低洼处，土壤呈酸性反应，pH 为 5.5 ~ 6.5，表层土呈褐色，地下水位较高。多样的土壤类型塑造了不同的植被景观和生物多样性。

试点区植被属于中亚热带低海拔常绿阔叶林植被带，沿海拔梯度依次分布中亚热带常绿阔叶林、常绿落叶阔叶混交林、针阔叶混交林、针叶林、亚高山湿地 5 种森林植被类型。植物区系成分以华东植物区系为主，兼具过渡带特征。低海拔中亚热带常绿阔叶林保存良好，具有代表性和典型性，生态系统在中国乃至全世界较为罕见，具有全球保护价值。试点区是全国 17 个具有全球保护意义的山地保护区和全国九个生态良好地区之一，是华东地区重要的生态屏障。

三、社会经济条件

（一）人口情况

试点区涉及开化县苏庄、长虹、何田、齐溪共 4 个乡镇，包括 19 个行政村、72 个自然村，人口 9744 人（表 1-1）。

表 1-1　钱江源国家公园体制试点区社区人口情况

<table>
<tr><th>乡镇</th><th>行政村</th><th>自然村</th><th>农户/户</th><th>人口数/人</th></tr>
<tr><td rowspan="24">苏庄镇</td><td rowspan="6">横中</td><td>龙潭口</td><td>35</td><td>118</td></tr>
<tr><td>汪畈</td><td>58</td><td>215</td></tr>
<tr><td>黄坞</td><td>10</td><td>27</td></tr>
<tr><td>罗家</td><td>55</td><td>178</td></tr>
<tr><td>山底</td><td>16</td><td>40</td></tr>
<tr><td>下呈畈</td><td>—</td><td>—</td></tr>
<tr><td rowspan="6">余村</td><td>外长坑头</td><td>30</td><td>80</td></tr>
<tr><td>内长坑头</td><td>3</td><td>6</td></tr>
<tr><td>青安塘</td><td>8</td><td>24</td></tr>
<tr><td>冲凹</td><td>3</td><td>6</td></tr>
<tr><td>岭里头</td><td>0</td><td>2</td></tr>
<tr><td>余村</td><td>—</td><td>—</td></tr>
<tr><td>唐头</td><td>唐头</td><td>—</td><td>—</td></tr>
<tr><td>溪西</td><td>溪西</td><td>—</td><td>—</td></tr>
<tr><td>毛坦</td><td>梘畈</td><td>—</td><td>—</td></tr>
<tr><td rowspan="3">苏庄</td><td>东山村</td><td>38</td><td>106</td></tr>
<tr><td>苏庄</td><td>—</td><td>—</td></tr>
<tr><td>杨家</td><td>—</td><td>—</td></tr>
<tr><td rowspan="4">古田</td><td>龙上</td><td>18</td><td>49</td></tr>
<tr><td>宋坑</td><td>44</td><td>143</td></tr>
<tr><td>洪源</td><td>75</td><td>236</td></tr>
<tr><td>平坑</td><td>—</td><td>—</td></tr>
</table>

续表

乡镇	行政村	自然村	农户/户	人口数/人
长虹乡	霞川	芳庄	80	296
		霞坞	73	242
		坑口	91	313
		大石龙	42	148
		上汪	14	57
		阳子山	13	46
		河滩	31	99
		外河滩	12	36
		下潘	45	139
		石灰山	37	111
	真子坑	高田坑	81	296
		马头坞	49	163
		老屋基	50	191
		大阴坑	49	165
	库坑	西坑	89	389
		隔坞	20	83
		库坑	102	403
		山洞口	14	52
		后山	45	140
		对面田	17	66
		昔树林	40	160
		横岭脚	11	42
		呈路坑	11	85
		西山	28	103
何田乡	高升	中秋	—	—
		山茶尖	—	—
		四亩	—	—
		大铺	—	—
	陆联	里源头	67	203
		外源头	22	72
		横路上	30	93
		大横	35	125

续表

乡镇	行政村	自然村	农户/户	人口数/人
何田乡	田畈	上田岭	39	140
		方家	71	246
		鲍坑	15	55
		新田棚	15	55
	龙坑	龙坑	173	684
		益里	66	212
		高坑	54	183
齐溪镇	里秧田	后山湾	16	82
		里秧田	69	133
		溪沿村	25	122
	仁宗坑	仁宗坑	134	431
		中山村	58	203
	上村	上村	163	502
		大鲍山	24	79
		枫岭头	32	89
	左溪	左溪村	119	612
	齐溪	西坑口	54	159
		齐溪田	65	209
总计	19	72	2783	9744

注：农户数与人口数栏内为“—”的自然村表示居民点不在试点区范围，但有部分村集体所有土地在试点区范围。

（二）产业结构

试点区内居民以种植稻谷、油菜、玉米等农作物以及油茶等经济林为生，其中农业收入和外出打工收入占全部收入的 80% 以上。大多数农民平时种植水稻及少量经济林，自产自销，部分农民从事蔬菜生产、加工，第二、三产业不发达。周边地区经济条件一般，低于全县农民人均纯收入（8583 元/人，2011 年）。近年来，逐渐兴起了休闲旅游业，主要在齐溪镇和长虹乡部分村庄，形式多为农家乐。

四、利益相关者分析

（一）利益相关主体

试点区的主要利益相关主体包括国家公园管理局（含古田山国家级自然保护区管理局、钱江源国家森林公园管理局、钱江源省级风景名胜区管委会）、开化县政府、苏庄镇政府、长虹乡政府、何田乡政府、齐溪镇政府、非政府机构、旅游经营者和当地社区居民以及社会公众（表 1-2）。

表 1-2　利益相关者及职责

利益相关者	诉求	职责
国家公园管理局	受上级部门的委托，代表社会公众的利益对钱江源国家公园内的资源实施管理	负责国家公园管理等日常事务、对公园环境保护进行监管
各级政府部门	根据上级部门的要求履行部分保护义务，同时需满足地方居民生产、生活及发展的需求	协调保护利用关系，促进居民及地方经济发展
社区居民	提高收入水平及生活质量	与公园共管、参与游憩经营
非政府机构	承担监督责任	监督国家公园运营、传播环保与生态理念
特许经营者	获取经营收益	保障公园生态安全与环境质量，满足访客体验要求
访客	获得游憩、亲近自然经历，获得受教育机会	传播生态环保理念

开化县前期针对整个县域进行了“国家东部公园”建设工作，并设立了中共开化国家公园工作委员会和开化国家公园管理委员会，作为衢州市委、市政府派出机构，与开化县委、县政府实行“两块牌子，一套班子”的管理体制；并设置了钱江源国家森林公园、古田山国家级自然保护区、钱江源省级风景名胜区等保护地及相应的管理机构，按林地权属对自然生态环境及资源进行保护与开发，所在乡镇党委政府领导乡镇和产业功能区的经济社会工作。

（二）利益相关主体职责

1. 国家公园管理局

国家公园管理局承接古田山国家级自然保护区管理局、钱江源国家森林公园管理局、钱江源省级风景名胜区管委会保护职责，对试点区自然生态环境及资源进行保护，并进行日常事务管理。

2. 各级政府部门

开化县政府及 4 个乡镇政府需协同试点区管理局保护生态环境，协助国家公园对外宣传，并对社区居民行使管理权限，提供社会服务。各级政府应制定规划，建立利益相关者协调讨论机制，实施对旅游经营者、公众参与者的监督与管理。开化县政府及 4 个乡镇政府对涉及自然资源利用的行为进行审批和管理，接受社会公众监督。

3. 社区居民

社区居民的职责在于积极参与试点区资源生态保护工作和各项制度制定，并对试点区管理行使决策、监督等权力。社区居民可通过参与试点区特许经营等项目提升个人技能、拓展就业渠道，为资源生态保护提供支持。同时参与试点区生态补偿及利益分配，保障基本生活及生计可持续发展。

4. 非政府机构

非政府机构的职责在于为试点区提供资金和培训支持、宣传保护观念，进而影响和改变社区居民、旅游者以及旅游企业的行为和态度。在试点区管理全过程中，需要相关非政府组织提供专业性的保护评价，对以后的发展问题给予帮助。

5. 特许经营者

特许经营者的职责在于以合同形式约定经营试点区某些营利性项目的经营方式、特许期限，以及利税返还等项目。特许经营者的任何经营行为都要以维护并保持试点区自然性状态为原则，以满足访客体验为目标，在经济利润获取、资源保护与社区居民发展之间寻找平衡点。

6. 访客

访客是以公平合理的价格进入国家公园试点区内，获得各种知识、愉悦感和满足感。应具备一定环保知识，形成生态友好的旅游行为，愿意传播生态环保理念。

五、建设管理现状

(一) 环境安全状况

试点区生态系统稳定、生态环境良好。但由于受季风气候的不稳定性和山体的影响，主要有低温冻害、夏秋暴雨、秋旱、冬雪等气象灾害，山体崩塌、滑坡、泥石流等地质灾害，森林火灾，重大生物灾害等农业灾害。同时野猪等对农田、农作物也产生了较大破坏。

(二) 基础设施

主要包括道路、水利、保护、科研、游憩和宣教等方面的基础设施。试点区内高速公路 G3、国道 G205、县道和乡道作为联系主要乡镇村落的交通线路，无铁路穿过；试点区范围内有水电站 9 座；在资源保护方面，已完成保护管理站房、保护管理点、野生动物救护站、野外调查巡护设备、动物救护和监控设备、小型气象观测站、水文水质监测站、固定监测样地、固定样线，生态定位监测设备、科研实验设备、标本制作及档案管理设备和多媒体教学系统和科普展厅等科研宣教、资源保护设施的建设；已建成的旅游基础设施包括古田山游客中心、古田山庄、水湖山庄、钱江源旅游集散中心、星级厕所以及多家农家乐；长虹乡已开发旅游景点 39 处（包括 7 处红色旅游景点、21 处绿色田园景点、11 处古色资源观光景点）和农家乐接待点 35 家。

(三) 地方政府支持情况

开化县政府将国家公园体制试点区建设作为开化县创新发展、转型升级的重要载体，以及衢州市创新体制机制、探索县域发展新路子的重大举措。为保护生态，县政府出台各项环境整治政策措施。自 2000 年以来，全县关停近 200 家小造纸、小水泥、小化工等高能耗高污染企业，关闭 343 处石煤开采点来治山、治水和治污，30% 以上山林被划定为禁止采伐的生态公益林，大规模封山育林，200 余个木材粗加工点被全部关停。

(四) 地方居民认知

试点区所在地区的各级政府和社区居民延续了历史上的生态环境保护传统，具有较强的环境保护意识。社区内仍然保存着清代流传下来的“封山、放生河、禁采矿”的百年石碑，以及“禁渔”等村规民约；钱江源源头的地理区位和生态重要性使开化县于21世纪初在全国率先正式确立并全面实施“生态立县”发展战略，整治污染企业，限制资源开发，直接经济损失18.4亿元，每年减少税收3000多万元。开化县从建成国家生态示范区、省生态县、国家生态县，到全国生态文明试点县建设，生态环保意识深入人心。试点区居民对国家公园建设均持支持态度，生态意识较高。

第二章　体制试点区批准前钱江源国家公园生态建设成效评估

党的十九大报告要求我国要“建立以国家公园为主体的自然保护地体系”，对于自然生态系统的保护发展具有重大意义。但是，由于历史原因，我国自然保护地存在类型多样、空间范围相互重叠、生态资源资产本底不清等问题亟须解决，本章利用“驱动力–压力–状态–影响–响应”（Driving forces- Press- State- Influnce-Response，DPSIR）模型，对钱江源国家公园体制试点区批准前的不同类型保护地的生态建设成效进行评价研究，为钱江源国家公园的建立建设提供参考借鉴。

一、试点区内多类型保护地概况

（一）钱江源国家森林公园

1. 历史沿革

1992 年 7 月，开化县人民政府向林业部提交《关于要建立钱江源森林公园的请示》，要求成立钱江源森林公园。经批准，开化县林场在齐溪分场基础上成立了钱江源森林公园管理处，隶属于开化县林场，总面积约 45.0 平方千米，做出了“江源生态保护为主、适度森林旅游开发”的经营大调整，重点开展了莲花塘景区、枫楼景区的景点和游步道以及水湖山庄接待中心的建设，初步具备了以“江源探寻、森林观光”为主要功能的森林旅游条件，于 1999 年 8 月经国家林业局批准升格为国家级后正式对外营业开放。1999 年 11 月新华社发稿“经专家重新认定，钱塘江源头在开化境内”，确定了钱塘江源头在森林公园内。

1997 年 10 月，在钱江源森林公园基础上扩大范围成立了钱江源风景名胜区，钱江源风景名胜区面积 72 平方千米，成立时经县政府批准定为县级风景名胜区，1999 年 12 月经市政府批准列为市级风景名胜区，2001 年 3 月经省政府批准升为省级风景名胜区。自此，与钱江源森林公园实行“一套人马两块牌子”的运行机制。

1998 年 3 月，《钱江源森林公园总体规划（1998—2015 年）》通过了浙江省林业厅组织的钱江源森林公园评审委员会评审。2016 年森林公园开始筹划编撰二期《浙江钱江源国家森林公园总体规划（2017—2025 年）》，于 2017 年 8 月完成并通过省林业厅专家组评审。两期总体规划结合森林公园特有的景观资源和优良的生态环境，统筹保护和建设的关系，合理布局设施建设，对保护区域森林资源，开展生态科普教育，弘扬生态文化，发展森林旅游，打造钱江源国家公园具有十分重要的推动作用，对促进当地经济社会发展，满足广大人民群众日益增长的生态公共产品需求具有重要的意义。

2. 自然地理

钱江源国家森林公园坐落在浙江省西部边界的开化县域内，北以浙皖分界线为界，西以浙赣分界线为界，南至开化县何田乡以北山脊线，东至开化县原霞山乡以西山脊线，是连接浙西、皖南、赣东北的要冲，浙江的“西大门”，重要的江源生态功能保护区，总面积 4561. 7 公顷，其中游览设施用地 9. 5 公顷，村庄用地 15. 7 公顷，交通工程用地 30. 5 公顷，农业用地 340. 6 公顷，林地用地 3944 公顷，水域 221. 4 公顷。

钱江源国家森林公园位于浙西中低山丘陵区，属白际山脉南麓，整个公园地势自西北略向东南倾斜，千米以上的山峰有 25 座（占开化县境内千米以上山峰的 54%），最高峰外溪岗 1266. 8 米，著名山峰——莲花尖海拔 1136. 8 米。公园境内受新地质构造运动影响，具有典型的江南古陆强烈上升山地的地貌特征，又因受下古界加里东旋回的影响，形成了山河相间的地形特点，境内崇山峻岭连绵不断，加之切割作用明显，谷狭坡陡，山脊脉络清晰。

钱江源国家森林公园地处中亚热带季风气候，温暖湿润、雨量充沛、日照充足、四季分明。多年平均降水量 1762. 1 毫米，多年平均气温 16. 3℃，全年平均日照时数约 1900 小时，无霜期长约 250 天。全年主导风向为北风，降水 4—6 月最多，洪水期在 5—6 月，7 月下旬至 9 月中旬是伏旱、秋旱期，气温较高，降水量少，冬季超过 20cm 的大雪为 5 年一遇。由于海拔相差较多，公园内气候明显分层，总体上形成了“常年云雾、夏季清凉、春秋宜爽、冬季偏暖”的气候特征。

3. 自然资源

（1）水文资源

钱江源国家森林公园区域内水系属钱塘江水系，公园西部浙赣皖三省交界海拔 1136. 8 米的莲花尖是钱塘江在浙江省的发源地，属钱塘江南源，经里秧田、仁宗坑、上村、左溪等乡村流入齐溪水库，后流经马金、城关镇等进入钱塘江干流——衢江。沿途两岸高山，岩石裸露，峡谷众多，谷窄流急，河床比降大，水量充沛，洪枯水位变化明显，属于山溪性河流。风景区内约有 15 处坑坞，均有山溪流出并汇入干流——莲花溪。至西坑口与马金溪汇合入齐溪水库。该水库建成于 1988 年，属中型水库，水面面积 2. 18 平方千米，总库容 4575 万立方米，正常库容 3800 万立方米，集雨面积 182. 65 平方千米，是目前开化县库容最大的水库。齐溪电站共有 2 座发电厂房 5 台发电机组，总装机容量 13 000 千瓦，年均发电量 4000 万千瓦时。水库在蓄水发电的同时，兼有防洪抗旱任务，农田灌溉面积达 6 万亩①。从整体来看，森林公园因森林植被茂盛而水土保持完整，水体水质好，均为 I 类水。

（2）景观资源

钱江源国家森林公园内峰峦叠嶂、谷狭坡陡、岩崖嶙峋、飞泉瀑布、潺潺溪流、云雾变幻、古木参天、山高林茂、珍禽异兽，地文景观、水域风光、生物景观、天象与气候景观、遗址遗迹、建筑与设施等旅游资源丰富，资源质量等级高，生态环境优良，旅游价值高。

钱江源国家森林公园内植被属中亚热带常绿阔叶林带，植物区系丰富，具有南北交汇过渡带的特色。公园内有数万亩原始次生阔叶林，720 余种木本植物，包括南方红豆杉、长柄双花木、红楠、鹅掌楸、银杏等在内的一大批国家一、二级重点保护野生植物，黄山木兰、浙江樟、闽楠等国家三级重点保护野生植物。尤其是成片分布的长柄双花木（约 3000 亩）和黄山松（约 1300 亩）最为独特，体现了钱江源生态植被的优良景源。公园内树龄普遍较高，层次结构丰富，林相优美，为动物栖息、繁衍创造了良好的生态环境，公园内活跃着黑麂、棕熊、红嘴蓝鹊、相思鸟等大量的鸟兽。

整个公园由水湖景区、枫楼景区、莲花塘景区、卓马坑景区和莲花溪景区五大景区组成，目前已经开发的景区有水湖景区、枫楼景区、莲花塘景区和莲花溪景区。水湖景区内有龙山神泉、齐溪水库、水湖孤岛、望湖栈道等景点。枫楼景区的生态沟、仙人谷等，还有“群石小憩”“神龟饮源”“罗汉参禅”“潜龙潭”“迎宾瀑”“蛙龟瀑”“弯月瀑”“隐龙壁”“天梯瀑”“天眼 ”“枫楼石壁”等景点。全长 18 千米的莲花溪溪畔有天子坟、天子湖、九曲十八滩、钱江源大峡谷等景点。大峡谷内有鸳鸯潭、杜鹃戏水、神龙飞瀑等自然景观。神龙飞瀑是江南第一大飞瀑，该瀑布落差为 125 米，分为三段，中间巨石如屏，常年水流不断。钱江源头莲花塘景区由奇峰圣塘组成，主峰莲花峰海拔 1130 余米，与其对峙的伞老峰是浙、皖、赣三省交界的地方。登上伞老峰，可一脚踏三省，饱览浙、

① 1 亩≈666. 7 平方米，下同。

赣、皖秀丽群山之胜景。

4. 建设成果

钱江源国家森林公园的建设，坚持以国家有关林业建设、生态保护和新农村建设的方针、政策和法规为指导，立足实际，充分利用本区域丰富的自然资源和良好的产业基础，以生物多样性保护和特色森林生态文化建设为主题，以展示森林的形成、发展、演替规律、森林与人类关系，集中展现开化县丰富的物种、典型的分布、良好的生态、历来的生态林业建设成就以及悠久的历史文化为内容，以开发森林旅游资源，壮大生态旅游产业，加快生态经济强县建设为动力，遵循自然规律和经济社会发展规律，保护为主、合理开发、科学规划、合理布局、突出重点、分步实施，经过近二十年的经营，成为自身特色明显，文化内涵丰富，生态功能齐全，配套设施完善的国家级森林生态旅游胜地、林业教育科研基地和社会主义新农村建设示范基地。

钱江源国家森林公园辖区范围共有 5 个行政村，644 户、2043 人。区域经济发展主要依靠竹木生产及其他农林副产业产品，农家旅游休闲产业尚处于起步阶段，近年来，随着森林公园知名度和社会影响力的不断扩大，游客人数和旅游收益逐年上升，在森林公园带动下当地乡村旅游发展有了较大提升。到 2015 年，钱江源国家森林公园已初具规模，从内部交通条件、景点建设、接待服务、生态文化宣传教育各角度评估，已成为具有一定接待能力的综合性森林公园。目前，钱江源国家森林公园已经成为钱江源最重要的江源生态保护地、浙西地区森林生态旅游的重要组成部分、开化国家公园的核心景区。每年有相当数量的游客前来森林公园观光旅游，形成 7—9 月三个月的“江源探寻、森林观光”为主、5—10 月周末游客相对集中的旅游客潮。

多年来，在森林公园的开发开放过程中，不断得到相关部门的关注与支持，森林公园建设成果显著，享誉内外。2004 年公园被衢州市委市政府授予“爱国主义教育基地”；2005 年被浙江省林业厅评为“文明森林公园”；2007 年被浙江省林业厅、浙江省森林旅游协会评为“四星级森林旅游区”，浙江省日报社、浙江省度假旅游研究会评为“浙江省旅游景区名片”；2008 年被国家林业局森林公园管理办公室评为“国家生态文化教育示范基地”；2011 年被浙江省生态文化协会评为“浙江省生态文化基地”；2013 年被浙江省住房和城乡建设厅、中国风景名胜区协会、风景名胜杂志社评为“浙江 30 年最美生态景观”“浙江省十佳避暑胜地”；2014 年被浙江省林业厅评为“浙江最美森林”；2016 年获得“中国森林氧吧”称号；等等。

（二）古田山国家级自然保护区

1. 历史沿革

古田山国家级自然保护区前身是1958年建立的古田山伐木场，1973年伐木场改为采育场，1975年5月浙江省人民政府批准建立古田山自然保护区（面积为1367.7公顷），1979年9月国务院颁布古田山为全国首批45个自然保护区之一。为加大对自然资源的保护力度，1999年保护区扩区，2001年6月国务院批准晋升为国家级自然保护区，总面积为8107.1公顷，其中核心保护区面积为2156公顷。

2. 自然地理

古田山国家级自然保护区地处中亚热带东部，浙赣两省交界处，在浙江省衢州市开化县境内，与江西省婺源县、德兴市相邻，距离开化县城55千米。地理坐标为东经118°03′58.9″—118°11′00.5″，北纬29°10′32.1″—29°17′43.4″，保护区属于南岭山系白际山脉的一部分，山脉呈东西—西南走向，山势自东向西延伸至江西省境内，山地坡度一般为30°，最大处达70°。区内千米以上山峰达6座，相对高度400—1000米不等。主峰青尖处于东经118°17′，北纬29°16′，海拔1258米。水系属长江水系乐安江支流，流入鄱阳湖。地处中亚热带季风气候带，受夏季风影响较大，一年之中气候有明显的季节变化，气候特点是冬暖夏凉，温暖湿润。由于其特殊复杂的地理位置，分布着典型的中亚热带常绿阔叶林，是生物繁衍栖息的理想场所，生物多样性十分突出。

3. 自然、人文资源

古田山国家级自然保护区景色秀丽，古木参天，冬暖夏凉，风景奇特，有原始次生林，大小瀑布30余处，有“极目楚天、登高而望”的瞭望台，在此可听到珍禽怪兽的尖叫声，动听悦耳的鸟鸣声，真可谓古书《广屿》所载“古田名山为东南之名胜，为七十二洞天之一也”。保护区名胜古迹也很多，流传着许多动人的传说。宋太祖乾德年间（963—967年）山民猎白兔，兔子化为玉石，有名僧建庙于其上，取名为“凌云寺”，庙前有30余亩良田，因年代久远，遂名为古田庙。明太祖朱元璋曾在古田山安寨扎营，指点江山，有“点将台”为其证。方志敏率领的红军也曾在古田山一带活动，留有后人纪念的有“红军洞”。粟裕率领的北上抗日挺进师也曾在此撒下革命的种子。还有大批的国家重点文物保护单位如苏庄的“姜家祠”、唐头的“宋代古佛”、龙坦的“宋朝窑址”等。珍稀古树名木有“元杉”“唐柏”“吴越古樟”“苏庄银杏”，相传“元杉”是朱元璋亲手栽的，“吴越古樟”被称为“浙江树王”。另外，“古田三怪”（蛇不螯、螺无尾、水有痕）和“世外桃源”——宋坑等处，更具有神奇色彩。

4. 管理状况

（1）管理组织机构

古田山国家级自然保护区自2001年晋升为国家级自然保护区。2002年10月成立的开化古田山国家级自然保护区管理局是集生物多样性、科研、宣教和生态旅游于一体的社会公益性全额拨款事业单位。保护区行政上直属开化县人民政府领导，业务上由浙江省林业厅指导，省、县环保部门是保护区的综合管理部门。设有办公室、资源保护科、科研与宣教科、经营管理科4个职能科室，下设平坑口、毛坦、溪西3个保护管理站，共有洪源、平坑、唐头、东山、埂上、枧畈、溪西、余村、横中9个保护管理点、2个检查哨卡和1座瞭望台。

古田山国家级自然保护区实施了《浙江古田山国家级自然保护区总体规划（2003—2010年）》，完成自然保护区基础设施建设一期和二期工程项目，保护管理、科学监测、宣传教育等体系已基本建立。2004年中国科学院植物研究所与国际上热带雨林科研机构CTFS（Center for Tropical Forest Science，热带森林科学中心）合作，按纬度分布在全国选取了5个典型区域设立监测样地（古田山24公顷固定监测样地于2005年9月建成），建立了中国森林生物多样性监测网络。整体建立了以珍稀濒危物种的拯救、维护和发展为工作重点，从管理局到保护点的四级保护网络体系。特别是生物多样性保护与研究取得了显著成效，完成了保护区的综合科学考察及以白颈长尾雉、黑麂等为主要研究对象的一系列相关专项研究，整理出《古田山国家级自然保护区综合科学考察报告》等自然资源调查与科学监测成果。基础设施相对完善，现正在实施《浙江古田山国家级自然保护区总体规划（2012—2021年）》。

（2）土地利用管理情况

保护区土地总面积8107.1公顷，其中林地面积8062.7公顷，占总面积的99.5%，非林地面积44.4公顷，占0.5%。林地中，有林地面积7668.1公顷，占95.1%，灌木林地261.6公顷，占3.2%，疏林地面积53.5公顷，占0.7%，未成林造林地面积21.3公顷，占0.3%，宜林地面积58.2公顷，占0.7%。

保护地山林权属清晰，与邻省（江西省）及周边乡（镇）、村均无林权纠纷。经地方政府确权认定，保护区现有行政范围面积8107.1公顷，其中国有土地面积1770.3公顷，集体所有土地面积6336.8公顷，分别占总面积的21.8%和78.2%。

保护区林地面积 8062.7 公顷，其中国有林地 1631.4 公顷，集体林地 6251 公顷，个人所有林地 180.3 公顷（已通过林权证租赁合同获得使用权和森林资源管理权）。区内森林资源蓄积 74.3 万立方米，其中国有森林资源蓄积 31.7 万立方米，集体森林资源蓄积 42.6 万立方米，分别占森林资源总蓄积量的 42.7% 和 57.3%。保护区内森林覆盖率高达 97.8%。

（3）集体林权制度改革情况

古田山保护区集体林地 6251 公顷，占总面积的 3/4 以上。由于自然保护区尤其是核心区和缓冲区的资源不允许开发利用，在经济上却没有任何补偿，以林业为主要收入来源的保护区社区居民不得不改变自己的生产方式，经济收入减少，生活相对困难。当地村民很有意见，对自然保护态度不积极，成为自然保护事业健康发展和农村社会和谐稳定的一个隐患。

2007 年开始，根据浙江省财政厅、林业厅的统一部署，古田山国家级自然保护区开展了核心区集体林租赁试点工作，初步形成了“核心区集体林由保护区管理机构租赁经营，自留山补偿全额到户，村（组）集体统管山分利不分林”的自然保护区集体林权改革模式。近年来，通过山林使用权的有偿转让，保护区管理局获得了区内集体林的林地使用权和森林资源管理权，解决了长期以来保护区山林使用权是村民所有而保护区行使管理之间的矛盾，进一步明晰了产权关系，奠定保护区统一管理的基础，也统筹兼顾了各方利益，使林农得到更多的实惠，自然生态得到了更好的保护。这一租赁试点，在全国首创，得到国家林业局的高度肯定。从 2011 年开始古田山保护区集体林 6251 公顷全部实行集体林国家租赁经营管理，由保护区管理机构实行统一管理。

5. 保护区类型及保护对象

在植物区系组成上，兼具南北特点，是联系华南到华北植物的典型过渡带，其中有些是我国和浙江省仅有或稀有的种类，其原始状态的大片天然次生林，林相结构复杂，生物资源丰富，起源古老，区系成分复杂，珍稀动植物繁多，是保存生物物种的天然基因库。根据历年来调查资料统计，有高等植物 244 科 897 属 1991 种，其中国家一级重点保护植物 1 种、国家二级重点保护植物 14 种、省级珍稀濒危植物 17 种；动物有两栖爬行类 77 种、鸟类 142 种、兽类 58 种，其中国家重点保护动物 38 种（国家一级重点保护动物有豹、云豹、黑麂、白颈长尾雉 4 种，二级重点保护动物有白鹇、黑熊、小灵猫等 34 种）、省重点保护动物 36 种。黑麂是全国两个集中分布区中最大的一处；白颈长尾雉是全国分布较集中、数量较多的地区。该区也是国家二级保护动物白鹇、黑熊等动物的主要栖息地。根据《中华人民共和国自然保护区条例》第二条规定，古田山保护区是对白颈长尾雉、黑麂等珍稀野生动植物及其栖息地、中亚热带常绿阔叶林森林生态系统予以特殊保护和管理的区域。根据《自然保护区类型与级别划分原则》（GB/T 14529—93），古田山保护区属于以“保护白颈长尾雉、黑麂为重点的野生动物类型自然保护区”，即属于“野生生物类型”的自然保护区。

主要保护对象如下。

1）国家Ⅰ级重点保护野生动物白颈长尾雉、黑麂，国家Ⅱ级重点保护野生动物白鹇、黑熊、小灵猫等及其栖息地。

2）特有珍稀濒危野生植物香果树、野含笑等种群的集中保留地；国家Ⅰ级重点保护野生植物南方红豆杉，国家Ⅱ级重点保护野生植物厚朴、长序榆、闽楠等 47 种；浙江红山茶模式植物的标本产地。

3）古田山澳汉蚱，古田山耳蝉、古田山细蚊等一大批昆虫新种（到目前已发表定名的有 164 种）模式标本的产地。

4）在我国低海拔处保存完好的、大面积具有代表性和典型性的中亚热带原始常绿阔叶林。

6. 功能区划

根据古田山保护区一期规划，保护区功能区划为核心区、缓冲区、实验区。

（1）核心区

核心区位于保护中北部，以青尖峰—柏树坑—巧观尖为中心的一片，东至苏庄分场东山林区大黄坑，南至苏庄分场东山林区大王坑，西至平坑村平坑源，北至蛤蟆石底猪母岗，面积 2156 公顷，占保护区面积的 26. 6%。核心区是保护区内原生性、典型地带性常绿阔叶林和常绿落叶阔叶林集中连片分布的区域，是白颈长尾雉、黑麂、南方红豆杉、长序榆、连香树等珍稀濒危动植物种的主要生存栖息地，具有明显垂直带谱森林群落分布的区域。

（2）缓冲区

缓冲区位于核心外围，是核心区和实验区的过渡地带，对核心区起保护和缓冲作用，扩大和延伸被保护物种的生长和活动区域。本保护区在核心区周围根据实际需要划定缓冲区，位于核心区外围 500—5000 米宽度范围，面积为 1732 公顷，占保护区面积的 21. 4%。四至界线为：东面外至黄坞口、内至东山林区大黄坑，南面外至东山村、内至东山林区大王坑，西面外至苏庄溪、内至平坑村平坑源，北面外至浙赣省界，内至蛤蟆石底猪母岗。

（3）实验区

除核心区、缓冲区之外，其余部分均划为实验区。实验区主要设在保护区东南西三面的外缘，面积为 4219. 1 公顷，占整个保护区总面积的 52. 0%。实验区是保护管理设施配置、进行科学实验活动的集中区域。在保证生态环境不受破坏的情况下，根据可利用资源和地域特点，按照有关规定，在本区内进行保护、科研、教学、生态旅游、多种经营等活动。

各功能区面积、四至边界等见表 2-1。

表 2-1　古田山国家级自然保护区功能区划表

分区	面积/公顷	占比/%	四至边界
核心区	2156	26.6	东至苏庄分场东山林区大黄坑；南至苏庄分场东山林区大王坑；西至平坑村平坑源；北至蛤蟆石底猪母岗
缓冲区	1732	21.4	东面外至黄坞口，内至东山林区大黄坑；南面外至东山村，内至东山林区大王坑；西面外至苏庄溪，内至平坑村平坑源；北面外至浙赣省界，内至蛤蟆石底猪母岗
实验区	4219.1	52.0	保护区除核心区和缓冲区外的其他区域均为实验区
合计	8107.1	100	东面及东南：以开化县苏庄镇的横中村至毛坦村毛坦自然村双溪口的余村溪为界；西面及西南：以开化县苏庄镇古田村洪源自然村至毛坦村毛坦自然村双溪口的苏庄溪为界；北至浙赣省界

7. 保护区内外社区

（1）行政区划

古田山保护区行政范围涉及开化县国有林场苏庄分场和苏庄镇的横中、余村、溪西、毛坦、苏庄、唐头、古田 7 个行政村，总面积为 8107.1 公顷。

（2）人口分布

1）保护区内：保护区内现有 11 个自然村 245 户 739 人，其中核心区 35 户 118 人，缓冲区 3 户 6 人，实验区 207 户 615 人，口密度为 9 人/公顷，全由汉族组成。区内人口集中分布在保护区边缘的环状公路周围，居住地相对集中，有利于保护区的保护管理。

2）保护区周边地区：与保护区有宣教关系的外围区域，包括山底、横中、汪畈、下呈畈、余村、溪西、枧畈、埂上、大坂湾、苏庄、新田畈、杨家、唐头、外平坑、里平坑、里深坑、洪源和田畈 18 个自然村、7 个行政村 12 930 人。

（3）保护区区域经济

1）保护区内：保护区内居民大都从事农业生产，近几年有部分青壮劳动力外出打工，致使部分田地撂荒。因地处低山丘陵，不适宜机械化，农业产业化程度很低，目前还以耕牛、锄头、镰刀为主，少量辅以拖拉机耕作，稻谷亩产 800 千克，少数亩产可达 1000 千克，除粮、茶外，其他农作物主要有油菜、小麦、玉米、马铃薯、芝麻等。

2）保护区周边地：保护区周边地区经济条件一般。如 2017 年苏庄镇农民人均纯收入只有 15 110 元，低于全县人均纯收入。

（三）开化县林场

开化县林场创建于 1954 年，2012 年改革定性为归口县林业局管理的社会公益二类副科级事业单位，目前增挂“开化县林场国有生态公益林保护站”和“钱江源国家公园生态资源保护中心国有林场保护站”两块牌子，是原国家林业部批准的全国南方林区 4 个示范林场之一，也是浙江省最大的事业建制国有林场。现经营国有山林面积 19 万亩（在国家公园内有 6 万余亩），分布在全县 14 个乡镇，占全县林业用地面积的 6.7%；森林蓄积量 151 万立方米，占全县森林蓄积量的 13.4%；森林覆盖率 94.4%，高出全县平均水平 13.6 个百分点；省级以上生态公益林面积 12.5 万亩，占全县公益林面积的 9.5%。林场下设 8 个分场（55 个林区）、1 个国家级森林公园——钱江源国家森林公园、1 个国有独资公司——浙江省钱江源实业有限公司，全场现有职工 203 人。主要经营业务为森林旅游、种苗培育、木材生产等，2017 年全场经营性收入 1500 余万元。

建场以来，全体林场干部职工艰苦创业、勇于攀登，在全县、全省乃至全国林业战线上创造了辉煌的成就，为县委、县政府“生态立县、特色兴县、产业强县”和“钱江源国家公园”战略的实施做出了重要贡献。累计完成绿化造林 30 余万亩，森林蓄积量从建场初期的 26 万立方米增长到现在的 151 万立方米，累计为国家提供各类商品材 80 多万立方米，提供良种 1.35 万千克，穗条 7300 余万支，培育良种壮苗 3000 多万株，推广良种造林面积 100 万亩以上，增加林木蓄积量 300 万立方米。早在 20 世纪 90 年代初期，开化县林场就跻身全国国有林场“500 强”“100 佳”的前列，先后获得全国国有林场先进单位、全国苗圃先进单位、全国十佳林场、全国林木种苗先进单位、浙江省现代国有林场等荣誉称号；先后有 2 人获得“全国劳动模范”荣誉称号，并当选为全国人大代表，3 人获得省部级劳动模范荣誉称号，2 人获得全国优秀护林员称号。

一直以来，开化县林场始终坚持科技兴林，先后取得“杉木无性系选育和繁殖技术研究”等获奖科研成果 32 项，其中省部级以上各类科技奖项 15 项（国家发明奖三等奖 1 项，省政府科学技术进步奖一等奖 1 项、二等奖 5 项）。出版科技类著作 11 部，在各类学术期刊上发表论文 100 余篇。目前，全场获得中高级专业技术职称的专业技术人员达 40 多人（其中教授级高工 3 人，高级工程师 4 人），先后与中国林业科学研究院亚热带林业研究所、浙江农林大学、浙江省林业科学研究院等科研单位建立了科技协作关系，正在开展的各类科研项目有 10 余项。

二、研究方法和模型

（一）研究方法

通过理论与实证相结合、定性与定量相结合的方法进行研究。主要研究方法如下。

1. 文献研究法

一方面，整理和归纳试点区（主要是钱江源国家森林公园和古田山国家级自然保护区）自然资源和社会经济状况的资料搜集和整理；另一方面则是梳理和学习已有的生态建设成效评估、DPSIR 模型及应用等方面的研究成果，作为借鉴。

2. 访谈座谈法

对试点区管理局、地方政府、村集体、林业工作管理站及钱江源国家森林公园和古田山国家级自然保护区的相关人员就所辖范围内的生态建设方面的情况进行访谈和座谈，获取第一手资料。

3. 统计计量方法

主要利用层次分析法（analytic hierarchy process，AHP）进行指标的赋权。指标赋权是指标体系应用的重要环节。考虑到本书研究对象仅为两个，且在试点批准前并不能获取更多年份的数据，本书采用 AHP 进行赋权。

AHP 将目标分为多个目标，进而分解为多指标的若干层次，通过定性指标模糊量化方法计算层次单排序（权数）和总排序，以作为目标（多目标）、多方案优化决策的系统方法。具体过程如下：

（1）建立层次结构模型

根据评价的目标层、准则层、指标层等建立多级层次结构模型。

（2）构造判断矩阵

在确定各层次各因素之间的权重时，采取两两比较的方式，以尽可能减少性质不同的要素之间相互比较的困难。对属同一级的要素，用上一级的要素为准则进行两两比较后，根据判断尺度确定其相对重要度，并据此建立判断矩阵。如对某一准则，对其下的各要素两两比较，并按其重要性程度评定等级，设a_{ij}为要素

i 和要素 j 重要性比较结果，最终得到比较结果的矩阵成为判断矩阵 $\boldsymbol{A}$，且 $a_{ij}=\frac{1}{a_{ji}}$。具体标度如表 2-2 所示。

表 2-2　AHP 得分标度

要素 i 和要素 j	量化值
同等重要	1
稍微重要	3
较强重要	5
强烈重要	7
极端重要	9
两相邻判断的中间值	2，4，6，8

（3）层次单排序及其一致性检验

对应于判断矩阵 $\boldsymbol{A}$ 的最大特征根 λ_{max} 的特征向量经归一化后记为 $\boldsymbol{W}$，其元素为同一层次要素对于上一层次要素某要素相对重要性的排序权值，这一过程称为层次单排序。具体如下：

将 $\boldsymbol{A}$ 的每一列向量归一化得到

$$\overline{\boldsymbol{W}}_{ij}=\frac{a_{ij}}{\sum_{i=1}^{n}a_{ij}}\quad(i,\ j=1,\ 2,\ 3,\ \cdots,\ n)$$

将 $\overline{\boldsymbol{W}}_{ij}$ 按行求和得到

$$\overline{\boldsymbol{W}}_{i}=\sum_{j=1}^{n}\overline{\boldsymbol{W}}_{ij}\quad(i,\ j=1,\ 2,\ 3,\ \cdots,\ n)$$

将 $\overline{\boldsymbol{W}}_{i}$ 归一化：

$$\boldsymbol{W}_{i}=\frac{\overline{\boldsymbol{W}}_{i}}{\sum_{j=1}^{n}\overline{\boldsymbol{W}}_{j}}$$

$$\boldsymbol{W}=(W_1,\ W_2,\ W_3,\ \cdots,\ W_n)^{\mathrm{T}}$$

计算判断矩阵 $\boldsymbol{A}$ 的最大特征根 λ_{max}：

$$\lambda_{max}=\frac{1}{n}\sum_{i=1}^{n}\frac{(\boldsymbol{AW})_i}{\boldsymbol{W}_i}$$

能够确认层次单排序，需要进行一致性检验，即分析确定不一致的允许范围。通常，当 $\mathrm{CR}=\frac{\mathrm{CI}}{\mathrm{RI}}<0.1$ 时，则认为 $\boldsymbol{A}$ 具有满意的一致性。其中，

$$\mathrm{CI}=\frac{\lambda_{\max}-n}{n-1}$$

RI 为平均随机一致性指标，为 1—9 阶正互反矩阵计算 1000 次得到的平均随机一致性指标，且有各自的修正值。

(4) 计算组合权重

利用同一层次中所有层次单排序的结果，就可以计算针对上一层次而言的本层次所有元素的重要性权重值，进场层次总排序也需要进行一致性检验。

本书的 AHP 方法选择北京林业大学（4 位）和中国林业科学研究院（4 位）相关领域的 8 位专家学者对指标体系中的各指标直接进行打分，结果直接使用 YAAHP 软件直接得到。

（二）DPSIR 模型

生态环境的复杂性与多变性决定了不同认识观下的生态建设评价不尽相同。国内外针对生态安全、生态系统稳定性、健康和可持续性等开展了较深入的研究（高珊和黄贤金，2010），DPSIR 模型在这些研究中可以很好地发挥作用。

为向欧洲环境署（European Environment Agency，EEA）建议如何随着战略的发展进行综合环境评估，荷兰国家公共卫生和环境研究所（RIVM）提出了一个框架进行应用，该框架包括驱动力、压力、状态、影响和响应，这就是后来被称为 DPSIR 的框架。自那时 DPSIR 框架被 EEA 采用，并得到广泛应用。该框架被看作是提供一种结构，该结构呈现了必要的指标以便能向决策者反馈环境质量以及由此产生的决策的影响，或者将来做出哪些决策。

根据 DPSIR 框架，存在一连串的因果联系：以人类基于自身生存和发展的“驱动力 D”（经济部门、人类活动）开始，通过人类活动给自然界施加“压力 P”（排放、废物），改变了自然资源和自然环境的“状态 S”（数量、质量、功能），造成对生态系统、人类健康和功能的“影响 I”，最终通过决策、行为等进行“回应 R”（优先次序，目标设定），促进生态系统良性循环的过程。然而，必须认识到，这五个要素之间的因果链非常复杂，如图 2-1 所示。

1. 驱动力

目前对驱动力的定义有不同的看法。EEA 定义驱动力为“社会、人口及经济的发展及相应的生活方式的改变，整体的消费水平和生产模式”。Rodríguez-Labajos 等（2009）提出影响社会、经济、政治和环境系统之间结构和关系的四个非等级但相互作用的驱动力分类，通过这种方法得到“主要驱动力”“次要驱动力”“第三驱动力”“基本驱动力”。其中，主要驱动力是与经济管理层面的压

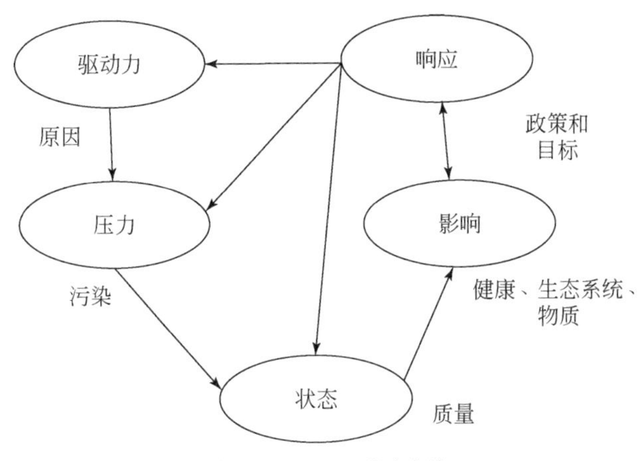

图 2-1　DPSIR 基本框架

力（如工业、旅游）直接相关的社会经济活动，次要驱动力是政策层面（如法律）。从长期且更宽的空间影响范围来看，第三驱动力是意识形态、生活方式（如媒体、消费水平）。基本驱动力包括基本趋势（如人口、文化），这些趋势只受到长期社会决策（如气候变化、人口）的影响。Kristensen（2004）认为，驱动力就是需要，其中主要驱动力的例子是一个人对于庇护场所、食物和水的需要，次要驱动力是健康、娱乐和文化的需要。而对于一个工业部门来说，驱动力可能是盈利的需要，是低成本的生产，而一个国家的驱动力可能是保持低水平的失业率。在宏观经济背景下，生产或者消费过程是通过经济部门（如农业、能源结构、工业、交通等）来组织完成的。通常，驱动力体现人口（如数量、年龄结构）、交通（如陆路、水路）、能源（如能源类型、技术）、发电、农业（如粮食类型）、土地利用、废污、非工业部门等情况。

2. 压力

通常认为驱动力导致人类产生各种活动，如运输或粮食生产，即导致满足需要，同时也由于生产或消费过程，对自然界施加压力。压力是导致环境变化（影响）的人为因素。EEA 将其定义为“物质（排放）、物理和生物部门的排放、资源的使用及人类活动对土地利用方面的发展”。通常，压力包括资源的使用、排放、垃圾、噪声的产生、辐射及其他危害，即分为三种主要类型：①过度使用环境资源；②土地利用的变化；③排放化学物质、废物、辐射、噪声到空气、水体和土壤。

3. 状态

作为压力的结果，自然系统甚至社会经济系统“状态”受到影响，也就是说，各种环境部分（空气、水、土壤等）的质量与这些部分履行的功能有关。环境的状态是物理、化学及生物条件的组合。通常，状态包括空气质量、水质、土壤质量、生态系统状况、人类生活和健康等。

4. 影响

环境的物理、化学或生物状态的变化决定了生态系统质量与人类福利，也就是说，状态的变化可能对生态系统的功能、生命维持能力以及最终对人类健康和社会的经济、绩效产生环境或经济“影响”。通常，影响包括环境功能的变化，如资源获取、水和空气质量、土壤肥力、健康或社会凝聚力。这些影响触发响应。

5. 响应

响应是由对影响的感知直接或间接触发并试图预防、消除、补偿或减少其后果的政策行动。社会或政策制定者的响应是对不期望的影响的处理结果，并且能够影响驱动力和影响之间因果链的任意部分。响应可以来自社会的不同层面，如个人、政府或非政府组织。这些响应反过来可以影响驱动力、压力、状态和影响的趋势。

根据 DPSIR 框架的基本原理，将图 2-1 进一步丰富，构建了钱江源国家公园体制试点批准前多类型保护地生态建设成效的 DPSIR 评估模型，如图 2-2 所示。

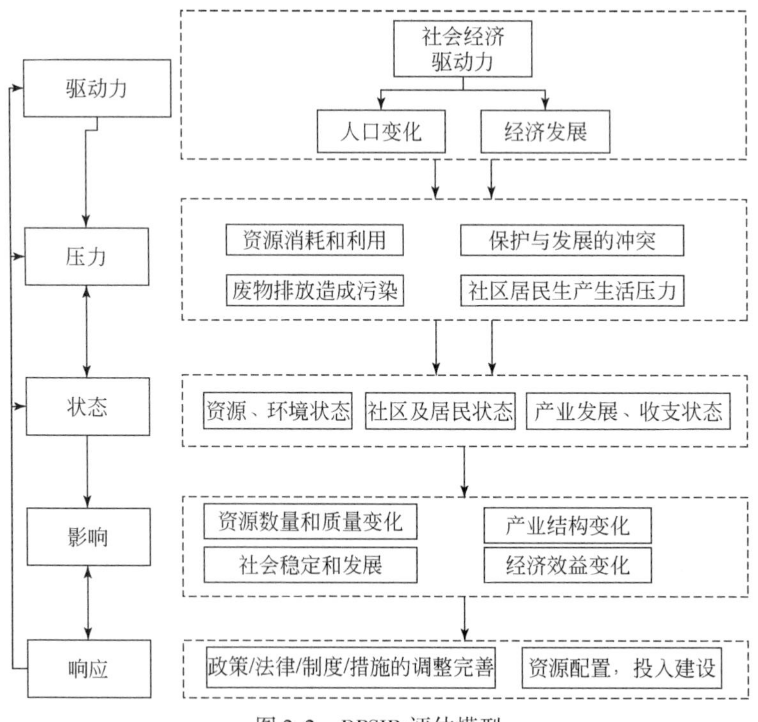

图 2-2　DPSIR 评估模型

（三）DPSIR 模型指标体系构建

1. 构建思路

本书研究目的是对钱江源国家公园体制试点区批准前不同类型［即钱江源国家森林公园（包括钱江源省级风景名胜区）和钱江源古田山国家级自然保护区］的生态建设进行评价，多类型自然保护地的生态及社会融合了生态、社会、经济的复合系统，很难对其进行直接判读。可行的途径是通过系统分析，抓住系统的要素，构建能够体现系统实际情况的指标体系，通过这些指标间接地对钱江源国家体制公园试点批准前不同类型的自然保护地生态建设成效进行测度和研究。具体的构建流程如图 2-3 所示。

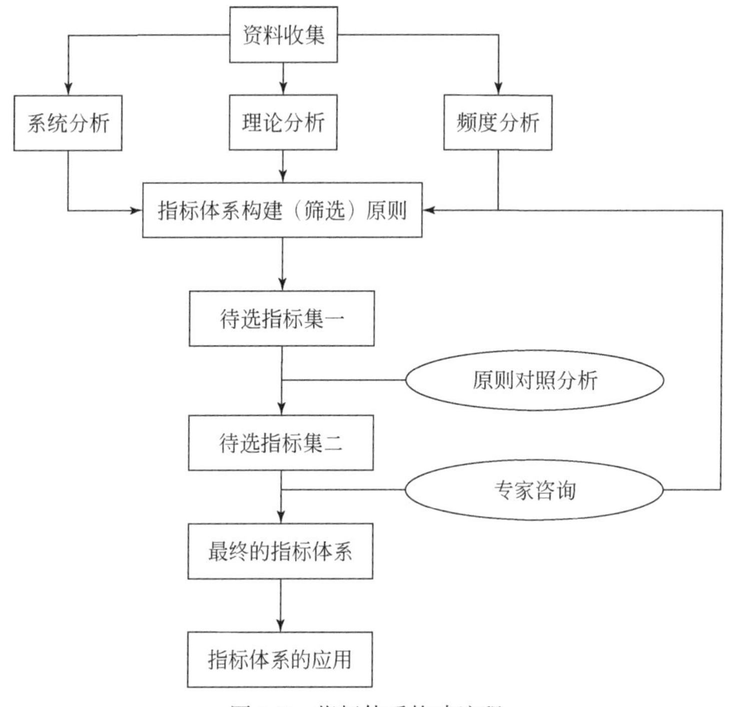

图 2-3　指标体系构建流程

2. 构建原则

在指标体系的设计过程中，主要遵循以下原则。

（1）直观性原则

指标的设置应含义明确，计算方法简易可行、易于理解，能够形象、直观地反映自然保护地生态建设发展的情况，能够体现基本特征。

（2）可操作性、可比性原则

包括可计量性和可操作性。指标体系要符合客观实际水平，能够测量进行定量描述，尽量有稳定的数据来源，含义明确，资料收集相对简单易行。评价指标的口径（含义、单位、年份等）对于各自然保护地应尽可能一致，在进行比较时，应注意控制数量指标，指标的设置在不同评价对象之间比较具有实际意义。

（3）代表性原则

指标体系作为一个完整的系统，具有显著的层次性，对指标体系的各级指标分层进行设计，既要保证指标间的逻辑关系，又要保证指标的代表性，控制指标数量，方便评估活动的开展，降低评估的成本。

（4）独立性原则

理论上，指标体系的各个指标要含义清楚、相对独立；同一层次的各指标之间没有因果关系、不相互重叠。然而实际上，自然保护地所处的生态、社会和经济复合系统之间是存在一定的相关性的，只能尽可能避免选择高度相关的指标，提升指标的独立性和不相关性。

3. 指标筛选方法与过程

（1）指标筛选方法

本书主要采用了系统分析法、理论分析法进行第一次指标的筛选，再结合DPSIR模型特点及相关研究成果，运用频度分析法对指标进行第二次筛选，之后再根据指标体系设计原则进行第三次筛选，最后通过专家咨询法对三次筛选的指标进行整合和修改，确定最终的指标体系。

各选取方法的优缺点如表2-3所示。

表2-3 指标选取方法的优缺点

方法	过程	优缺点
系统分析法	为了发挥系统的功能，实现系统目标，运用科学的方法对系统进行考察、分析、比较，确定系统各个层次的考核对象进行分析	目标清晰、层次分明、逻辑性较强
理论分析法	借助已有的研究结论，对已有定论的研究成果进行引用参考	准确度高，但存在部分理论欠缺的情况

续表

方法	过程	优缺点
频度分析法	对特定的研究对象，梳理相关的书籍、论文、报告中出现频次较高的因素，认为这些因素被广泛认可，可选作指标	一般具有较高的可行性，需要大量阅读文献资料
专家咨询法	咨询相关领域的专家，整理专家意见对指标进行处理	专业性和针对强，但主观色彩浓厚

（2）指标选择过程

1）第一次筛选。

从系统论的角度看，自然保护地处于社会、经济和生态的复合系统中，因此，保护地的内外系统的特点均需要考虑。通过收集相关资料，确定了DPSIR模型五大要素评价的基本内容，如表2-4所示。

表2-4 生态建设成效评价第一次筛选指标体系

目标层	准则层	系统层	要素层	指标层
钱江源国家公园体制试点区批准前生态建设成效	驱动力	自然驱动力	自然资源需求	景观破碎化
				生态系统健康度
				干扰生境占比
			空间区位特性	距最近的乡镇距离
				距最近的城区距离
		社会驱动力	社区发展	人口数量
				文盲人口占比
				社区公共服务供给
				城镇化率
			技术进步	技术进步贡献率
				年科普宣教活动次数
		经济驱动力	人民物质精神生活	人均可支配收入
				医疗及养老保险参保率
				居民文教娱乐服务支出占居民消费支出的比例
			经济发展	GDP
				人均GDP
				第一产业比例
				第三产业比例

续表

目标层	准则层	系统层	要素层	指标层
钱江源国家公园体制试点区批准前生态建设成效	压力	对自然的压力	资源消耗和利用	人均耕地面积
				农村面源污染
				单位地区生产总值能源消耗
				集体林地面积占比
			环境污染	PM_{10}年均浓度
				土壤污染率
				生活垃圾产生量
		对社会的压力	竞争生存空间	人口密度
				占用集体土地面积
				建设用地面积
			保护和发展的社会冲突	冲突次数
				冲突造成的损失
				与社区签订参与协议
			社会不公平	与城镇的收入差距
				失业率
		对经济的压力	社会居民生产生活压力	恩格尔系数
				硬化道路总里程
				社会基础服务获取
			旅游环境容量	景区日环境容量
				公共交通运营效率
			建设投入资金需求	建设资金投入额
	状态	生态环境状态	资源本身状态	林草覆盖率
				生物多样性
				活立木总蓄积量
				水域面积比例
			自然环境状态	年均降水量
				水土流失率
				人均二氧化碳排放量
				严格保护区面积比例
				生态保育区面积比例

续表

目标层	准则层	系统层	要素层	指标层
钱江源国家公园体制试点区批准前生态建设成效	状态	社会环境状态	社区状态	人均绿地面积
				生态文明村个数
				生态文明县个数
				社区分散程度
				绿化覆盖率
			社区居民状态	破坏环境的违法行为
				居民净迁入率
				平均预期寿命
		经济环境状态	产业发展状态	第一产业从业人数
				第三产业从业人数
				年上缴经营费用
				划定的经营面积比例
			居民收支状态	人均可支配收入增长率
				地方人均旅游业支出增长率
	影响	对自然的影响	资源数量质量变化	森林面积增长率
				森林蓄积增长率
				生物多样性增长率
				地表水达到或好于Ⅲ类水体比例
			内外环境变化	自然灾害发生次数减少率
				自然灾害面积减少率
				空气质量达到或好于二级天数
		对社会的影响	社会公平，社区共建	社区居民在公园中工作的人数
				政府投入社区建设
				野生动物肇事损失
			促进人类健康	空气负氧离子含量
				可游憩面积比例
			文化资源保护/挖掘	文化景观遗产数量
				县/省级文物保护单位数量
			公众参与，认知提高	宣传频次
				环保志愿者参与人数
				公众满意度

续表

目标层	准则层	系统层	要素层	指标层
钱江源国家公园体制试点区批准前生态建设成效	影响	对经济的影响	产业结构变化	第一产业产值占比变化率
				第三产业产值占比变化率
			经济效益变化	GDP 增长率
				社区居民参与相关游憩活动的经营人数
	响应	制度响应	政策等调整完善	相关生态建设的政策数
				关停污染企业数
				封山育林面积
				退耕还林面积
		资源响应	资源配置	新造林面积
				环保支出
				科研投入
				基础设施建设投资
				社区生活垃圾无害化处理率

2）第二次筛选。

在第一次筛选得到的指标中，整理各相关似性并结合频度分析，选取使用率较高的指标频度分析，形成第二次生态建设成效评价指标体系，如表 2-5 所示。

表 2-5　生态建设成效评价第二次筛选指标体系

目标层	准则层	系统层	要素层	指标层
钱江源国家公园体制试点区批准前生态建设成效	驱动力	自然驱动力	自然资源需求	生态系统健康度
			空间区位特性	距最近的乡镇距离
		社会驱动力	社区发展	人口密度
				城镇化率
			技术进步	技术进步贡献率
		经济驱动力	人民生活	人均 GDP
			经济发展	GDP 增长率
	压力	对自然的压力	资源消耗和利用	人均耕地面积
				单位地区生产总值能源消耗
			环境污染	PM_{10} 年均浓度
				土壤污染率
				生活垃圾产生量

续表

目标层	准则层	系统层	要素层	指标层
钱江源国家公园体制试点区批准前生态建设成效	压力	对社会的压力	竞争生存空间	建设用地面积
			保护和发展的社会冲突	冲突次数
				冲突造成的损失
			社会不公平	与城镇的收入差距
				失业率
		对经济的压力	社会居民生产生活压力	恩格尔系数
				硬化道路总里程
			建设投入资金需求	建设资金投入额
	状态	生态环境状态	资源本身状态	森林覆盖率
				生物多样性
				活立木总蓄积
				水域面积比例
			自然环境状态	年均降水量
				水土流失率
				人均二氧化碳排放量
				严格保护区面积比例
		社会环境状态	社区状态	人均绿地面积
				生态文明村个数
				居民净迁入率
				平均预期寿命
		经济环境状态	产业发展状态	第一产业从业人数
				第一产业产值比例
			居民收支状态	人均可支配收入
				地方人均旅游业支出增长率
	影响	对自然的影响	资源数量质量变化	森林面积增长率
				地表水达到或好于Ⅲ类水体比例
			内外环境变化	自然灾害发生次数减少率
				空气质量达到或好于二级天数
		对社会的影响	社会公平，社区共建	社区居民在公园中工作的人数
				野生动物肇事损失
			促进人类健康	空气负氧离子含量
				可游憩面积比例

续表

目标层	准则层	系统层	要素层	指标层
钱江源国家公园体制试点区批准前生态建设成效	影响	对社会的影响	文化资源保护/挖掘	文化景观遗产数量
				县/省级文物保护单位数量
			公众参与，认知提高	宣传频次
				环保志愿者参与人数
		对经济的影响	产业结构变化	第一产业产值占比变化率
				第三产业产值占比变化率
			经济效益变化	GDP 增长率
				社区居民参与相关游憩活动的经营人数
	响应	政策	资源保护	封山育林面积
				退耕还林面积
				新造林面积
		投入	资源配置	环保支出
				科研投入
				基础设施建设投资

3）第三次筛选。

在第二次收集到的指标中，对照指标体系的基本原则（尤其是独立性、可操作性和可行性等原则）进行整理，得到第三次生态建设成效评价指标体系，如表2-6所示。

表2-6　生态建设成效评价第三次筛选指标体系

目标层	准则层	系统层	要素层	指标层
钱江源国家公园体制试点区批准前生态建设成效	驱动力	社会-经济驱动力	人口变化	人口密度
				人均可支配收入
				城镇化率
			经济发展	第三产业产值比例
				GDP 增长率
	压力	对自然的压力	资源环境	人均耕地面积
				集体林地面积占用比例
				建设用地面积占比
		对社会的压力	社会稳定与冲突	农林收入占家庭收入平均比例
				社区与保护地之间的冲突次数
				失业率

续表

目标层	准则层	系统层	要素层	指标层
钱江源国家公园体制试点区批准前生态建设成效	状态	自然的状态	资源环境	森林覆盖率
				国家一级及二级重点保护物种数
				年降水量
				负氧离子年均含量
		社会的状态	社会	居民净迁入率
				第三产业从业人数
	影响	对自然的影响	资源环境	森林蓄积增长率
				人类干扰强度
				自然灾害面积减少率
		对社会的影响	社会	野生动物肇事损失
				年旅游人次
				可游憩面积比例
				区域知名度
	响应	政策	保护	保护地面积占比
				封山育林面积占比
				新造林面积
				退耕还林面积占比
				针对保护地颁布的相关政策法规数量
		投入	资金配置	财政投资
				科研投入

4）最终选择。

在第三次生态建设成效评价指标体系的基础上，通过专家咨询（包括北京林业大学4位、中国林业科学研究院4位专家学者），得到最终的生态建设成效评价指标体系，共包括1个目标层、5个准则层、8个系统层、9个要素层24个指标，如表2-7所示。

表2-7　生态建设成效评价指标体系

目标层	准则层	系统层	要素层	指标层	代码	类型
钱江源国家公园体制试点区批准前生态建设成效	驱动力	社会-经济驱动力	人口变化	人口密度	C1	-
				人均可支配收入	C2	+
			经济发展	第三产业产值比例	C3	+
				GDP增长率	C4	+

续表

目标层	准则层	系统层	要素层	指标层	代码	类型
钱江源国家公园体制试点区批准前生态建设成效	压力	对自然的压力	资源环境	人均耕地面积	C5	−
				集体林地面积占用比例	C6	−
				建设用地面积比例	C7	−
		对社会的压力	社会稳定与冲突	农林收入占家庭收入平均比例	C8	−
				社区与保护地之间的冲突次数	C9	−
				失业率	C10	−
	状态	自然的状态	资源丰富环境优良	森林覆盖率	C11	+
				国家一级及二级重点保护物种数	C12	+
				年降水量	C13	+
				负氧离子年均含量	C14	+
		社会的状态	社会发展	居民净迁入率	C15	+
				第三产业从业人数	C16	+
	影响	对自然的影响	资源环境变化	森林蓄积量增长率	C17	+
				人类干扰强度	C18	−
				自然灾害面积减少率	C19	+
		对社会的影响	社会变化	野生动物肇事发生频次	C20	−
				年旅游人次	C21	+
	响应	政策	保护	保护地面积占比	C22	+
				新造林面积	C23	+
				退耕还林面积	C24	+

注："+"表示正向；"−"表示负向。

三、试点批准前国家公园生态建设成效评价分析

（一）指标及数据处理

为实现研究目标，对指标及数据进行的必要处理，具体说明如下。

1）人口密度（C1）：保护地内总人口/保护地土地总面积。可以直接获得数据进行计算。单位：人/公顷。

2）人均可支配收入（C2）：保护地范围内人均可支配收入。缺乏的以开化县农村农民人均可支配收入代替。单位：万元。

3）第三产业产值比例（C3）：保护地内第三产业增加值占比。缺乏的以保护地所辖乡镇的平均数据代替。单位:%。

4）GDP 增长率（C4）：保护地范围内报告期 GDP/基期 GDP×100%-1。缺乏的以保护地所辖乡镇的平均数据代替。单位:%。

5）人均耕地面积（C5）：保护地范围内总耕地面积/人口数。可以直接获得数据进行计算。单位：亩。

6）集体林地面积占用比例（C6）：保护地范围内集体林地面积/土地总面积。可以直接获得数据进行计算。单位:%。

7）建设用地面积比例（C7）：保护地范围内建设用地面积/土地总面积。调研数据，直接获得数据进行计算。单位:%。

8）农林收入占家庭收入平均比例（C8）：保护地范围内农林收入占家庭总收入比例的平均值。缺乏的以保护地辖内乡镇的平均数据代替。单位:%。

9）社区与保护地之间的冲突次数（C9）：保护地范围内社区居民与保护地之间发生的冲突次数。调研数据，可以直接获得数据进行计算。单位：次。

10）失业率（C10）：保护地范围内失业人数/总人数。缺乏的以开化县平均数据代替。单位:%。

11）森林覆盖率（C11）：保护地范围内森林面积/土地总面积×100%。可以直接获得数据进行计算。单位:%。

12）国家一级及二级重点保护物种数（C12）：保护地范围内符合国家一级二级保护动物、植物名录的物种数量。可以直接获得数据进行计算。单位：种。

13）年降水量（C13）：保护地范围内年降雨量。可以直接获得数据进行计算。单位：毫米/年。

14）负氧离子年均含量（C14）：保护地范围内年负氧离子平均浓度。可以直接获得数据进行计算。单位：个/毫升。

15）居民净迁入率（C15）：保护地范围内年净迁入人口数/总人口数×100%。调研数据，可以直接获得数据进行计算。单位:%。

16）第三产业从业人数（C16）：保护地范围内第三产业从业人数。缺乏的以保护地辖内乡镇三产从业人数乘以保护地总人口数占各乡镇总人口数的比重得到。单位：人。

17）森林蓄积量增长率（C17）：保护地范围内报告期森林蓄积量/基期森林蓄积量×100%-1。直接获得数据进行计算。单位:%。

18）人类干扰强度（C18）：保护地范围内廊道（公路、铁路、堤坝、沟渠）的总长度/保护地总面积。直接获得数据进行计算。单位：千米/千米^2。

19）自然灾害面积减少率（C19）：保护地范围内报告期自然灾害面积/基期自然灾害面积×100%-1。调研数据，直接获得数据进行计算。单位:%。

20）野生动物肇事发生频次（C20）：保护地范围内野生动物肇事发生频次。调研数据，直接获取进行计算。单位：次。

21）年旅游人次（C21）：保护地年旅游人次。可以直接获得数据。单位：万人次。

22）保护地面积占比（C22）：保护地面积/地区土地总面积×100%。可以直接获得数据。单位:%。

23）新造林面积（C23）：保护地范围内新造林的面积。可以直接获得数据。单位：亩。

24）退耕还林面积（C24）：保护地范围内退耕还林的面积。可以直接获得数据。单位：亩。

（二）指标权重结果

上述构建的指标体系分为3层：目标层、准则层、指标层。

（1）准则层判断矩阵

经过计算，一致性比例0.0737≤0.10，λ_{max}=5.3302。权重最大的是压力层，为0.3191；其次是驱动力层，为0.3061。这两者体现出人口、收入等社会经济发展方面的因素在生态建设中的根本性；而状态层、影响层和响应层的权重较为均衡，分别是0.1671、0.1044和0.1033，见表2-8。

表2-8 准则层权重

生态建设成效	驱动力	压力	状态	影响	响应	权重
驱动力	1	2	1	3	2	0.3061
压力	0.5	1	3	4	3	0.3191
状态	1	0.3333	1	1	2	0.1671
影响	0.3333	0.25	1	1	1	0.1044
响应	0.5	0.3333	0.5	1	1	0.1033

（2）指标层判断矩阵

驱动力：一致性比例0.0494≤0.10，λ_{max}=4.1431。驱动力层中，人均可支配收入权重最高，为0.5417，被认为是对生态建设成效影响最根本的原因，见表2-9。

表 2-9　驱动力的指标层权重

驱动力	C1	C2	C3	C4	权重
C1	1	0.1667	0.25	0.2	0.0568
C2	6	1	4	3	0.5417
C3	4	0.25	1	0.5	0.1548
C4	5	0.3333	2	1	0.2467

压力：一致性比例 0.0995≤0.10，$\lambda_{max}=6.6269$。压力层中，人均耕地面积权重最高，为 0.3496，为生态建设成效面临的最大压力，见表 2-10。

表 2-10　压力的指标层权重

压力	C5	C6	C7	C8	C9	C10	权重
C5	1	9	7	1	9	3	0.3496
C6	0.1111	1	3	0.1667	5	0.1667	0.0659
C7	0.1429	0.3333	1	0.1250	3	0.1667	0.0392
C8	1	6	8	1	7	4	0.3445
C9	0.1111	0.2	0.3333	0.1429	1	0.1667	0.0255
C10	0.3333	6	6	0.2500	6	1	0.1753

状态：一致性比例 0.0767≤0.10，$\lambda_{max}=6.4832$。状态层中，森林覆盖率权重最高，为 0.4260，为表征生态建设成效的主导指标，最能体现该地生态建设的状态，见表 2-11。

表 2-11　状态的指标层权重

状态	C11	C12	C13	C14	C15	C16	权重
C11	1	7	1	5	9	9	0.4260
C12	0.1429	1	1	3	5	3	0.1525
C13	1	1	1	7	7	7	0.2827
C14	0.2000	0.3333	0.1429	1	3	2	0.0658
C15	0.1111	0.2000	0.1429	0.3333	1	2	0.0382
C16	0.1111	0.3333	0.1429	0.5000	0.5	1	0.0348

影响：一致性比例 0.0924≤0.10，$\lambda_{max}=5.4141$。影响层中，自然灾害面积减少率和森林蓄积量增长率相对权重最高，被认为在生态建设产生的影响中，这二者的积极影响相对最重要，见表 2-12。

表 2-12　影响的指标层权重

影响	C17	C18	C19	C20	C21	权重
C17	1	7	0. 50	5	5	0. 3476
C18	0. 1429	1	0. 25	2	0. 3333	0. 0662
C19	2	4	1	5	5	0. 4133
C20	0. 2	0. 5	0. 2	1	0. 25	0. 0490
C21	0. 2	3	0. 2	4	1	0. 1239

响应：一致性比例 0. 0516≤0. 10，$\lambda_{max}=3.0536$。响应层中，退耕还林面积权重最高，为 0. 6910。退耕还林面积反映的是退耕还林政策在生态建设响应中的作用，如表 2-13 所示。

表 2-13　响应的指标层权重

响应	C22	C23	C24	权重
C22	1	3	0. 25	0. 2176
C23	0. 3333	1	0. 1667	0. 0914
C24	4	6	1	0. 6910

最终 YAAHP 软件的计算，获得指标权重结果如表 2-14 所示。

表 2-14　客观赋权结果

目标层	准则层	权重	指标层	权重
钱江源国家公园体制试点区批准前生态建设成效	驱动力	0. 3061	人口密度（C1）	0. 0174
			人均可支配收入（C2）	0. 1658
			第三产业产值比例（C3）	0. 0474
			GDP 增长率（C4）	0. 0755
	压力	0. 3191	人均耕地面积（C5）	0. 1116
			集体林地面积占用比例（C6）	0. 0211
			建设用地面积占比（C7）	0. 0125
			农林收入占家庭收入平均比例（C8）	0. 1099
			社区与保护地之间的冲突次数（C9）	0. 0081
			失业率（C10）	0. 0559
	状态	0. 1671	森林覆盖率（C11）	0. 0712
			国家一级及二级重点保护物种数（C12）	0. 0472
			年降水量（C13）	0. 0255
			负氧离子年均含量（C14）	0. 0110

续表

目标层	准则层	权重	指标层	权重
钱江源国家公园体制试点区批准前生态建设成效	状态	0.1671	居民净迁入率（C15）	0.0064
			第三产业从业人数（C16）	0.0058
	影响	0.1044	森林蓄积量增长率（C17）	0.0363
			人类干扰强度（C18）	0.0069
			自然灾害面积减少率（C19）	0.0432
			野生动物肇事发生频次（C20）	0.0051
			年旅游人次（C21）	0.0129
	响应	0.1033	保护地面积占比（C22）	0.0225
			新造林面积（C23）	0.0094
			退耕还林面积（C24）	0.0714

（三）数据来源

本书所需数据来源主要包括以下方面。

1）开化统计年鉴（2009—2017 年）。

2）钱江源国家公园（古田山）自然资源和生物多样性调查报告（2018 年）。

3）钱江源国家公园 2017 年科研报告。

4）钱江源国家森林公园总体规划（2017—2025 年）。

5）钱江源国家森林公园 2017 年度总结。

6）钱江源国家公园体制试点区总体规划（2016—2025 年）。

7）开化县水利志（2005 年）。

8）钱江源国家公园体制试点工作自评报告（2019 年）。

9）座谈、调研问卷及网上相关资源获取的其他材料等。

（四）评价结果与讨论

通过计算，得到钱江源国家森林公园生态建设成效得分 60.26，古田山国家级自然保护区生态建设成效得分 67.44。但由于缺乏数据，无法进行多类型保护地的纵向比较，因此该评估得分值存在一定局限性。

从整体来看，古田山国家级自然保护区生态建设优于钱江源国家森林公园生态建设，二者在生态建设的状态、响应方面表现较好。具体来看，对于二者来说，得分贡献最大的层均是状态层，其次是响应层，驱动力层、压力层和影响层得分较低。钱江源国家森林公园生态建设成效在驱动力层和响应层得分高于古田山国家级自然保护区，而古田山国家级自然保护区生态建设成效在压力层、状态层和影响层得分均高于钱江源国家森林公园。从指标来看，古田山国家级自然保护区在人均可支配收入、人均耕地面积、建设用地面积占比、居民净迁入率、第三产业从业人数、森林蓄积量增长率、人类干扰强度、自然灾害面积减少率和新造林面积方面比钱江源国家森林公园得分高。

从整体来看，钱江源国家森林公园体制试点区批准前，其生态基础条件良好，已为生态建设提供了便利。钱江源国家森林公园和古田山国家级自然保护区的森林覆盖情况一直良好，覆盖率达90%以上，明显改善了区域生态环境，保护和改善了开化县的生态环境、生活环境，促进了“生态立县”战略的实施，也促进了浙江省森林旅游事业的发展，加快了“森林浙江”建设，同时也增加了旅游景点，提高了县域品位，带动了相关产业的发展。此外，二者都能结合造林抚育、退耕还林等措施，不断积极促进森林面积和蓄积量的持续增长，减少了自然灾害，保障了区域生态安全。同时，随着不断发展，钱江源国家森林公园和古田山国家级自然保护区范围内的部分原住居民进行了搬迁，同时农林业生产条件也不断改善，第三产业的兴起带动了产业结构的调整和居民生活的变化。茶叶作坊、农家乐、水产养殖等副业不断涌现，加快了当地居民致富步伐。同时，政府诸如退耕还林补助、生态公益林补助等能够及时补偿到位，提高了居民收入。

尽管钱江源国家森林公园和古田山国家级自然保护区的生态建设取得不少成果和社会肯定，但是目前还面临一些问题：①由于对外交通不够快捷、核心景区相距较远、旅游景点相对分散等客观因素，钱江源国家森林公园和古田山国家级自然保护区的全面开发仍有一定的限制；②保护地范围内还存在多个行政村和自然村，在自然资源生态保护与旅游开发上存在理念和管理上的差异，不仅影响保护地范围内的自然资源保护和利用，也影响社区与保护地的关系；③长期以来，钱江源国家森林公园隶属开化县国有林场，钱江源省级风景名胜区也存在同一问题，开化古田山国家级自然保护区管理局则在行政上直属开化县人民政府领导，业务上又由浙江省林业厅指导，省、县环保部门是保护区的综合管理部门等，多头管理造成这些保护地管理体制和机制存在较大难题，造成管理机构、管理组织、管理人员安排的低效甚至不合理，影响保护地的生态建设发展。

生态建设不是一蹴而就的事情，需要持续的监督管理和积极的推进。本次评估由于缺乏基础数据，导致评估结果局限性较大。应进一步改善评估指标使其可靠性和可用性更强，尤其是涉及多类型保护地的人口、土地利用、投资等社会经济活动方面的数据统计状况，建立规范的统计数据获取系统加强数据调查和获取。此外，由于该地大量人口进行了生态或其他原因的搬迁，人类的影响强度将主要来自来此旅游的人口，应该加强配套的基础设施建设及监管力度。

第三章　国家公园体制试点区生态资源资产价值时空动态评估

国家公园作为自然保护体系和生态文明体制建设的重要组成部分，其意义是保存保护较大区域自然生态系统的完整性和原真性，实现重要自然生态资源国家所有、全民共享、世代传承。自然资源资产作为习近平总书记“绿水青山就是金山银山”重要论断的体现，对中国推进生态文明建设和绿色发展的意义重大。健全国家生态资源资产管理体制和加强生态资源资产管理是生态文明建设的内在要求。因此，研究国家公园试点区生态资源资产的内涵和外延，建立国家公园生态资源资产评估方法，明确生态资源资产价格，对于资源有偿合理使用，更好地发挥生态补偿制度和建立以国家公园为主体的自然保护地十分必要。

一、国家公园生态资源资产内涵与外延

（一）生态资源、生态资产、生态资本和生态产品

生态资源、生态资产、生态资本与生态产品之间既有区别又有联系。生态资源在不同阶段具有差异性的价值形态表现，生态资源形态和价值的不断变化使生态资产实现增值效应。生态资产是具有清晰产权和市场交换价值的生态资源，是所有者财富和财产的重要构成部分；生态资本是生态资产资本化后的生态资产形态，具有资本的一般属性——增值性，并通过循环来实现增值；生态资本在市场化运营后最终形成生态产品实现价值。

1. 生态资源

生态资源是常见的但没有公认定义的概念。关于自然资源和生态资源两者之间的关系，学术界也有不同的看法，有的学者认为自然资源等同于生态资源，并认为环境容量资源和资源是两类与经济和社会发展密切相关的生态资源（谢慧明，2012）；一部分学者认为生态资源属于自然资源，是自然资源中更加偏重生态的一部分（王海滨等，2008）；有的学者认为生态资源内涵的广度和深度都大

于自然资源，生态资源是为人类提供生态产品和生态服务的各类自然资源，以及各种生态要素成的生态系统（高吉喜等，2016a），包括自然资源、自然环境和生态系统（张文明和张孝德，2019）；还有的学者扩展了生态资源的构成要素，认为生态资源是构成生态环境的具有生态服务功能或生态承载能力的各类自然和人工要素（严立冬等，2009）。

按照普遍的观点，生态资源是存在于生态系统中，是能被人类用于生产和生活的物质与能量的总称，是人类赖以生存发展的环境和使社会生产正常进行的物质基础，除了为人类提供直接的有形产品以外，还能提供其他各种生态服务功能，包括调节功能、休闲功能、文化功能和支持功能等。

2. 生态资产

资产是会计学概念，指个人或企业所有的能够带来未来收益的物品和资源，其基本特征是收益性和权属性。按照属性划分，可以将生态资源资产分为土地资源资产、矿产资源资产、森林资源资产、湿地资源资产、野生动植物资源资产、水资源资产等。生态资产属于自然资源资产，更加注重自然资源资产中偏重生态的部分。

许多学者都曾对生态资产的概念进行了阐述，还从包含内容、资源价值表现形式等方面进行了诸多研究。Van der Perk 等（1998）认为生态资产即生态服务功能价值；陈百明和黄兴文（2003）认为生态资产是所有者可以从中获得经济利益的生态景观实体；潘耀忠等（2004）认为，生态资产是以生态系统服务功能效益和自然资源为核心的价值体现，包括隐形的生态系统服务功能价值和有形的自然资源直接价值；胡聃（2004）从生态资产的交叉学科意义上将生态资产理解为人类或生物与其环境相互作用形成的能服务于一定生态系统经济目标的适应性、进化性生态实体，它在未来能够产生系统产品或服务；严立冬等（2009）认为生态资产是具有明确的所有权且在一定技术经济条件下能够给所有者带来效益的稀缺自然资源；高吉喜等（2016a）认为生态资产是指具有物质及环境生产能力并能为人类提供服务和福利的生物或生物衍化实体。此外，胡咏君和谷树忠（2018）认为广义的自然资源资产就是自然资源，自然资源资产是自然资源的货币形态，是国家、企业、个人拥有或控制的能以货币来计量收支的自然资源；自然资源是自然资源资产的物质形态，既包括传统投入经济活动的自然资源部分，如矿藏、森林、草原等，也包括作为生态系统和聚居环境的环境资源，如空气、水体、湿地等。

（1）生态资产的确认条件

生态资源必须满足生态资产的确认条件，才可以转化为生态资产。

1）有稀缺性。稀缺是生态资源成为生态资产的前提。一种生态资源即使有使用价值，但并不稀有，那就不能称之为生态资产。在稀缺性的动力驱使下，理性的人们才会产生将具有生态功能和使用价值的生态资源据为己有的欲望。例如，在水资源极为丰富的地区，尽管它具有明确所有权，水资源使用不存在物质利益冲突。只有在水资源短缺或相对短缺的地区，水资源具有稀缺的资产特性才可转化为水资源资产。

2）产生效益。这是资产的基本特征，它预期会给企业带来经济利益。作为一种资产，生态资源资产在市场上进行交易的目的之一就是为了获益，否则不会有私人经营者参与交易。通过市场机制，交易双方可通过价值的增值获取收益。若一种“生态资产”不能产生效益，那即使在国家公园内部设立特许经营机构，相关企业也将无利可图。

3）可靠计量。资产具有计量的属性，生态资产作为特殊的资产同样具有该属性；否则就不存在后续的价值评估、生态补偿以及资产负债表的编制工作。如今世界上已经开展了许多关于生态资源资产的价值计量、核算工作，科学合理的价值评估将会促使该市场走向完善与成熟。

4）产权明晰。生态资产所有权就是对生态资产的排他性权利，产权主体归属明确和产权收益归属明确是现代产权制度的基础。依照相关法律，国家垄断了绝大多数自然资源，国家对自然资源既是所有者也是管理者。国家公园内生态资源产权和所有权主要为国家所有，资源产权对国家公园总体政策的执行具有重要影响（兰伟等，2018）。

（2）生态资产的特点

生态资产属于生态经济学的概念，是自然科学与经济社会科学的交叉学科（胡聃，2004），故其特性既具有经济属性又具有生态属性。就其特点而言，生态资产和生态资源的最大区别就在于稀缺性和归属性。

1）稀缺性。稀缺性是指现实中人们在某段时间内所拥有的资源数量不能满足人们的欲望时的一种状态。如今，随着经济社会的发展，人类对资源的需求加大，资源短缺、环境恶化和生态系统紊乱的现象多发，使得生态资源的稀缺性更加突出。国家公园内的资源资产相对于社会的需求来说永远是稀缺的。

2）归属性。自然界生态资源产权归属主要为国家所有，国有的公共资源通常被认定为公共产品，其具有非排他性。如流域中的水源具有非排他性（水源不可能被独占），一个人也不可能独自享受森林带来的新鲜空气和美观欣赏价值。我国国家公园体制试点尚未结束，历史遗留问题较多，要着力解决权力交叉、缺位等问题，加快构建分类科学的国家公园生态资源资产产权体系。

3）价值性。主要表现为生态系统服务功能价值和自然资源价值，按照利用途径，同时可分为直接使用价值、间接使用价值以及非使用价值。有了价值，生态资源资产才可能增值，相关的交易、流转才有意义。这是对国家公园内生态资源有偿使用、损坏赔偿以及生态补偿工作的依据，不明晰国家公园内的资产价值，就无法开展后续工作。

4）可交易性。生态资源资产并非一般的生态资源，可以通过生态资产交易市场、产权交易市场等实现资产的交易和流转。主要包括实体的生态资源资产以及部分无形的生态服务功能（如碳汇）。

5）开放性和流动性。生态环境不断地与外界、人类社会进行物质、能量与信息的交流，开放性决定了生态资源资产的结构、比例和特点一直处在变化中，并保证其存在和持续发展的可能性。生态资源资产长期供给人类福利和服务，具有开放性；以大气、水为介质和以动物、植物为载体的生态资产跨区域流动，是生态环境中十分普遍的现象，而人类经济活动中矿产资源、工农业产品的跨区域运输，也体现了生态资产的流动性。

6）变异性和动态性。在自然力和人类的共同作用下，生态环境自身在时间、空间尺度上不断发生着动态变化，同时人类生存发展对生态资产的需求、消耗也在改变。这些变化都会使全球或区域性（国家公园内）的生态资产总量和类型发生变异，并将进一步影响生态环境及其供给的人类社会的各种福利。在自然界自身的代谢、交替状态下，国家公园内自然资源总量、性质以及结构处在一个较为缓慢的动态变化过程中，在人为活动的干预下，会加大对资源的影响，进而可能产生环境的正、负外部性效应。

7）独一性和公共性。生态资产通常都以货币进行衡量和测算，但生态资产对人类的服务和福利是货币所无法替代的，生态服务是整个人类社会生存和发展的物质与环境基础；任何空间或区域的生态环境都是独一无二的，不能被替代。生态资产在一定意义上为人类所共有，为保障国家公园的公共性，大部分国家和地区以土地和自然资源公有化作为国家公园设立的前提（唐小平，2014）。

8）整体性和区域性。整体性是生态系统的根本属性（高吉喜和范小衫，2007）。生态系统及生态环境的各组成要素总是在相互联系、相互制约、相互影响的动态过程中，即任何一个生态要素受到影响，其他生态要素在状态和功能上都对这种影响做出反馈，必然波及生态系统及其生态环境供给人类的服务和福利。不同区域有不同的气候条件、地理特征和生态敏感性等特征，当地经济社会对资源环境的利用方式也必然具有差异，以生态服务和自然资源为核心的生态资产的组成、结构、功能、类别也将随区域的差异而产生变化。如钱江源国家公园是联系华北和华南的典型过渡带，拥有以低海拔中亚热带常绿阔叶林及其生态系统为主的典型植被景观和珍稀植物群，呈原始状态的大片低海拔中亚热带常绿阔叶林全球罕见，这就和其他的国家公园形成了差异。

（3）国家公园生态资源资产内涵

综合上述相关的定义、确认条件、来源、特点以及类别等方面的研究结果，可以得到国家公园生态资源资产的内涵：国家公园的生态资源资产，是指国家公园内以生态资源为实体，产权主体明确、可产生经济效益且给人带来福利的稀缺性物质资产，它包括国家公园内的一切能为人类提供服务和福利的生态资源和生态服务功能，其服务和福利的形式包括有形的、实物形态的资源供给，如木材、水资源等；也包括隐形的或不可见的或非实物形态的生态服务，如空气的净化和氧气的供给、气候调节、游憩、景观享受等。

3. 生态资本

资本是一个经济学概念，指能够为人们提供产品和服务等收益流的物质、能量或信息的存量。根据经济学对资本的界定和诠释，资本的关键特征在收益性和生产投入性。生态经济学家借用"资本"的概念来表示生态资源环境功能和价值，产生了生态资本的概念（保罗·霍根，2000）。

生态资本是一种新型的未来资本，更是可持续发展的核心资本，生态资本构成要素应该包括使用价值、产权、生态技术和生态市场（严立冬等，2011）。生态资本是在自然资本的基础上提出来的，其实质上的范围要比自然资本小，更注重自然资本中生物部分的内涵。关于生态资本的内涵，有观点认为，生态资本是能够带来经济和社会收益的生态资源和生态环境（穆治锟，2004），并且强调其产权的归属和收益性；有观点认为在多数情况下，生态资本实质上为自然资产（范金等，2000）；还有观点认为生态资本发源于自然资本，但是不同于自然资本（王海滨等，2008），且大多时候生态资本的含义偏重为能够带来经济和社会收益的生态资源和生态环境，后者偏重于指示直接或间接参与人类生产生活的自然物资和信息存量；冷文娟（2010）认为，生态资本与物质生产领域的资本外延相似，指一切投入到生态生产中的有形资本和无形资本，包括用于生态生产的各种生产要素，如劳动力、资金以及设备、材料等物质性资源，并且将生态资本从形态上划分为人力生态资本、物质生态资本和货币生态资本。

综上可知，广义的生态资本是一切能够创造财富和增进福利的生态因素的总和，狭义的生态资本是指直接进入经济生产系统的以生产要素形式投入生产与再生产过程，可以实现价值增值，并与其他资本共同创造财富和价值的生态要素的总和。

4. 生态产品

2010 年 12 月，国务院以国发〔2010〕46 号印发《国务院关于印发全国主体功能区规划的通知》将生态产品定义为维系生态安全、保障生态调节功能、提供良好人居环境的自然产品，包括清新的空气、清洁的水源、茂盛的森林、适宜的气候等，视生态产品为一种自然要素及其提供的生态服务。生态产品与物质产品、文化产品一样构成了人类社会生存和发展的三大产品（曾贤刚等，2014；孙庆刚等，2015；沈茂英和许金华，2017；张林波等，2019）。

生态产品是生态资本经运营之后的最终产物，经历了生态资源到生态资产、生态资本的转化过程，并最终在生态市场实现其交换价值。

国家公园生态产品的实践经典案例是三江源国家公园，是中央批准的第一个国家公园体制试点，在保障生态产品供给能力的基础上，实践了以中央生态补偿和转移支付为主，发展合作社和特许经营高端畜牧业和生态体验为辅的生态产品价值实现模式（刘峥延等，2019）。

（二）生态资产资本化

由上可知，生态资产是能够为人们提供产品与服务的生态资源或生态环境的价值形式，具有自然使用价值与市场经济价值；生态资本是作为市场投资对象用来获取未来现金流量的生态资产。也就是说，只有将生态资产投放市场、获得经济收益才能实现生态资产资本化。生态资产资本化运营与我国生态文明建设和绿色发展的目标要求具有高度一致性。

生态资源只有先通过政府力量确立为生态资产，然后通过市场力量转化为生态资本（胡滨，2011）。生态资本化是生态资源价值实现的重要途径与表现形式（严立冬等，2009）。生态资源、生态资产和生态资本、生态产品之间紧密相连。生态资产与生态资本、生态产品的实体物质载体都是生态资源，在生态资本化运营过程中形成生态产品和服务则标志着“生态资源、生态资产、生态资本、生态产品”的生态资本化运营过程的完成，这一阶段性的转化过程就是生态资产资本化（高吉喜等，2016a）。

具体过程（表3-1）如下：生态资源本身具备自然属性，具备生态资产确认条件的生态资源转化为生态资产，从存在价值转为使用价值；从前期投资使生态资产货币化，通过生态资产资本化的各种途径使生态资产转为生态资本，使生态资产的使用价值转为生态资本的生产要素价值；生态资本的运营实现生态资本到生态产品的转换，由生产要素价值转为交换价值，只有生态资产转为生态产品才能体现其价值；最后，生态产品的交换价值通过生态市场这一载体实现其价值（高吉喜等，2016b）。

表3-1　生态资产资本化

资源形态	转化途径	主要特性	价值形态
生态资源		自然属性	存在价值
生态资产	条件确认	稀缺性、产权明晰	使用价值

续表

资源形态	转化途径	主要特性	价值形态
生态资本	投资	增值性、长期受益性	生产要素价值
生态产品	资本运营	综合属性	交换价值

马克思的资本循环理论认为，产业资本循环经历购买、生产和销售三个阶段，分别采取货币资本、生产资本和商品资本三种形态，执行为剩余价值生产创造条件、生产剩余价值和实现剩余价值三种职能，如此循环反复，实现资本周转和顺利再生产。生态资本循环运动具有产业资本循环运动的一般特征（胡滨，2011）。

生态资本的运营是实现生态资本化的关键途径，而生态资本运营机制发挥作用的前提是生态资本运营的积累机制、转换机制、补偿机制和激励机制的有机配合（邓远建等，2012）。生态资本运营是一种通过对生态环境的使用价值的有效运用，利用对生态资本形态变化和消费，为实现生态资本收益最大化而进行的市场投资活动（牛新国等，2003）。生态要素一旦作为独立的生产要素，纳入生态产业化经营的过程，就面临着价值生产和实现的问题（黎元生，2018）。

生态市场是生态资源价值得以实现的载体，也是生态资产的增值平台和交易平台。包括生态投资市场、生态技术市场和生态消费市场，分别对应于生态资本运营的资本积累、资本投放和资本扩张（高吉喜等，2016b）。生态市场的价格自发形成对资本化运作提供动力来源，生态资产的交易也将成为投资转化的一部分。

生态资产资本化主体是指对生态资产开发利用方式和利用程度具有决定权、操作权的企业、组织、机构或个人，目前来看，国家公园的生态资产资本化主体是以国家管理机构为主要主体、特许经营机构和其他组织、个体为次要主体组成的。生态资产资本化客体包括生态资产产权、生态资产实体（存量和流量），它们也是生态资源资产资本化的物质基础。

目前，我国生态资源资本化的路径仍不够清晰。生态资源最终实现资本化才能体现自身价值。而我国当前关于生态资源资本化的研究多集中于宏观层面的探索，对于微观层面生态资源资本化的运行路径缺乏一定的深入分析。有学者（严立冬等，2009；巩芳等，2009；陈尚等，2010）对于农业、草原、海洋等领域的生态资本运营进行了一定研究，但对于实践方面的应用仍然缺乏系统的完整的体系（陈琳，2018）。

（三）国家公园生态资源资产产权

产权是资产所有者针对拥有的资产行使一定行为的有限权利（Coase，

1960)，产权的使用会带来损益，产权清晰是资源高效配置的必要条件。现代产权经济学家阿尔钦认为，产权就是一种通过社会强制而实现的对某种经济物品的多用途进行选择的权利。

推进国家公园的生态资源资产产权界定工作是完善国家公园治理及其功能实现工作中十分重要的部分。2019 年，中共中央办公厅、国务院办公厅印发的《关于统筹推进自然资源资产产权制度改革的指导意见》指出："总结自然资源统一确权登记试点经验，完善确权登记办法和规则，推动确权登记法治化，重点推进国家公园等各类自然保护地、重点国有林区、湿地、大江大河重要生态空间确权登记工作，将全民所有自然资源资产所有权代表行使主体登记为国务院自然资源主管部门，逐步实现自然资源确权登记全覆盖，清晰界定全部国土空间各类自然资源资产的产权主体，划清各类自然资源资产所有权、使用权的边界。建立健全登记信息管理基础平台，提升公共服务能力和水平。"

1. 国家公园生态资源资产产权的重要性

《中共中央关于全面深化改革若干重大问题的决定》把健全自然资源资产产权制度和用途管制制度列为生态文明制度体系的一项重要内容，并提出"对水流、森林、山岭、草原、荒地、滩涂等自然生态空间进行统一确权登记，形成归属清晰、权责明确、监管有效的自然资源资产产权制度"。

从自然来看，国家公园生态资源资产产权问题涉及国家公园的治理和功能实现（徐菲菲等，2017)，国家公园作为自然保护体系和生态文明体制建设的重要组成部分，其意义是保存保护较大区域自然生态系统的完整性和原真性，实现重要自然生态资源国家所有、全民共享、世代传承；从经济上来看，产权明晰与园区内生态资源资产的定价机制、价值评估、市场交易以及生态补偿关系密切，牵涉到多方利益；从政治来看，产权明晰（即确权登记）是编制园区自然资源资产负债表的前提，也是国家公园生态资源有偿使用制度、生态补偿制度、损害责任追究制度建立的基础。

2. 国家公园生态资源资产产权主体

国家公园生态资源资产产权主体具有特殊性，我国法律规定自然资源归全民(国家所有)，但是实际中自然资源的复杂多样性导致产权主体较为多样，在法律授权下国家、企业、个人以及组织等都可能成为其主体。

2019 年 4 月，中共中央办公厅、国务院办公厅发布的《关于统筹推进自然资源资产产权制度改革的指导意见》指出："国家公园范围内的全民所有自然资源资产所有权由国务院自然资源主管部门行使或委托相关部门、省级政府代理行使。条件成熟时，逐步过渡到国家公园内全民所有自然资源资产所有权由国务院自然资源主管部门直接行使。已批准的国家公园试点全民所有自然资源资产所有权具体行使主体在试点期间可暂不调整”。未来随着国家公园体制的成熟和确权登记工作的开展，国家公园自然资源资产所有权代表行使主体将会登记为国务院自然资源主管部门。2019 年 6 月，中共中央办公厅、国务院办公厅印发了《关于建立以国家公园为主体的自然保护地体系的指导意见》，要求要逐步落实自然保护地内全民所有自然资源资产代行主体与权利内容，非全民所有自然资源资产实行协议管理。

3. 目前国家公园生态资源资产产权存在的问题

自然资源资产产权制度是加强生态保护、促进生态文明建设的重要基础性制度。改革开放以来，我国自然资源资产产权制度逐步建立，在促进自然资源节约集约利用和有效保护方面发挥了积极作用，但也存在自然资源资产底数不清、所有者不到位、权责不明晰、权益不落实、监管保护制度不健全等问题，导致产权纠纷多发、资源保护乏力、开发利用粗放、生态退化严重。

同时，国家公园体制试点尚未结束，历史遗留问题较多，要着力解决权力交叉、缺位等问题。除此之外，生态资源资产产权存在客体不明确的问题，如园区内的水资源作为一种跨流域、跨行政区的资源，其流动性较大，水量也会随上游、中游、下游以及季节性丰枯变化（杨海龙等，2015），难以对其做出明确的界定。应该加快构建分类科学的国家公园生态资源资产产权体系，同时探索开展促进生态保护修复的产权激励机制试点，吸引社会资本参与生态保护修复。

二、国家公园生态资源资产定价研究

（一）国家公园生态资源资产定价理论基础

关于国家公园生态资源资产定价，相关的理论基础可包括产权理论、地租理论、经典价值论、边际机会成本理论和均衡价值论等，这些理论分别涉及定价基础、定价方法、价格构成以及价格变动等方面。

1. 产权理论

产权是资产所有者针对拥有的资产行使一定行为的有限权利，产权的使用会带来损益，产权清晰是资源高效配置的必要条件（Coase，1960）。目前国家公园范围内的全民所有生态资源资产所有权由国务院自然资源主管部门行使或委托代理行使，条件成熟时会逐步过渡到国务院自然资源主管部门拥有所有权，并行使职责。生态资源类型复杂多样，涉及不同资产的使用方式，产权明晰是定价的基础，产权若是不明晰，就不能让生态资源资产投入市场进行定价（陈德敏和郑阳华，2017）。国家公园体制运行初期，必须明晰各种生态资源资产的产权，确定不同资产的产权边界，为未来的生态资源资产产权管理建立制度基础。

2. 地租理论

地租是为获得土地使用权而按照契约支付给土地所有者的租金，任何形态的地租都是实现土地所有权的形式。因此，国家公园内的地租不仅包含土地租金，还包括森林、矿场、湿地等应付给其所有者的货币租金。若将该理论加以推广，可得到国家公园生态资源资产价格等于生态资源租金与年利息率的比值。

3. 经典价值论

（1）劳动价值论

具体劳动和抽象劳动分别创造商品的使用价值和价值，前者是商品的自然属性，后者是商品的社会属性。国家公园生态资源资产价格可用下式表示：$P=C+V+M$，其中 P 为生态资源资产价格，C 为已消耗的生产资料价值，V 为国家公园生态资源资产付出劳动的人自己的劳动所创造的价值，M 为上述劳动者为国家、社会所创造的价值。

（2）边际效用价值论

该理论与劳动价值论对立，认为价值并非商品的自有属性，它仅仅表示人的需求与商品对人的需求满足程度的关系，即人对商品所带来的效用的评价。在对生态服务价值的评估中所运用的条件价值法的理论基础之一就是效用价值论。因此，若要对国家公园内某种无价格的生态资源资产价值进行评估，可运用条件价值法。

4. 边际机会成本理论

机会成本是指在其他条件不变时，使用某种资源所放弃的在其他利用方式上可得到的最大收益。边际机会成本是利用一个单位环境资源所付出的总成本。考虑到国家公园生态资源资产的稀缺性、价值性和实用性，其市场价格应包括三个部分：边际生产者成本、边际使用者成本和边际环境外部成本，这三部分同时构成了边际机会成本（Pearce and Markandya，1987），边际机会成本定价法以该理论为基础。

5. 均衡价值论

均衡价值论主要包含供需定理及市场均衡理论。

（1）供需定理

在其他条件不变的情况下，一种商品的需求量和供给量与其本身价格之间分别成反方向、正方向变动。国家公园生态资源资产的供需变动会导致价格波动。

（2）市场均衡理论

在市场均衡状态下，消费者的意愿购买量等于生产者的意愿供给量，生态资源资产市场均衡时的生态资源资产价格称为均衡价格，与均衡价格相对应的成交数量称为均衡交易量，均衡时的价格和数量均由供求决定。

（二）国家公园生态资源资产价格影响因素

从影响均衡价格的均衡价值论出发，进而研究国家公园生态资源资产的供给和需求影响因素，发现影响供给的因素主要包括国家公园生态资源资产的总供给量、区位、开发以及运维成本、生态资源资产质量等；影响需求的因素主要包括居民平均收入、消费者心理、资源产品市场价格、经济水平等。除此之外，市场状况和相关政策对供需都有影响，从而影响生态资源资产价格。

1. 供给因素

影响国家公园生态资源资产供给的因素，主要包括以下几方面。

（1）国家公园生态资源资产总量

资产的总量决定了资源的总供给。如森林的总蓄积量、农田总面积、野生动植物的数量等。在其他条件不变的情况下，对于可交易的资源资产来说，资源总量越丰富，相对于更加稀缺的资源资产价格越低。国家公园内，自然资源的总量是不变的，人们对于资源的开发和利用则会影响资产的总量，这也会导致生态资源资产的价格变动。由于某些资源的特点，供给对价格的影响可分为短期和长期影响。如在天然林保护政策下，国内林木的供给减少，在不考虑木材进口的情形下，短期内相关产品的价格会提升（如家具），而在长期内，由于林木的生长周期较长，且保护政策长久执行情况下，影响则较为稳定。

（2）国家公园生态资源资产区位

区位有两层含义，从广义上可表示某国家公园的地理位置，狭义上可以表示公园内部的一种资源的具体位置。地理位置的不同所带来的资产丰备程度是完全不一样的。在国家公园内部，一种生态资源资产的区位可以对其生长的状况（如背阴的森林和向阳的森林长势的不同）产生很大影响，维护的成本以及交通成本、与消费市场的距离都可影响其价格；不同区位的国家公园，由于其气候条件、地理特征和生态敏感性等的不同，会导致内部资源的不同。如钱江源国家公园，是联系华北和华南的典型过渡带，拥有以低海拔中亚热带常绿阔叶林及其生态系统为主的典型植被景观和珍稀植物群，呈原始状态的大片低海拔中亚热带常绿阔叶林全球罕见，这就和其他的国家公园形成了差异。

（3）国家公园生态资源资产开发、维护及运营成本

这些成本越高，表示投入在国家公园生态资源资产的劳动价值越高，具体的如营造基建、运输成本和资产交易费用等。不同成本会导致其价格的不同，一般来说，成本越高的价格越高。如土地资源资产，根据劳动价值理论，土地价格主要由社会平均维护成本决定，随着社会物价水平和工资水平的增加，平均营地成本也会增加，相应地也会带来土地价格的提高。

（4）国家公园生态资源资产质量

在交易市场上，商品品质差异肯定会导致价格差异。从生产企业的角度来看，质量的差异导致了产品的差异化，这是影响价格的一大因素。如森林资产中的林木质量，低等级的木材资源显然价格不会高于高品质的木材，一片生长状况良好的森林又比受病虫害严重侵扰的森林价格高；农田的贫瘠或是肥沃也会影响其交换价值，进而影响到其价格。

2. 需求因素

对于部分生态资源来说，需求因素是影响其价格的主要因素，因为供给在短时期内是稳定的，总量是有限的。如国家公园内的野生动植物资源，在保护状态下即使适度开发进行交易，也会受到法律制度和生长周期的限制。在供给相对稳定的情况下，对价格更加显著的影响就来自需求。

（1）居民平均收入

居民平均收入是影响需求的重要因素，平均收入的起伏波动会直接影响居民的消费能力。根据需求定理，对于大部分商品来说，消费者收入的增加会带来需求的增加，是消费能力升级的前提，没有收入，购买力就不存在。对于国家公园内的生态资源资产，随着人均收入的提升，会迎来需求的提升，从而带动价格上涨。

（2）消费心理

市场需求变化深受消费者心理影响。这种消费心理包括商品认知、偏好程度、消费预期以及对相关商品的态度等，正向的消费心理会提升需求。如当消费者更加偏好木质建材而非金属建材时，对林产品的需求量就会增加；若对国家公园旅游参观项目偏好降低，相关需求量就会减少。当大众对国家公园的偏好增

加，环保意识深化，更多的人愿意投身于公益事业，愿意选择参与生态旅游，则生态资源资产价格就会上升。

（3）经济水平

经济发展的水平深受资源的影响，也就会导致资源资产的价格变动。总体来说，在经济发展态势向好时，对资源的需求较大，相关产品价格上涨；反之则会因为需求低迷，价格下跌。不同国家的产业结构、发展程度不同，对资源的依赖度不同，也会导致需求的差异。同时，许多资源是不可再生资源，随着经济的发展，需求旺盛后，其稀缺性就愈发显著，价格也将随之上升，如近年不断上升的土地价格。

（4）产品市场价格

依据价值规律，价格会始终在价值附近波动，产品市场价格作为生态资源资产的交换价值的表现，会直接影响生态资源资产的价格。对于可以在市场上进行交易的生态资源资产来说，市场价格会影响消费者对产品的需求，其最终产品的价格会受到市场价格波动的影响。如作为某些野生珍稀植物的药用成品市场价格变动，会带动野生植物资产价格波动；作为农田的最终实物产出品的粮食作物、经济作物、畜产品等价格的上涨，也会拉动地价上涨。

3. 政策和市场

政策和市场对价格的影响是除了供求之外十分重要的维度，政策和市场因素一般是间接的影响，需要有一个传导机制。①国家财政、金融相关政策。如政府开展的生态补偿、投资国家公园建设、园区特许经营者的相关税收及贷款优惠政策等。国家加大对相关行业的补助或投资时，市场信心较好，消费潜力扩大，财政支出增加，货币流动性和社会投资增长，会拉高生态资源资产价格；反之，会带来企业活力降低，影响交易主体的积极性，打击交易、投资的热情和信心，导致货币流动性不足，社会投资减少，从而拉低生态资源资产价格。②生态保护相关政策。主要是针对保护生态资源的法律，以及对保护生态环境而实施的规划（如林业重点工程、退耕还湖政策、河长制、国家公园的规划实施）等。这些政策会多方面影响到生态资源资产价格。如对土地资源来说，土地流转规划、基本农田保护区等政策的实施会从多方面影响土地价格。③市场自身因素。国家公园内的生态资源资产价格不是一成不变的，会受到整个外部市场经济环境的影响。比如社会经济的发展会带动生态产品的需求，同时外部经营者、资本的涌入会改善园区道路、通信、电力等基础设施条件，这会推升园区内生态资源资产的价格；在经济发展水平较低时，对相关产品的需求减弱会拉动园区内生态资源资产的价格下降。

（三）国家公园生态资源资产定价方法

生态资源资产分类标准较多，如根据再生性，可将其分为可再生资源资产（水、土地、动植物、大气等资源资产）和不可再生资源资产（矿产资源资产等）；根据属性特征，可划分为国土资源、矿产资源、生物资源、森林资源、农业资源、海洋资源、气候资源、水资源等资源资产（李四能，2015）。根据是否可参与交易，本节将其分为可交易的生态资源资产、不可交易的生态资源资产。

1. 可交易的生态资源资产定价方法

可交易的生态资源资产主要包括森林、矿产、农田、草原、水等有实体的资源资产，交易的标的以产权相关的权利为核心，如采矿权、水权、林权、土地使用权的交易和流转，以及部分非实体的生态服务功能如碳汇的交易。该类型的资源资产可以在市场中交易，其产权可以确定，有较公允的市场价格，且价格是直接的可计算的，常见定价方法有：①影子价格定价法。该方法基于边际效用价值论。影子价格实质上是生态资源资产的边际贡献值，是当经济处于一种最优状态下，根据资源的稀缺度、劳动消耗以及产品需求所确定的资源价格。该方法的优点在于它体现了生态资源资产的稀缺性，有利于合理的开发利用；缺点在于需要巨大数据支撑且难以实践，难以反映生态资源资产时效性最优价格。该方法适用性广，在森林、水、碳汇、农田、矿产等生态资源资产上应用广泛。②边际机会成本定价法。该方法基于边际机会成本理论。它依靠资源的成本来对资源定价，在这个价格中包含生产成本、消耗成本以及环境污染成本。该方法下资源价格实现途径可通过生态补偿、排污费、环境补贴等方式实现。这种方法弥补了传统资源经济学中对代际公平的考虑以及对环境代价付出的考虑，但是构成价格之一的边际使用成本和边际环境成本难以衡量。该方法目前适用于水、森林、农田等资源资产。③李金昌定价法。该方法基于地租理论、劳动价值论以及边际效用价值论，认为资源价格是资金化的地租，自然资源价值包括其本身价值和人类劳动产生的价值，前者由资源租决定，后者由总成本、年均分摊以及平均利润率、贴现率等因素决定（李金昌，1991）。该方法的优点在于体现了生态资源本身的价值，也容易扩展运用；缺点在于相关参数难以确定，如资源租，且其理论基础有相互矛盾的嫌疑（如作为对立的两种经典价值论）。该方法适用于农田、草原等资源资产。

2. 不可交易的生态资源资产定价方法

不可交易的生态资源资产主要包括无实体形态的生态服务供给，一般以实体资源为载体实现其功能价值，如维持生物多样性、水土保持、享乐游憩、景观享受等，还包括一部分野生珍稀动植物资源资产。该类型的资源资产没有市场价格，不可以进行交易，其价值和价格一般需要通过某种转化形式而得到。常用的定价方法有：①条件价值法。一般是通过问卷调查等方式确定消费者对无价格的生态系统服务的主观评价（包括意愿支付额和意愿补偿额），进而判断资源资产的价格和价值。优点在于较灵活、适用面广泛且实现成本较低；缺点在于参与问卷调查的消费者主观性较大，也容易存在问卷设计失误和假设失误等情况。该方法可以适用于大部分生态服务功能的计算。②旅行费用法。通过计算消费者在旅行上花费的金额进而判断资源资产的需求及价格，通过计算消费者剩余进而计算在生态服务功能的价值。该方法的优点在于简单易行，应用面较广泛；缺点在于忽略了非旅游的民众，容易造成价格失真，导致计算偏差。适用于估算收费景区的生态服务功能总价值和功能分区价值。③保护性支出法。就是用投入的保护和管理成本来间接计算该资源的价值。优点是数据易得，较为客观；缺点是可能低估资源资产的总体价值。该方法可用于不能参与交易的珍稀动植物的价格及价值核算。④能值定价法。能值是指生态系统内流动或储存的不同类型的能量转换为统一标准后的计量单位，利用能值转化率评价自然资源和环境价值，一般会采用太阳能值转化率作为中间转换量。该方法的意义在于提供了一个统一自然界和人类所创造价值的统一标准（梁亚民和韩君，2015），但是以能值作为衡量工具仍不完善，该方法及其理论较少关注供求关系。可适用于生态经济系统价值分析、资源与经济的能值分析以及某种具体生产系统的能值分析等。

3. 关于不可交易性和定价的关系辨析

不可交易的生态服务功能是可以通过上述方法定价的，但是并非定价之后就意味可以进行交易，原因在于大部分无形的生态服务功能具有较强的公共物品特征，具有非排他性，也就意味着很难界定产权归属，单个购买者无法保证这种生态服务功能不被其他人享用，“搭便车”的情况一旦出现，不仅会导致购买者利益受损，还会让其他观望的潜在消费者望而却步，这就会导致需求方积极性不高，支付意愿低，因此难以产生自愿的供求双方，导致交易主体缺失，交易市场难以形成。比如，一片森林所带来的空气净化功能，这种正外部性所影响的受益者不仅是国家公园内部的人，还包括国家公园周围的群众；跨区域的河流所带来的维护生物多样性、享乐游憩等功能，上游和下游的人群都会同时受益，这些原因会导致这类依附于生态资源实体的生态服务功能难以进行交易。

如今，已经有一些生态服务功能突破了上述限制，可以进行交易。如碳汇这一生态服务功能可以交易的背景是由于人类活动导致的气候变暖，各国对于碳排放量日益敏感，国际上召开了多次气候大会商讨碳排放的问题，并签订了《京都议定书》，由此制定了相关的碳交易机制（CDM、JI 及 IET），建立了各大碳交易市场促进高效减排，我国也于 2011 年开启了碳交易市场的试点工作。在政策、市场以及环境压力的多重作用下，碳汇交易机制逐步成熟，交易主体涌现，交易市场逐步规范，碳汇这一生态服务功能就可以实现。对于可交易的生态资源资产，其产权是可以确定的，相关的交易市场也已经构建，交易主体丰富，价格形成机制也趋于完善，因此，原本不可交易的生态服务功能如果想在定价后参与交易，必须有交易机制构建、交易主体成熟、产权界定明晰等作为基础。

（四）国家公园生态资源资产定价主体和客体

目前，我国生态资源资产定价主体包括市场和政府。①市场定价。发挥市场在资源配置中的决定性作用是经济体制改革的主攻方向。对于可以交易的生态资源资产来说，市场机制、价格机制、竞争机制等是其形成价格的主要方式。应充分让市场活力调动资产的运转、流动，形成自然资源的价格。但是，市场经济并不能完全实现最佳的资源配置，比如市场价格难以体现环境成本，还可能出现市场失灵的情况，这种情况下会扭曲资源资产的价格，此时就需要政府的干预。②政府定价。国家公园内的部分生态资源资产（如水、矿产、珍惜动植物等资源资产）具有稀缺性、公益性等特性，事关社会民生，定价主体仍为政府。当前我国政府定价有两种模式：一是政府直接定价；二是政府指导性定价。国家公园内的相关经营企业是部分生态资源资产的生产、经营者，然而生态资源资产归全民所有，意味着定价权和经营权分离，政府定价的主要意义在于其行政权的干预下，针对市场的缺陷，发挥政府调节的作用，避免市场失灵，促进资源合理配置。

生态资源资产定价客体，就是国家公园内的各种生态资源资产，它不仅包括生态资源资产实体，也包括非实体的生态系统服务功能。按照属性具体可分为森林、湿地、水文、矿产、野生动植物、土地、草原等类型的资源资产。

（五）国家公园生态资源资产定价建议

1）建立科学的国家公园生态资源资产定价理论与方法。目前，有关生态资源资产定价的经典理论、方法大都源自国外经验，存在不够系统、不易操作的问题，在立足于经典的经典理论、方法上，要加强相关学科的建设和人才培养，构建我国的国家公园生态资源资产产权理论体系；定价方法的制定要从市场和政府、经营者和消费者、中央和地方、操作性和科学性等相关方面全面考虑，国家公园管理局可建立价格数据统计部门，为定价方法的实现提供真实、科学的数据。

2）把握好政府和市场在国家公园生态资源资产定价中的关系。市场发挥决定性作用，政府定价起辅助作用，充分发挥双方优势，促成资源资产价格机制合理构建，形成生态资源资产的合理价格。市场机制是最有效的机制，在市场中，资源价格可以很好地反映供求关系从而形成生态资源资产价格，但是针对市场固有的缺陷，政府在定价中的作用不可小觑。同时，政府在指导定价时应该遵循稳定性与灵活性统一、公众参与、信息透明等原则。

3）在明晰主导影响因素对生态资源资产的价格影响传导机制基础上，加大对其他影响因素的研究力度。目前，关于价格影响因素的研究多为基于供求理论或是类似“基本面”理论分析，对于具体的传导机制，不仅缺乏数理论证，同时也很少考虑在国家公园的框架下研究供求关系；关于其他影响因素，应加大针对诸如人口结构、相关资源进出口、国际资源价格等因素的探讨，以及期货、产权等市场交易对资源资产价格的影响。

4）尽快完善国家公园生态资源资产产权制度。我国国家公园体制试点尚未结束，历史遗留问题较多，要着力解决权力交叉、缺位等问题，加快构建分类科学的国家公园生态资源资产产权体系，同时探索开展促进生态保护修复的产权激励机制试点，吸引社会资本参与生态保护修复。产权明晰是生态资源资产进入市场交易的前提，国家公园的治理和功能实现都与产权界定关系密切（徐菲菲等，2017），应尽早确定资源权属，明晰资源产权边界，做好所有权、经营权和收益权的科学划分，为生态资源的价格形成提供良好的产权制度条件。

三、钱江源国家公园生态资源资产全价值评估

基于生态系统服务的概念、分类及其价值构成可知，自然资源资产生态系统服务不同于传统的市场商品，大多数生态系统服务都不存在竞争性也不具有排他性，因此受市场失灵的影响，市场不能针对自然资源资产的生态系统服务价值发出正确的价格信号，故生态系统服务价值的评估已成为当今学术界的难点之一。国内外环境学、生态学、资源学等学科的专家学者经过多年跨领域研究，总结出市场价值法、替代成本法、旅行费用法、条件评估法、机会成本法、避免成本法、影子价格法、享乐价格法等十多种生态系统服务价值评估方法。

（一）生态系统服务功能价值评估方法

1. 市场价值法

市场价值法是指某类生态系统服务在市场中有实际价格并且能够直接反映人们的支付意愿，人们对于此类生态系统服务的实际支出即其市场价格为生态系统

服务的最终经济价值。对于这类生态系统服务而言，存在着直接交易市场以反映生态系统产品或服务的价值。市场价值法一般适用于评估自然资源资产的直接使用价值，并且使用这种方法的假设条件为生态系统产品和服务所在的市场是完全竞争市场。市场价值法依据现实中发生的市场行为，是以能够很好地评价与生态系统产品产量呈线性关系的自然资源供应服务的价值，并能明确反映人们的消费偏好和支付意愿，而且评估比较客观。但由于在这种方法下计算出的价值与自然资源面积、单位产量等数据直接相关，故其对数据来源要求可能会更加严格。市场价值法主要基于市场中量化的生态产品或服务，就是说仅衡量了生态系统产品及服务的直接经济效益却没有考虑间接效益，所以评估结果可能有些片面。同时，各地区市场制度的不完善和政府政策不同导致完全竞争市场很难实现，从而可能导致各个地区生态系统服务价值评估结果存在很大区别。

以林木资源直接使用价值中的供应服务为例来具体阐述市场价值法的实际应用。林木资源的供应服务是指林木为人类提供的木材和林副产品，包括建筑业使用木材，森林的根、果、皮、树脂和树胶，乙醇、甲烷等从森林中提取出的化学物质等。首先，将林木资源所供应的各个产品进行分类，分别找出各种产品相对应的市场价格以及相应单位产品生产量，并依据以下公式得出每种产品的价值，最后将各种产品价值汇总得到林木资源供应服务最终的价值。具体计算公式如下：$U_{价值} = \sum A \times Q_i \times K_i$，其中 $U_{价值}$为某类林产品价值，A 为林分面积，Q_i为第 i 类林产品的单位产量，K_i 为第 i 类林产品的单位价格。

2. 替代成本法

替代成本法是指对于没有直接市场价格的生态系统服务，当此类服务消失或退化时，市场上存在着一类替代品足以替代其生态系统服务功能且成本最小，则这类替代品的价格即为生态系统服务的价值。替代成本法一般适用于评估生态系统服务的间接使用价值。由于在此类方法下，对于非市场化的生态系统服务，只需估计产生相同功能替代品的效益，因而评估过程相对比较容易且数据信息的收集也更加简单。在替代成本法中，以替代品的价格得出相应生态系统服务的价值，故其对替代品和生态系统服务之间的替代程度要求较高，同时在实际生活中完全重置替代生态系统服务基本上是不大可能的，因此使用替代成本法评估生态系统服务价值并不完全准确，往往存在一些误差。

替代成本法可用于评估林木资源调节服务中的涵养水源价值、固碳释氧价值、净化大气价值等生态系统服务价值。涵养水源是指因林木资源对降水的截留、吸收和存储，将地表水转化为地表径流或地下水。林木资源涵养水源价值由调节水量价值和净化水质价值这两部分组成，其中调节水量价值由具有与林木资源相同蓄水功能的水利工程的成本（ 占地拆迁补偿、工程造价、维护费用等）

来计算，而净化水质价值以水净化费用（参考全国各大中城市的居民用水价格的平均值）替代核算。核算公式为：$U_{调}=10C_{库}A(P-E-C)$、$U_{水质}=10KA(P-E-C)$，其中 $C_{库}$为水库建设单位库容投资，A 为林分面积，P 为降水量，E 为林分蒸散量，C 为地表径流量，K 为水的净化费用。

林木资源净化大气功能是指森林生态系统对二氧化硫、氮化物、粉尘等污染物的吸收、沉降及分解的功能。净化大气价值可采用工业净化硫化物、氮化物等污染物的成本来替代核算。核算公式为：$U_{净}=C\times A\times P$，其中 C 为工业净化某类污染物单位成本，A 为林木资源总面积，P 为林木资源吸收某类污染物的单位量。根据上述公式计算出各类污染物的净化价值，最后加总得出林木资源净化大气总价值。

3. 旅行费用法

旅行费用法最早是由美国经济学、统计学家 Harold Hotelling 于 1947 年提出的。这种方法用来评估自然景点或生态环境为人类游憩、旅游等活动所带来效用的价值，这一价值由两部分构成，即旅行费用支出和消费者剩余。旅行费用支出由旅行中的各项花费和旅行时间价值构成，而消费者剩余是指人们消费一定量产品或服务愿意支付的价格与这些产品或服务的实际市场价格之间的差额。其中，旅行费用支出的价值能够直接确定，所以只要确定旅游者的消费者剩余就可得到自然资源资产的游憩价值。通过采用问卷调查法和实地观察法来分析各个自然景区的游客来源包括旅游路程、每年内游玩次数以及旅游花费等，通过回归分析推算出旅游率与旅行费用间的需求曲线，从而得出旅客的消费者剩余价值。旅行费用法基于实际发生的市场行为且运用了需要曲线、回归模型分析等经济学方法理论，因而评估的结果更加可信合理。但由于旅行费用法中经济学分析方法的不同以及数据收集中的偏差、旅行时间机会成本的不确定性，这些问题可能会降低评估结果的准确性。

旅行费用法可用于评估林木资源文化服务中的林木资源游憩价值。林木资源游憩是指林木资源环境优美、空气清新，栖息着各类物种，为人类提供娱乐和休闲的场所，使人身心舒畅、精神愉悦的功能。核算公式为：$U_{游}=\sum_{i=0}^{n}(C_i+X_i+Y_i)+\sum_{i=0}^{n}A_i\times P_i+U_{消}$，其中 C_i为第 i 位游客交通及食宿费用，X_i为第 i 位游客门票及景区服务费用，Y_i为第 i 位游客摄影、购物等其他费用，A_i为第 i 位游客总旅行时间，P_i为第 i 位游客平均每小时工资，$U_{消}$为林木资源游憩价值中消费者剩余价值。消费者剩余的评估过程为：首先，根据问卷调查等方法统计出旅游率；其次，基于平均旅行费用支出建立回归模型；最后，依据以上结果得到旅游率与平均旅行费用间的需要曲线，计算林木资源游憩价值中的消费者剩余。

4. 条件评估法

条件评估法是指对于非商品化、无市场价格的生态系统服务，直接询问人们对假想市场中生态系统服务的支付意愿，从而确定此类生态系统服务的经济价值。在条件评估法中，基于问卷调查等调查方式来获得人们对某类生态系统服务改变的偏好，从而确定其所愿意支付的最大数量或能接受的最少补偿数额，其主要评估流程为：确定调查对象和范围—建立假设市场—设计调查问卷（预调查）—汇总处理调查数据—分析支付意愿。条件评估法依据人们的支付意愿或偏好来确定生态系统服务的价值，故几乎适用所有生态系统服务功能的价值评价，如森林资源的调节服务价值、存在价值，稀缺森林保护价值以及森林作为子孙后代赖以依靠的环境等遗产价值。

大多数自然资源资产的生态系统服务都是非商品化服务，受市场失灵的影响，此类生态系统服务的价值不能采用依赖市场价格的方法如市场价值法来评估，随着专家学者们对条件评估法的不断深入研究，相应的理论基础和评估技术在不断完善之中，因此条件评估法成为近年来主要的自然资源资产生态系统服务价值评估方法。然而，由于条件评估法自身特点造成评估的主观性较大，评估过程中的受访者偏好不确定性、问卷调查差异以及分析方法差异，这一方法在实践应用中还存有很大弊端，因此需要学术界和理论界不断对其研究深化从而尽可能减少评估差异和增强实践应用性。

基于上述生态系统服务价值评估方法，本书在评估生态系统服务价值时采用的方法如表 3-2 所示。

表 3-2　钱江源国家公园体制试点区生态系统服务价值评估指标体系

<table>
<tr><th>价值类型</th><th>服务功能类型</th><th>核算指标</th><th>评估方法</th></tr>
<tr><td rowspan="6">直接价值</td><td rowspan="4">供给服务</td><td>木材管理</td><td>市场价值法</td></tr>
<tr><td>粮食作物</td><td>市场价值法</td></tr>
<tr><td>淡水产品</td><td>市场价值法</td></tr>
<tr><td>水资源供给</td><td>市场价值法</td></tr>
<tr><td rowspan="2">文化服务</td><td>旅游休闲</td><td>旅行费用法</td></tr>
<tr><td>教育科研</td><td>生态价值法</td></tr>
<tr><td rowspan="3">间接价值</td><td rowspan="3">调节服务</td><td>调蓄洪水</td><td>影子工程法</td></tr>
<tr><td>气候调节</td><td>影子工程法</td></tr>
<tr><td>固碳释氧</td><td>InVEST 模型法</td></tr>
<tr><td rowspan="2">选择价值</td><td rowspan="2">支持服务</td><td>维持生物多样性</td><td>生态价值法</td></tr>
<tr><td>提供物种栖息地</td><td>生态价值法</td></tr>
</table>

（二）钱江源国家公园生态系统下辖资源情况

为掌握钱江源国家公园体制试点区资源的类别、数量和分布状况，在类型划分原则的基础上，将公园资源类型分为生物资源、人文资源和景观资源三个主类，以及八个亚类（表3-3）。生物资源主要涵盖植被、植物和动物；人文资源包括风物、胜迹和建筑；景观资源涵盖自然景观资源和人文景观资源。

表3-3　钱江源国家公园体制试点区资源类别表

主类	亚类
生物资源	植被、植物、动物
人文资源	风物、胜迹、建筑
景观资源	自然景观资源、人文景观资源

1. 生物资源

（1）植被

试点区内森林覆盖率达到90.4%以上，森林生态系统健全，生物多样性资源具有巨大的生态保护功能，在涵养水源、水土保持、生物多样性维持和净化空气方面具有重要作用。低海拔人为干扰严重地区保存良好、具有代表性和典型性、呈原始状态的大片低海拔中亚热带常绿阔叶林，是其分布面积最广的植被类型，主要分布于海拔350—800米的山坡和山麓，其景观和生态系统在中国乃至全世界较为罕见，具有全球保护价值。

（2）植物

钱江源国家公园体制试点区内有高等植物244科897属1991种，其中苔类22科39属89种，藓类33科103属236种，蕨类34科66属166种，种子植物155科689属1500种。野生木本植物共有95科270属832种，种类丰富。试点区种子植物在浙江、全国和世界区系中的地位如表3-4所示。区内有南方红豆杉国家一级重点保护植物，金钱松、鹅掌楸、连香树、杜仲香果树、长柄双花木等21种国家二级保护植物，具有古老、孑遗、珍稀植物多，珍稀濒危植物种类多，大型真菌种类多样，古树名木资源丰富等特点。

表3-4　钱江源国家公园体制试点区种子植物在浙江、全国和世界区系中的地位

类群	科				属				种			
	开化	浙江	中国	国际	开化	浙江	中国	国际	开化	浙江	中国	国际
裸子植物	6	9	10	16	9	34	36	72	12	60	224	758
被子植物	143	173	327	356	638	1 217	3 164	13 573	1 394	3 319	28 190	241 000
合计	149	182	337	372	647	1 251	3 200	13 645	1 406	3 379	28 414	241 758

（3）动物

钱江源国家公园体制试点区内繁茂的森林植被，为动物栖息、繁衍创造了良好的生态环境。据调查，脊椎动物26目67科239种，两栖类2目7科26种，爬行类3目9科51种，鸟类13目30科104种，兽类8目21科58种。昆虫类繁多，有22目191科759属1156种，其中以古田山为模式产地的昆虫有11目37科164种，有30种以“古田山”“开化”命名的昆虫新种（以古田山命名的24种，以开化命名的6种）。

该区域是国家一级重点保护动物白颈长尾雉（*Syrmaticus ellioti*）、黑麂（*Muntiacus crinifrons*）、云豹（*Neofelis nebulosa*）和豹（*Panthera pardus*）的重要栖息地。同时还生活着34种国家二级重点保护动物，其中昆虫1种，两栖类1种，鸟类22种，兽类10种。省级重点保护动物有32种，其中省级保护昆虫2种，分别为宽尾凤蝶（*Agehana elwesi* Leech）和金裳凤蝶［*Troide aeacus*（Felder）］；省级保护两栖类动物3种，爬行类动物4种，分别为大树蛙（*Ployedates dennysi*）、平胸龟（*Platysternon meacephalum*）、脆蛇蜥（*Ophisaurus harti*）、黑眉锦蛇（*Elaphe taeniure*）、眼镜蛇（*Naja naja atra*）、五步蛇（*Agkistrodon acutus*）、滑鼠蛇（*Ptyas mucosus*）；省级保护鸟类20种；省级保护兽类8种，分别为毛冠鹿（*Elaphodus cephalophus*）、狐狸（*Vulpes vulpes*）、食蟹獴（*Herpestes urva*）、豪猪（*Hystrix hodgsoni*）、貉（*Nyctereutes procyonoides*）、狼（*Canis lupus*）、豹猫（*Felis bengalinsis*）和鼬獾（*Milogale moschata*）。

2. 人文资源

（1）风物

涵盖民间工艺、民间节庆、民间演艺、农耕文化、地方风俗等内容，农事节庆包括开秧门、割青等民间风俗以及保苗节等；文化活动包括龙顶茶创造的采茶、敬茶等民间茶文化，以茶文化为主题的民间节庆、文化研讨会和知识讲座等；节事活动包括生态旅游文化节、钱江源灯会、“钱江源头、魅力开化”文化走亲、溯洄钱江源头环保活动、钱江源头书法联展等；明太祖朱元璋发明的草龙民间演艺，已被纳入国家非物质文化遗产名录。

（2）胜迹

作为抗战时期闽、浙、皖、赣四省根据地的中心，保留了公路红色文化景观墙、中共浙皖特委旧址、中共开婺休中心县委旧址以及中共油溪口支部旧址、抗敌阵亡将士纪念碑等红色胜迹；以及华严古刹、古田庙和福庆庙等宗教圣地。

（3）建筑

保存了大量传统乡村建筑和特色社区，乡村建筑以江南派系的徽式建筑为主，如霞山古民居、高田坑村庄、田坑古民居、霞坞老屋和状元村等。其中多数特色社区被评为古建筑村落、民俗风情村和自然生态村。

（4）文物

加强文物资源调查，进一步明确文物级别、内涵和价值；并落实相应的保护措施，切实保护好、管理好、利用好试点区内的历史文化遗产。

3. 景观资源

（1）自然景观资源

试点区独特的地形地貌塑造了具有科学展示价值的重力坡地貌、花岗岩山体以及各种类型的山丘、谷地、岩穴、河流阶地、峡谷等地质地貌景观；丰富的河网水系塑造了苏庄溪、长虹溪以及莲花塘为主的多样性水域景观；较高的森林覆盖率孕育了以低海拔中亚热带常绿阔叶林及其生态系统为主的典型植被景观和珍稀植物群落；繁茂的植被和多样的森林生态系统为动物栖息、繁衍提供了良好的生态环境，形成了白颈长尾雉、黑麂、云豹和豹等国家级保护动物栖息地的独特生物景观。按照国家《旅游资源分类、调查与评价》（GB/T 18972—2003）的分类标准，钱江源国家公园体制试点区自然景观资源涵盖地文、水域、生物、天象与气候景观四个主类，十个亚类和十五个子类（表 3-5）。

表 3-5　钱江源国家公园体制试点区自然景观资源列表

主类	亚类	基本类型	资源名称
A 地文景观	AA 综合自然旅游地	AAA 山丘型旅游地	古田山、莲花尖、乌云尖、华山竹海、台回山、石耳山、凉帽尖等
		AAB 谷地型旅游地	枫楼坑
	AC 地质地貌过程形迹	ACE 奇特与象形山石	八仙听经石、卧牛听经石、石磨石、枫楼台、弈仙奇石、罗汉参禅、戏猴台
		ACF 岩壁与岩缝	枫楼绝壁、西米岩、隐龙壁
		ACG 峡谷段落	钱江源大峡谷、卓马峡、龙山峡

续表

主类	亚类	基本类型	资源名称
B 水域风光	BA 河段	BAA 观光游憩河段	苏庄溪、长虹溪、莲花溪、秀滩
	BB 天然湖泊与池沼	BBC 潭池	莲花塘、枫楼湿地、潜龙潭、天子湖、仙人池、三星潭
	BC 瀑布	BCA 悬瀑	古田山飞瀑、源井瀑布、船舱头瀑布群、彩虹飞瀑、观音足瀑布、水竹湾瀑布、神龙飞瀑、卓马飞瀑、神鹿飞瀑、迎宾瀑、双龙瀑、石龟饮泉、弯月潭瀑、龟蛙瀑、天梯瀑、龙山神泉、罗家坞瀑布
C 生物景观	CA 树木	CAB 丛树	溪口古樟群，红豆杉林、长柄双花木林、北美香柏林、黄山松林
			阔叶林海
	CC 花卉地	CCB 林间花卉地	开化龙顶茶发源地
			高田坑梨花
	CD 野生动物栖息地	CDB 陆生动物栖息地	豹、云豹、黑麂栖息地
		CDC 鸟类栖息地	白颈长尾雉栖息地
D 天象与气候景观	DA 光现象	DAA 日月星辰观察地	日出
			日落
	DB 天气与气候现象	DBA 云雾多发区	云海
		DBB 避暑气候地	避暑气候地

（2）人文景观资源

试点区历史悠久，文化底蕴深厚，历史上以山地农耕和林业为主要生计来源，在农林业生产过程中创造了极为丰富的口头文学和民间音乐、民间舞蹈、民间戏曲和民间工艺等，诸如满山唱、横中跳马灯和马金扛灯等民间演艺；作为重要的历史发生地，该区域保存了朱元璋时代的点将台和练兵场等古遗迹；因毗邻徽、赣，当地吴越习俗与徽、赣习俗相互交融，地方风土人情丰富而多彩，乡村建筑以江南派系的徽式建筑为主，餐饮文化也具有多省复合性特点；位于闽浙皖赣四省根据地的中心，是红色文化的根据地，保留了抗战时期根据地遗址，以及烈士墓等墓群；同时还留存了佛教寺庙等宗教与祭祀活动场所。按照国家《旅游资源分类、调查与评价》（GB/T 18972—2003）的分类标准，试点区人文景观资源涵盖遗址遗迹、建筑设施、旅游商品和人类活动四个主类，十一个亚类和十六个子类（表3-6）。

表 3-6 钱江源国家公园体制试点区自然景观资源列表

主类	亚类	基本类型	资源名称
E 遗址遗迹	EB 社会经济文化活动遗址遗迹	EBA 历史事件发生地	朱元璋点将台、方志敏血战菜刀岗
			红四军一二三支队集结地、红军洞、红军棚等
		EBB 军事遗址与古战场	闽浙赣省委机关旧址，中共开婺休中心县委所在地、中共浙皖特委机关旧址、开化县委旧址
F 建筑与设施	FA 综合人文旅游地	FAC 宗教与祭祀活动场所	华严古刹、古田庙、文昌阁、凌云寺、福庆庙
	FB 单体活动场馆	FBB 祭拜场馆	苏庄姜家祠、寿山堂、方永同公祠、平阳堂、余氏祠堂、吴氏祠堂、范氏宗祠、怡睦堂、叙伦堂、集贤祠、程氏宗祠
	FC 景观建筑与附属型建筑	FCH 碑碣	三省界碑、钱江源头碑
	FD 居住地与社区	FDA 传统与乡村建筑	高田坑村庄、田坑古民居、霞坞老屋
		FDC 特色社区	中山、大源头、大横、西坑、高田坑、呈路坑、桃源、横中、古田、唐头、毛坦
	FE 归葬地	FEB 墓群	霞山烈士墓、叶长庚将军墓、钱王祖坟
	FG 水工建筑	FGA 水库观光游憩	齐溪水库
G 旅游商品	GA 地方旅游商品	GAB 农林畜产品与制品	清水鱼、清水龙虾基地
			笋干、菜干、石磨豆腐
		GAE 传统手工产品与工艺品	传统手工榨油
H 人文活动	HB 艺术	HBB 文学艺术作品	钱王的传说、清水鱼的传说
	HC 民间习俗	HCA 地方风俗与民间礼仪	开秧门、割青
		HCB 民间节庆	唐头古佛节、平坑保苗节
		HCC 民间演艺	满山唱、横中跳马灯、马金扛灯
	HD 现代节庆	HDC 商贸农事节	开化龙顶开茶节

（三）钱江源国家公园生态系统服务的全价值评估

通过文献研究、专家访谈等方式，科学界定生态资源资产的内涵和外延；结合国家专项计划开展的植被、土壤、环境前期研究成果，通过实地抽样验证，划分出钱江源国家公园体制试点区森林、湿地、农田等主要生态系统类型，集成研发生态资源资产统计指标体系；以马克思的劳动价值论和经济学中的消费价值论为基础，研究生态资源资产定价机制；基于生态定位站长期积累的生态要素野外观测数据，结合国家森林资源清查、湿地资源普查、野生动植物资源监测、耕地调查监测等数据，参考联合国千年生态系统评估（The Millennium Ecosystem Assessment，MA）等国内外成果基础上，利用直接市场法、替代市场技术、创建市场技术和空间-能值分析技术，采用物质量和价值量相结合的方法，建立基于遥感和地理信息系统的生态资源资产评估模型，构建生态资源资产评估方法和技术体系。

通过采用野外抽样调查、查阅文献资料、地面监测数据分析等手段，选取钱江源国家公园体制试点区范围内自然保护区等保护机构建立时间（2000 年末）、生态保护初现成效时间（2010 年末）、国家公园体制试点建立时间（2015 年末）和本研究截止日（2018 年末）四个时点的遥感解译数据，借助 InVEST 工具包，对生态资源资产价值时空动态分布及变化格局进行评估，并对生态资源资产时空变化的驱动力进行深入研究；根据生态资源资产价值量组成、市场转化率等，研究直接利用、间接利用、使用权交易、生态服务交易、发展权交易、产业化等生态资源资产资本化途径，实现资产保值增值，为发展项目特许经营、所有权和经营权流转、资源有偿使用和生态补偿等政府决策提供依据。

参照千年生态系统评估（MA）的分类方法（联合国，2005），结合钱江源国家公园体制试点区湿地生态系统特征，将生态服务功能价值分为直接价值、间接价值和选择价值，服务功能分为供给功能、文化功能、支持功能和调节功能四种类型，建立钱江源国家公园体制试点区生态系统评估指标体系。按照供给服务、文化服务、调节服务、支持服务四个功能来统计。

1. 供给功能服务

生态系统的供给服务是其所提供的食物资源、基因资源、植物纤维、燃料、化学品、药材、装饰品和饮用水等各类产品。将钱江源国家公园试点区的供给功能分为作物生产价值、木材管理生产价值、淡水产品价值、水资源供给价值。

（1）作物生产价值

水稻是开化县主要粮食作物，截至 2016 年苏庄、长虹、何田、齐溪四个镇的水稻种植面积为 11 万亩，其中钱江源国家公园体制试点区范围内水稻种植面积 20 719.95 亩，是全县的 18.84%，主要分为早稻、单季晚稻和连作晚稻。油料作物主要以油菜为主，同时种植茶叶也是当地居民的收入之一。

评估方法：本书中通过市场价格来计算直接粮食作物的价值，即以粮食作物的市场价格为基础，减去生产成本，余下则为粮食作物的生产价值（宁潇等，

2016)。由开化县农业统计资料和《开化县统计年鉴》获得不同作物生产面积、平均产量和市场价格等数据。根据公式计算：

$$VP_1 = A \times Q_r \times P_r - C = \frac{A \times Q_r \times P_r}{2} \tag{3.1}$$

式中，VP_1是不同作物的价值；A是不同作物的面积；Q_r是单位面积不同作物的平均产量；P_r是各种作物的市场价格；C是各种作物的生产成本。根据式（3.1)得出2005年、2010年、2015年、2018年粮食作物价值分别为1.97亿元、3.39亿元、4.57亿元和4.45亿元。2005—2018年粮食作物价值整体呈先递增后减少的趋势，根据土地利用变化得知作物的种植面积在2005—2016年虽有不同程度的减少，但2010年后由于科学技术水平的提高，生产力明显提升，高产水稻被广泛种植，同时油菜、茶叶等的产量也得到显著提高，与2010年相比，2015年水稻产量增加12 633吨，导致粮食作物服务功能价值在2010年后有明显提升；随着国家公园的发展，耕地更多被保护起来，种植作物的面积减少，当地居民多以采茶和出外务工为主，因此2018年水稻的产值相比于2015年下降了5393万元，茶叶产值上升。

（2）木材管理生产价值

将林业产值近似作为木材管理产值；2010年木材管理部分资产评估，选取国家公园全生态区域涉及的乡镇区域，包括苏庄镇、长虹乡、何田乡、齐溪镇。将各个区域的林业产值（包括竹木采运）进行加总；由于2015年年鉴中缺少划分具体国家公园全生态区域，因此采取区域面积估算的方法。从年鉴中选取2015年开化县全部的木材管理产值（林业产值）以及总林地面积；同时从《钱江源国家公园体制试点区总体规划（2016—2025)》选取国家公园全生态区域的面积。

2010年的木材管理产值计算如下：

$$V_5 = V_{51} + V_{52} + V_{53} + V_{54} \tag{3.2}$$

式中，V_5是木材管理产值；V_{51}、V_{52}、V_{53}、V_{54}分别是苏庄镇、长虹乡、何田乡、齐溪镇木材管理产值。

2015年、2018年的木材管理产值计算如下：

$$V_4 = V_3 / S_2 \times S \tag{3.3}$$

式中，V_3是开化县木材管理产值；S_2是开化县林地面积；S是国家公园全生态区域面积。综上，2005年、2010年、2015年、2018年的木材管理资产价值分别是11 081万元、4165万元、2728万元、1786万元。由此看出，随着试点区不断退耕还林以及保护森林的政策推出，当地木材管理的产值不断下降，以伐木为主的收入不断下降。

（3）淡水产品价值

钱江源国家公园体制试点区为钱塘江之源头，渔业资源较为丰富，主要包括鱼类、甲壳类、贝类和其他类，境内水域共有鱼类 83 种，分属于 9 目 15 科。其中以草鱼产量最高，一般占总产量的 50%，其次是鲫鱼、鲢鱼和鳙鱼。主要经济水生动物有蛙、螺、蚬、虾等，在各水域均有分布，其中甲壳类淡水产品主要是河蟹和罗氏沼虾（岳玲莉等，2016）。

评估方法：根据公式 $VP_2 = \sum_{i=1}^{n} Y_i \times P_i$（其中 VP_2 为国家公园提供淡水产品的价值，Y_i 为第 i 种淡水产品的产量，P_i 为第 i 种产品的价格）计算出 2005 年、2010 年、2015 年、2018 年钱江源国家公园体制试点区水产品价值分别为 1390 万元、2870 万元、5920 万元、6660 万元。2005—2016 年淡水产品产量呈递增趋势，平均每年增加 341.83 吨，主要原因是开化县重视水库建设，水库面积增加，2005—2016 年水库面积共增加 129.08 公顷。此外，在我国明确提出要“建立国家公园体制”之后，钱江源国家公园体制试点区水环境得到明显改善，使得大量淡水生物得以保护和恢复，这也是促使淡水产品产量及其价值增加的重要因素。

（4）水资源供给价值

国家公园体制试点区范围内居民供水源主要来自水库，主要供给苏庄、长虹、何田和齐溪四个乡镇，占全县供水的 2.7%（董家华等，2006）。其中钱江源国家公园体制试点区的湿地是淡水之源，而淡水是人类生存和发展的基础。湿地作为淡水资源的主要载体，不仅可以维持自然生态系统的结构与功能，而且在社会经济系统的可持续发展中发挥着关键作用（崔丽娟和张明祥，2002）。湿地是人类社会中极其重要的一种生态系统，其服务功能可以分为水分供给、水分调节、气候调节等 17 个类型。王伟和陆建建（2005）将这 17 种生态系统服务功能的价值归为自然资产价值和人文价值两大部分。淡水供给功能（水分供给）属于自然资产价值的一部分，是最早被人类认识和利用的一种功能。湿地中淡水供给主要包括城镇居民生活用水、工业（矿业）用水和农业用水三大部分。随着近年来生态系统服务研究的迅速发展，淡水供给服务的重要性越来越受到关注，各种污染导致可用淡水资源减少，同时工业、农业和城市发展所需的水量增加（王秀丽，2005），使得现有的淡水资源严重匮乏。

评估方法：

$$VP_3 = S(t) \times P_w \quad (3.4)$$

式中，VP_3为供水服务价值；$S(t)$为供水量；P_w 为水的市场价格。利用开化县统计年鉴计算 2005 年、2010 年、2015 年、2018 年钱江源国家公园体制试点区水资源供给价值分别为 21 万元、36 万元、60 万元、86 万元，水资源供给价值呈不断增加趋势，但是增加趋势在逐年减缓，主要原因是虽然 2005—2018 年人口在不断增加，但是进城务工人口越来越多，造成钱江源国家公园体制试点区内水资源需求不旺，供水量及其水资源供给价值增加不明显。

2. 文化功能服务

生态系统的文化服务是其为人类社会提供的非物质收益，能够使人类获得精神上的满足与认知方面的发展，为人类提供休闲、娱乐、美学享受等，具体如多元性的文化价值、精神与宗教价值、知识系统、教育价值、灵感、美学价值、社会关系、地方感、文化遗产价值、消遣和生态旅游等。将钱江源国家公园试点区的文化功能分为景观游憩价值和教育科研价值。

（1）景观游憩价值

钱江源国家公园体制试点区将在生态保护优先的前提下，围绕社区自身发展、满足景观游憩和科普宣教等核心功能进行规划和建设。

评估方法：

$$V_1 = \int_0^{PM} Y(x)\,dx - V_0 \tag{3.5}$$

式中，PM 为旅游者愿意支付的费用与实际支付的费用之间的最大差额；$Y(x)$ 为旅游费用与旅游人次的函数关系。试点区水域休闲娱乐价值按照 2015—2017 年区域内明确因水域（划船、水上餐饮、水上娱乐项目等）产生的消费值增长率估算 2018 年试点区休闲娱乐价值，参照地方统计数据，为 V_0，根据 2015—2017 年钱江源试点区旅游人数和旅游花费的统计数据，旅游费用增加与旅游人数之间的函数关系为：$Y=Ax^2+Bx+C$，其中 Y 为旅游人数，x 为旅游费用增加。结合统计数据中消费者剩余的最大差额，代入计算，求得 V_1。得到 2005 年、2010 年、2015 年、2018 年钱江源国家公园体制试点区景观游憩价值分别 3.9530 亿元、13.1636 亿元、43.8645 亿元、67.073 亿元，2005—2018 年呈递增趋势，主要原因是钱江源国家公园体制试点区建立和不断完善，钱江源地区的政府对当地的旅游事业进行了扶持和发展。因此，钱江源国家公园体制试点区景观游憩价值不断增加。

（2）教育科研价值

钱江源国家公园体制试点区是浙江乃至华东地区的生态屏障和重要水源涵养地，流域内河谷、湿地也是野生动物和各种鸟类的重要栖息地。

根据公式：

$$V_2 = \sum_{k=0}^{n} x^k \tag{3.6}$$

式中，x^k 为一项科研活动平均再造成本或机会成本估值；V_2 为合计 n 项科研活动总和。

同时，依托钱江源国家公园进行了大量科研教育活动，发表了多篇 SCI 论文，其科研价值巨大。2017 年，古田山院士专家工作站正式升级为钱江源国家公园院士专家工作站。依托院士专家工作站，组建了钱江源国家公园体制试点区科研创新管理团队，开展生物多样性保护和管理、生态系统动态监测和生态景观规划与可持续发展研究，为国家公园的科学有效保护和管理提供咨询建议。以中国科学院傅伯杰院士为团队带头人，IUCN 亚洲区域委员会主席、中国科学院植物研究所马克平研究员等知名专家学者为主要成员。科研团队共 17 人，其中院士团队 7 人，均拥有博士学位；钱江源国家公园科研团队 10 人，均为中级（含中级）以上职称。

自 2005 年在古田山国家级自然保护区建立我国第一块 24 公顷亚热带常绿阔叶林大型森林动态样地以来，经过 10 多年的发展，分别于 2009 年和 2015 年建成了“古田山森林生物多样性与气候变化研究站”（以下简称古田山站）和“钱江源国家公园院士工作站”。通过对钱江源国家公园内低海拔中亚热带常绿阔叶林生物多样性的长期监测与研究，形成了以古田山国家级保护区全境森林动态样地监测平台、网格化动物多样性监测平台、中国亚热带森林生物多样性与生态系统功能实验平台以及森林冠层生物多样性监测平台为依托的森林生物多样性监测体系。

目前，古田山站已成为我国森林多样性监测网络的重要节点，部分相关监测方案成为我国陆生生物多样性监测的国家标准，支撑和引领了我国生物多样性研究。自 2007 年以来，在 *Nature Communications*、*Ecology Letters*、*New Phytologist*、*American Naturaist*、*Ecology*、*Journal of Ecology* 等国际生态学顶级期刊共发表论文 438 篇（121 篇被 SCI 收录），相关成果被学界广泛引用，产生了重要的国际影响。其中，有关稀有种对群落谱系多样性贡献的论文被著名生态学家、欧洲科学院院士 Kevine Gaston 于 2012 年 7 月 5 日在 *Nature* 的生态学专栏高度评价，并与幼苗动态机制的研究论文（*Ecology Letters*）一起被 Faculty of 1000 推荐为必读论文；中国常绿阔叶林 Beta 多样性论文于 2009 年在 *Ecology* 杂志以封面文章发表，目前被引用超过 400 次；2014 年在古田山发现蛛蜂新物种“蚁墙蜂”，被美国《时代》杂志评为 2015 年全球十大新发现物种。

从建站到 2017 年底，古田山站共获得 29 个各类项目资助，其中包括国家自然科学基金面上项目 15 个，重大国际合作项目 4 个，国家科技支撑项目 2 项，中国科学院重大方向项目 4 个，共有来自国内外 20 多个不同研究单位和高校的 97 人（国内 68 人）基于古田山站的工作获得博士或硕士学位，多人获得中国科学院院长特别奖、中国科学院优秀博士论文、博士研究生国家奖学金和中国科学院优秀毕业生。同时积极进行对外交流，成功举办了世界自然保护联盟（IUCN）亚洲区会员委员会 2017 年度会议、钱江源国家公园战略研讨会以及全国生物多样性与生态系统监测数据培训班；积极开展科普教育活动，举办了新东方中学和守望地球中学生夏令营、爱鸟周宣传以及“五个一”宣传活动。

截至 2017 年 12 月，钱江源国家公园在研项目 16 项，其中包括国家级 10 项、省级 4 项、县级 2 项，总计获得 1981 万元经费资助。其中国家级项目资助占总经费的 88.79%。

截至 2017 年 12 月，通过查阅 Web of Science 等外文数据库，钱江源国家公园已发表英文期刊论文（SCI）共计 114 篇，其中生物多样性 92 篇（包括植物生态 74 篇、动物生态 14 篇、微生物生态等 4 篇）；生物资源 17 篇（包括动物资源 13 篇、微生物资源 4 篇）；植物分子等其他类型 5 篇。

截至 2017 年 12 月，通过查阅中国知网等中文学术数据库，钱江源国家公园已发表中文期刊论文共计 307 篇，其中涉及生物多样性的论文 102 篇（包括植物生态 75 篇、动物生态 23 篇及其他生态学相关论文 4 篇）；生物资源类论文 26 篇（包括动物资源 10 篇、植物资源 14 篇和微生物资源 2 篇）；地理或环境类论文 35 篇；农业科学类论文 20 篇；文学文化、人文或旅游类论文 61 篇（包括文学 22 篇、文化 16 篇、人文 8 篇、旅游类 15 篇）；经济、政策探讨类论文 54 篇（包括经济 37 篇、政策探讨类 17 篇），法律、法规等论文 9 篇。因考虑到重复发表和未发表论文的版权问题，未包括会议论文和博士或硕士学位论文。

根据以上的公式以及依托钱江源国家公园所进行的科研教育活动所创造的科研价值得到 2005 年、2010 年、2015 年、2018 年教育科研价值分别为 1.4807 亿元、2.4431 亿元、4.0238 亿元、7.70 亿元。2005—2018 年呈递增趋势，主要原因是随着人口数量的增多，并随着科学技术水平的进步，人们对钱江源国家公园体制试点区各个区域土地利用需求增加，同时交通的发达，外来知识的普及程度越来越高，对教育科研价值的影响较大。

3. 调节功能服务

国内外学者将生态系统服务价值构成的相关研究结果划分为以下两大类：使用价值和非使用价值。使用价值包括直接使用价值、间接使用价值和选择价值。直接使用价值是指自然资源资产通过生态系统直接为人类活动所提供的一切物质及服务，其可以被商品化并存在市场价格，主要包括所有供应服务中的水、物质和生物能源以及文化服务中的游憩等；间接使用价值是指无法被商品化且为直接使用价值提供支持和保护的各生态服务功能价值，包括调节服务中涵养水源等流量调节、固碳释氧等理化环境调节以及生物环境调节。生态系统的调节服务是其对气候条件、空气质量、水资源分布、水资源质量和废弃物等外部生存环境的各类调节作用，并最终为人类社会带来福利。将钱江源国家公园试点区的调节功能分为调蓄洪水价值、调节气候价值、碳储存和固持价值。

（1）调蓄洪水价值

调蓄洪水是湿地生态系统核心价值功能之一，钱江源国家公园体制试点区湿地调蓄洪水的作用主要体现在水库等湿地。钱江源国家公园体制试点区湿地水库调蓄洪水的能力按照浙江省水库调蓄能力计算，2005—2016 年调节功能价值占总价值比例为55%—71%，是四大服务功能类型占比最大的服务价值，其中调蓄洪水价值占比较高。

评估方法：

$$V_{r1}=R\times P_c \tag{3.7}$$

式中，V_{r1}为调蓄洪水价值；R 为浙江省单位面积湖泊的调蓄洪水的能力；P_c 为单位库容水库建造成本。通过计算得到2005 年、2010 年、2015 年、2018 年的价值分别为585 万元、755 万元、1850 万元、4533 万元。2005—2015 年呈递增趋势，年均增加115 万元，主要原因是开化县为了使水利化程度进一步提高，加强水渠配套建设，为达到一级抗旱能力目标，在 2005—2016 年钱江源国家公园体制试点区水库面积在不断增加，从而调蓄洪水价值相应增加。

（2）调节气候价值

气候调节主要是调节大气湿度和温度。湿地中的水面、植被、湿润土壤不断与大气之间进行热量和水分交换，调节气温、增加大气湿度，改善湿地周围的小气候条件（肖寒等，2000）。

评估方法：根据开化县的气候特点，调节温度和湿度的服务只在5—9 月为人们带来效用，因此只计算了这一时段湿地调节湿度和温度的服务价值。调节气候（湿度）根据公式：

$$V_{r4}=Q_{r4}\times Q_e\times P_{r4} \tag{3.8}$$

式中，V_{r4}为湿地调节湿度的价值；Q_{r4}为公园湿地平均水面蒸发量；Q_e 为单位体积水量转化为蒸汽耗电量；P_{r4}为开化县当地电价。

调节气候（温度）根据公式：

$$V_{r5}=Q_{r5}\times W/Y\times P_{r5} \tag{3.9}$$

式中，V_{r5}为湿地调节温度的价值；Q_{r5}为公园湿地平均水面蒸发量；W/Y 为每年水的汽化热到水面蒸发吸收的热量；P_{r5}为开化县当地电价。得出 2005 年、2010 年、2015 年、2018 年调节气候价值分别为 5.1077 亿元、4.1161 亿元、2.7441 亿元、1.823 亿元。呈下降趋势，主要原因有两个：一是钱江源国家公园体制试点区由于人口不断增多，对土地的用途需求更加广泛，造成湿地面积不断减少，降低了湿地与大气之间的正常循环，因此减弱了湿地对气候的调节作用；二是全球气候变化引起的全球温度普遍上升、降水量减少，在 2005—2015 年平均每年水面蒸发量不断减少，同时植被的减少进一步降低湿地对气候的调节作用。

（3）碳储存和固持价值

陆地生态系统碳储量估算，是一项耗时耗力的工作，当前对陆地生态系统碳储量的估算主要有 3 类方法：①利用微气象原理和技术测定二氧化碳通量的方法；②基于生物量估算法；③遥感信息模型法。这三类方法中，第一类方法获得的碳储量数据最为准确，但成本也最高，只适合在较小尺度范围监测碳储量。第二类基于生物量的方法适合大尺度范围的计量，但这种方法需要大量的地面调查，整理汇总数据的内业耗费时间也多。而且上述两类方法最大的缺陷是无法对计算出的碳储量实现定量化的空间表达。

为解决前两类方法存在的不足，减少外业调查工作量、降低成本，利用遥感驱动的模型来估算陆地生态系统的碳储量，逐渐得到了广泛的认可和应用。这其中，生态系统服务评估与权衡（Integrated Valuation of Ecosystem Services and Tradeoffs，InVEST）模型可以充分利用土地变化/覆被等空间数据信息，对气候和土地利用变化引起的生态系统服务功能的时空变化进行量化和描述，具有驱动数据获取便捷、工作成本低、简单易用、输出结果可视化的诸多优点，逐渐在生态系统服务功能评估和管理中发挥愈发重要的作用。

A. InVEST 模型介绍

InVEST 模型是由美国斯坦福大学、世界自然基金会和大自然保护协会联合开发，主要用于生态系统服务功能（如生物多样性、碳储量和碳汇、作物授粉、木材收获管理、水库水力发电量、产水量、土壤保持、水体净化等）的免费、开源评估模型（Sharp et al.，2018），旨在通过模拟预测不同土地利用情景下生态系统服务功能物质量和价值量的变化，为决策者权衡人类活动的效益和影响提供科学依据，是目前应用最多的生态系统服务功能评估模型系统，并已在国内外流域或景观尺度的生态系统服务功能评估中得到较广泛应用。

InVEST 模型实现碳储量动态监测是基于碳库的替代方法，主要根据土地利用/土地覆被现状、木材采伐率、植被降解率等情况，通过地上生物量、地下生物量、土壤碳储量和死亡有机物这 4 个碳库（Newell and Stavins，2000）的碳储量来计算某一区域的碳储量及其时空分布特征。根据 *InVEST 3.7.0 User's Guide*（2018 年版），死亡的有机物质包括凋落物、倒立或站立着的已死亡的树木。

InVEST 模型碳储量模块的运行，基于地理信息系统（GIS）栅格数据的网格地图，每个栅格数据都代表一种土地利用/土地覆盖类型，如有林地、草地、农田等。对于每种土地利用/覆被类型，模型至少需要上述 4 个碳库中的 1 个碳库的碳储量才能运行，碳库类型越全、土地利用类型划分越详细，模型运算的结果就越准确。因此，InVEST 碳储量估算模型的必要输入数据包括：①土地利用/土地覆被栅格数据集，每个栅格单元代表 1 中土地利用类型；②每种土地利用/土地覆被类型存储在地上、地下、土壤和死亡有机物 4 个部分的碳储量数据表。

B. 研究数据源

钱江源国家公园项目选定 2000 年、2010 年、2015 年和 2018 年作为监测时间点。2000 年、2010 年和 2015 年所用土地利用遥感监测分类数据为中国科学院遥感与数字地球研究所提供的覆盖钱江源公园区域的 1∶10 万比例尺土地利用现状遥感数据集，是基于 2000 年、2010 年和 2015 年的 Landsat TM/ETM+ 30 米空间分辨率遥感影像为主要数据源，通过人工目视解译生成。该数据的土地利用分类体系如表 3-7 所示。

表 3-7　土地利用遥感监测分类系统

<table>
<tr><th colspan="2">一级类型</th><th colspan="2">二级类型</th><th colspan="2">三级类型</th><th rowspan="2">含义</th></tr>
<tr><th>编码</th><th>名称</th><th>编码</th><th>名称</th><th>编码</th><th>名称</th></tr>
<tr><td rowspan="11">1</td><td rowspan="11">耕地</td><td colspan="5">指种植农作物的土地，包括熟耕地、新开荒地、休闲地、轮歇地、草田轮作地；以种植农作物为主的农果、农桑、农林用地；耕种三年以上的滩地和海涂</td></tr>
<tr><td rowspan="5">11</td><td rowspan="5">水田</td><td colspan="3">指有水源保证和灌溉设施，在一般年景能正常灌溉，用以种植水稻、莲藕等水生农作物的耕地，包括实行水稻和旱地作物轮种的耕地</td></tr>
<tr><td>111</td><td>山区水田</td><td>分布在山区的水田</td></tr>
<tr><td>112</td><td>丘陵水田</td><td>分布在丘陵地区的水田</td></tr>
<tr><td>113</td><td>平原水田</td><td>分布在平原上的水田，包括短边宽度大于等于 500 米的河谷平原上的水田</td></tr>
<tr><td>114</td><td>>25°水田</td><td>地形坡度大于 25°的水田</td></tr>
<tr><td rowspan="5">12</td><td rowspan="5">旱地</td><td colspan="3">指无灌溉水源及设施，靠天然降水生长作物的耕地；有水源和灌溉设施，在一般年景下能正常灌溉的旱作物耕地；以种菜为主的耕地；正常轮作的休闲地和轮闲地</td></tr>
<tr><td>121</td><td>山区旱地</td><td>分布在山区的旱地</td></tr>
<tr><td>122</td><td>丘陵旱地</td><td>分布在丘陵地区的旱地</td></tr>
<tr><td>123</td><td>平原旱地</td><td>分布在平原上的旱地</td></tr>
<tr><td>124</td><td>>25°旱地</td><td>地形坡度大于 25°的旱地，包括短边宽度大于等于 500 米的河谷平原上的旱地</td></tr>
<tr><td rowspan="5">2</td><td rowspan="5">林地</td><td colspan="5">指生长乔木、灌木、竹类以及沿海红树林地等林业用地</td></tr>
<tr><td>21</td><td>有林地</td><td colspan="3">指郁闭度≥30%的天然林和人工林。包括用材林、经济林、防护林等成片林地</td></tr>
<tr><td>22</td><td>灌木林地</td><td colspan="3">指郁闭度≥40%、高度在 2 米以下的矮林地和灌丛林地</td></tr>
<tr><td>23</td><td>疏林地</td><td colspan="3">指郁闭度为 10%—30%的稀疏林地</td></tr>
<tr><td>24</td><td>其他林地</td><td colspan="3">指未成林造林地、迹地、苗圃及各类园地（果园、桑园、茶园、热作林园等）</td></tr>
</table>

续表

一级类型		二级类型		三级类型		含义
编码	名称	编码	名称	编码	名称	
3	草地	指以生长草本植物为主，覆盖度在5%以上的各类草地，包括以牧为主的灌丛草地和郁闭度在10%以下的疏林草地				
		31	高覆盖度草地			指覆盖度在50%以上的天然草地、改良草地和割草地。此类草地一般水分条件较好，草被生长茂密
		32	中覆盖度草地			指覆盖度在20%—50%的天然草地、改良草地。此类草地一般水分不足，草被较稀疏
		33	低覆盖度草地			指覆盖度在5%—20%的天然草地。此类草地水分缺乏，草被稀疏，牧业利用条件差
4	水域	指天然陆地水域和水利设施用地				
		41	河渠			指天然形成或人工开挖的河流及主干渠常年水位以下的土地。人工渠包括堤岸
		42	湖泊			指天然形成的积水区常年水位以下的土地
		43	水库坑塘			指人工修建的蓄水区常年水位以下的土地
		44	冰川与永久积雪			指常年被冰川和积雪所覆盖的土地
		45	海涂			指沿海大潮高潮位与低潮位之间的潮浸地带
		46	滩地			指河、湖水域平水期水位与洪水期水位之间的土地
5	城乡工矿居民用地	指城乡居民点及其以外的工矿、交通用地				
		51	城镇用地			指大城市、中等城市、小城市及县镇以上的建成区用地
		52	农村居民点用地			指镇以下的居民点用地
		53	工交建设用地			指独立于各级居民点以外的厂矿、大型工业区、油田、盐场、采石场等用地，以及交通道路、机场、码头及特殊用地
6	未利用土地	指目前还未利用的土地，包括难利用的土地				
		61	沙地			指地表为沙覆盖、植被覆盖度在5%以下的土地，包括沙漠，不包括水系中的沙滩
		62	戈壁			指地表以碎砾石为主、植被覆盖度在5%以下的土地
		63	盐碱地			指地表盐碱聚集，植被稀少，只能生长强耐盐碱植物的土地
		64	沼泽地			指地势平坦低洼、排水不畅、长期潮湿、季节性积水或常年积水，表层生长湿生植物的土地
		65	裸土地			指地表土质覆盖、植被覆盖度在5%以下的土地

续表

一级类型		二级类型		三级类型		含义
编码	名称	编码	名称	编码	名称	
6	未利用土地	66	裸岩石砾地			指地表为岩石或石砾、其覆盖面积大于50%的土地
		67	其他未利用土地			指其他未利用土地，包括高寒荒漠、苔原等

2018 年土地利用分类数据是基于 2018 年 11 月 29 日的 Landsat-8 30 米遥感影像数据目视解译得到。根据钱江源公园项目对地类划分体系的需求，最终将钱江源区域 2000 年、2010 年、2015 年和 2018 年土地利用类型划分为有林地、灌木林地、疏林地、其他林地、高盖度草地、中盖度草地、低盖度草地、水域、农村居民地、水田、旱地和裸土地。4 期土地利用分类数据最终转化为 InVEST 模型支持的 GeoTiff 格式栅格数据，空间分辨率为 30 米。

C. 碳储量密度

不同地类各部分的碳储量密度，最准确的测定方法是通过外业调查现地测定的方式获取，但野外工作量大，因此，本书通过查阅文献资料的方式，整理出钱江源区域不同地类的地上、地下、土壤和死亡有机物 4 部分碳储量密度。对于某些文献中地上和地下碳密度没有细分的情况，参考《2006 年 IPCC 国家温室气体清单指南》（Eggleston et al.，2006）规定，将根茎比设置为 0.2（Mokany et al.，2006），然后分别计算获取地类的地上和地下部分碳密度。

对于有林地，根据开化县森林资源二类调查数据，针叶林、阔叶林和针阔混交林的占比分别为 62.48%、25.01% 和 12.51%，因此，根据参考文献中针叶林、常绿阔叶林和针阔混交林的地上、地下、土壤和死亡有机物各部分的碳密度（表 3-8），最终加权计算开化县有林地各部分的含碳率。

表 3-8　钱江源国家公园各地类碳密度　（单位：吨/公顷）

地类名称	地上碳密度	地下碳密度	土壤碳密度	死亡有机物碳密度	参考文献
有林地	31.92	6.38	146.82	2.96	张骏，2010；何涛和孙玉军，2016
灌木林	8.1	1.62	91.7	3.48	何涛和孙玉军，2016；宁晨等，2015；解宪丽等，2004
疏林地	8.1	1.62	91.7	3.48	参考灌木林
其他林地	35.03	7.01	142.58	3.75	张骏，2010
高盖度草地	2.75	7.37	44.03	4.07	薛卓彬，2017
中盖度草地	2.205	5.365	27.41	3.035	薛卓彬，2017
低盖度草地	1.66	3.36	10.79	2	薛卓彬，2017

续表

地类名称	地上碳密度	地下碳密度	土壤碳密度	互亡有机物碳密度	参考文献
水库坑塘	0	0	0	0	李银等，2016
农村居民点	0	0	0	0	薛卓彬，2017
裸土地	0	0	0	0	薛卓彬，2017
山地水田	5.42	1.96	146.24	0	郜红娟等，2016；范立红等，2018
丘陵水田	5.42	1.96	146.24	0	郜红娟等，2016；范立红等，2018
山地旱地	3.64	0	33.46	13	薛卓彬，2017；张剑等，2009；谢双玉等，2014
丘陵旱地	3.64	0	33.46	13	薛卓彬，2017；张剑等，2009；谢双玉等，2014

D. 碳储量计算方法

首先，根据现地调研获取的地类分布状况，对 2000 年、2010 年和 2015 年 3 期遥感分类数据产品进行校验，对 2018 年遥感影像进行人工解译，对 4 期土地利用分类结果矢量文件进行数据转换，生成 InVEST 模型支持的 GeoTiff 格式栅格数据。其次，将钱江源公园区域各地类碳密度表和各期土地利用分类栅格数据分别输入 InVEST 模型的碳储量模块中进行计算，获取 4 个时期钱江源公园的碳储量空间分布。

此外，由于 InVEST 模型的碳储量模块中假定任何一个土地利用类型会随着时间的推移，不会获得或损失碳，即随着时间的推移，任何一个不改变土地利用类型的斑块，其固碳持量都为零。对于钱江源公园内一年生的草地和农田，这种假设不会存在碳储量计算的偏差，但对于钱江源公园内的有林地、疏林地、其他林地和灌木林地，这些地类的林木是逐年存在生长量的，因此模型中的假设会忽略由于林木逐年生长而带来的碳储量的增量。因此，本书通过查阅文献的方式，确定钱江源区域有林地、疏林地、其他林地和灌木林地这些地类的年度单位面积碳汇量，并据此计算林木生长所增加的固碳增量，对 InVEST 模型的碳储量模块计算结果予以修正，最终计算获取钱江源公园区域各监测年份总碳储量。不同地类由于其本身林木生长导致的年度碳汇量如表 3-9 所示。

表 3-9　钱江源公园地类年度碳汇量　　（单位：吨/公顷）

地类名称	年度碳汇量	文献出处
有林地	2.73	何涛和孙玉军，2016；张骏，2010；

续表

地类名称	年度碳汇量	文献出处
疏林地	1.63	参考灌木林
其他林地	0.31	何涛和孙玉军，2016；沈沉沉等，2012
灌木林地	1.63	何涛和孙玉军，2016；王兵等，2013

E. 研究结果

a. 钱江源区域土地利用分类结果

根据2000年、2010年、2015年和2018年土地利用分类结果，获取钱江源公园区域在4个监测时间点的地类分布面积（表3-10，图3-1）。林地地类（有林地、灌木林地、疏林地和其他林地）在4个监测时间点上的面积占比介于87.71%—89.68%，是区域地类的主导类型。农田（水体、旱地）和草地（高盖度草地、中盖度草地和低盖度草地）在区域土地利用类型面积占比中分列第2位和第3位，但占比较低。有林地是钱江源国家公园区域最主要的土地利用类型，在各监测时间点占区域总面积的比例分别为79.86%、81.57%、81.13%和81.11%，是钱江源国家公园最主要的地类。监测的4个时期之间，钱江源国家公园各地类面积变幅很小，尤其是2010年、2015年和2018年3期之间，土地利用类型变化极其微弱。

表3-10　钱江源国家公园地类面积统计

地类名	2000年		2010年		2015年		2018年	
	面积/公顷	占比/%	面积/公顷	占比/%	面积/公顷	占比/%	面积/公顷	占比/%
有林地	20 140.47	79.86	20 571.29	81.57	20 462.41	81.13	20 456.79	81.11
灌木林地	1 364.69	5.41	1 470.67	5.83	1 470.87	5.83	1 470.53	5.83
疏林地	302.94	1.20	279.11	1.11	330.80	1.31	327.73	1.30
其他林地	312.85	1.24	286.84	1.14	355.44	1.41	357.49	1.42
高盖草地	964.22	3.82	560.22	2.22	560.22	2.22	560.26	2.22
中盖草地	98.26	0.39	34.05	0.14	34.04	0.13	34.01	0.13
低盖草地	97.45	0.39	69.70	0.28	69.70	0.28	69.68	0.28
水库坑塘	57.83	0.23	74.72	0.30	74.72	0.30	74.74	0.30
农村居民点	0.26	0.00	0.24	0.00	0.22	0.00	0.20	0.00
裸土地	9.50	0.04	9.21	0.04	9.25	0.04	9.26	0.04
水田	1 065.06	4.22	1 075.88	4.27	1 075.88	4.27	1 075.01	4.26
旱地	806.77	3.20	788.37	3.13	776.76	3.08	784.61	3.11
合计	25 220.31	100.00	25 220.31	100.00	25 220.31	100.00	25 220.31	100.00

b. 钱江源国家公园碳储量

根据 InVEST 模型碳储量计算结果（表3-11，图3-2至图3-5）2000 年钱江源国家公园总碳储量为4 290 511. 02 吨，其中地上碳储量679 583. 76 吨、地下碳储量143 540. 51 吨、土壤碳储量3 385 834. 28 吨、死亡有机物碳储量81 552. 53 吨；2010 年钱江源国家公园总碳储量为 4 338 029. 13 吨，其中地上碳储量689 955. 89吨、地下碳储量142 466. 27 吨、土壤碳储量3 424 945. 94 吨、死亡有

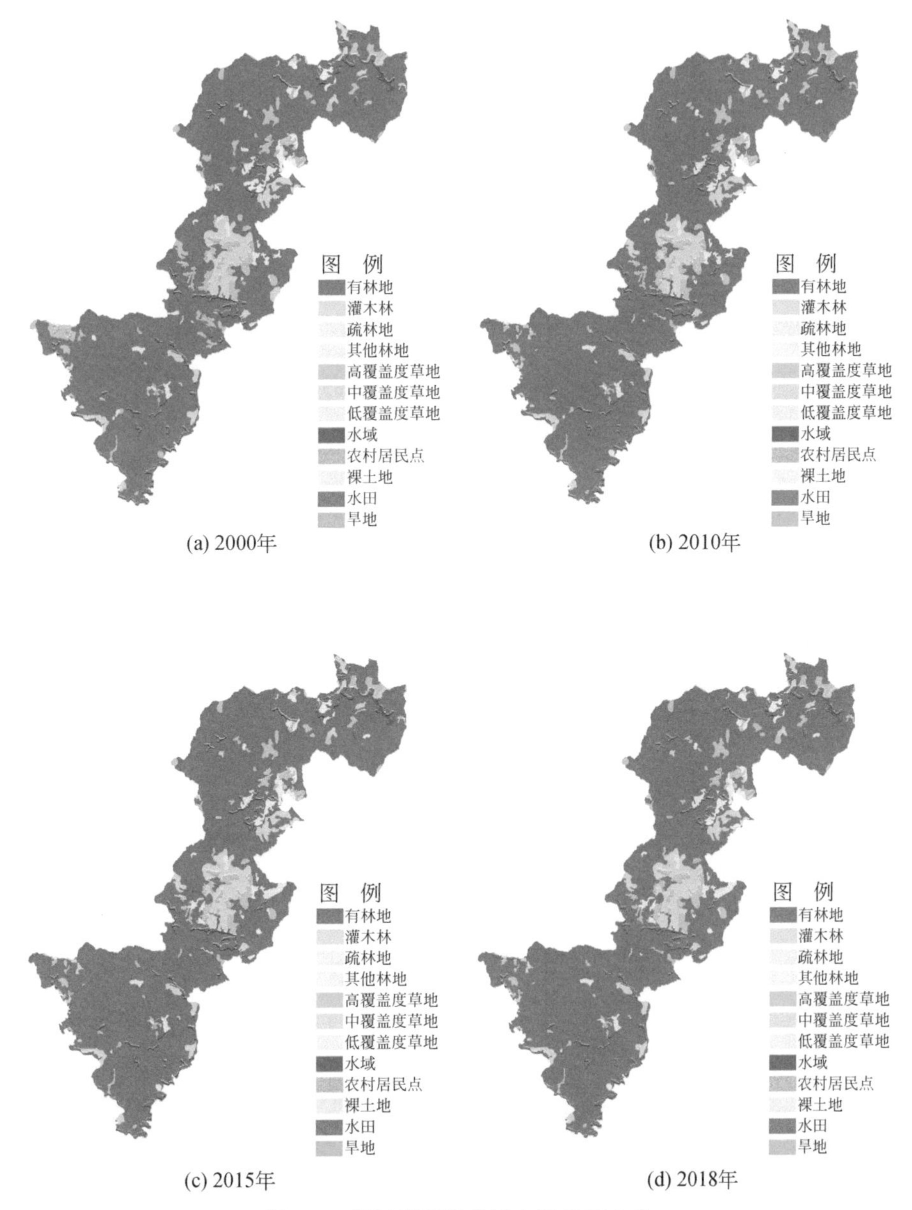

图3-1　钱江源国家公园土地利用分类

机物碳储量80 661.08吨，2015 年和 2018 年总碳储量、各部分碳储量与 2010 年变化很小，至 2018 年，钱江源国家公园总碳储量为 4 334 431.42 吨。这样微小的变化幅度，与实地调研中获取的“钱江源公园区域近 15 年来土地利用和区域内植被状况变化均很微弱”调研结果相符。

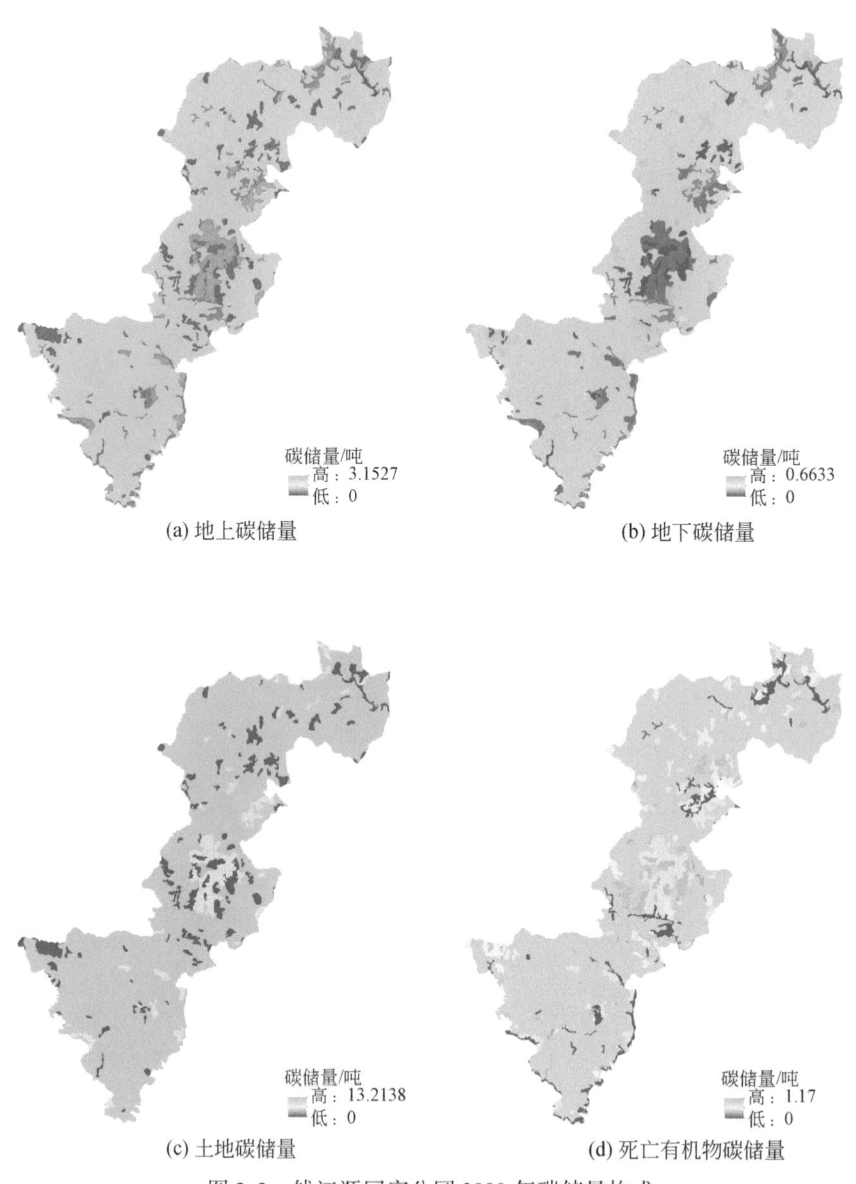

(a) 地上碳储量　(b) 地下碳储量

(c) 土地碳储量　(d) 死亡有机物碳储量

图 3-2　钱江源国家公园 2000 年碳储量构成

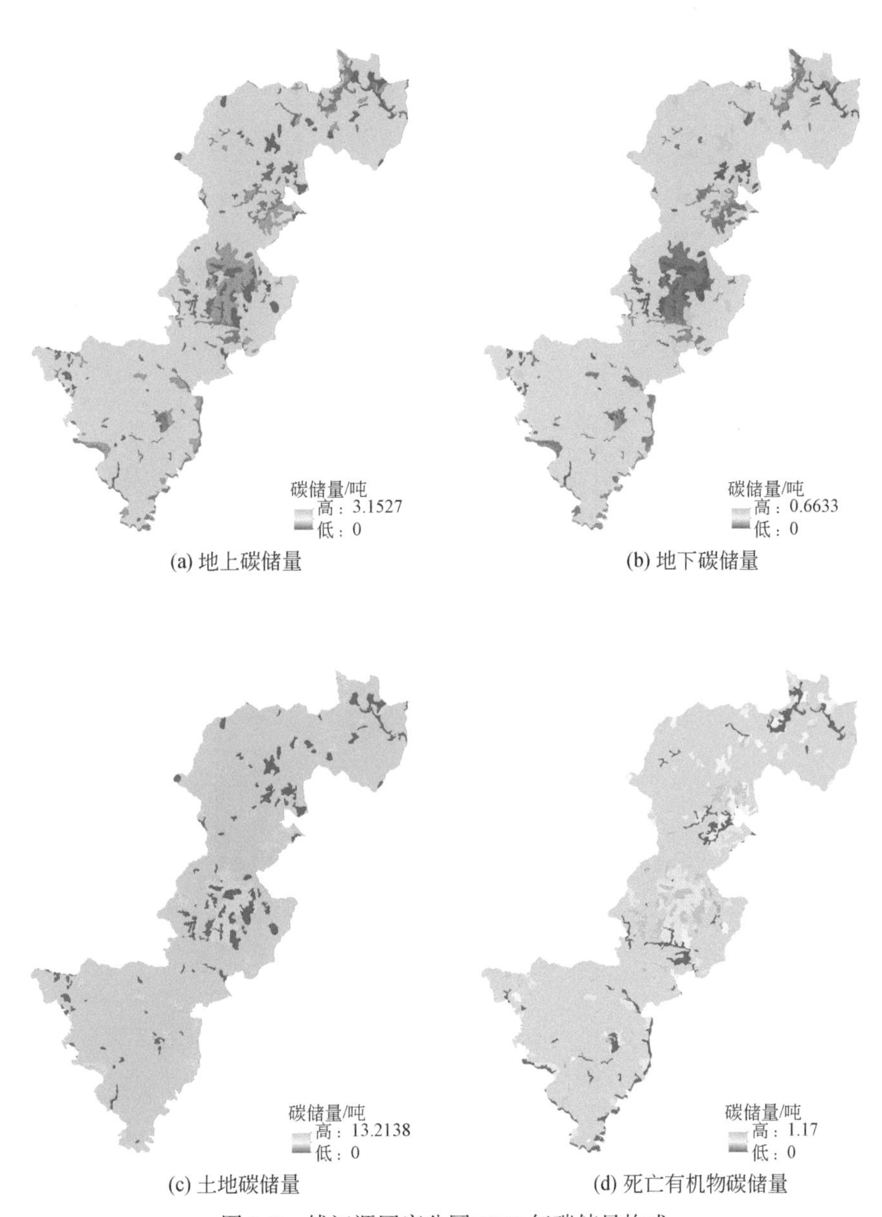

图 3-3　钱江源国家公园 2010 年碳储量构成

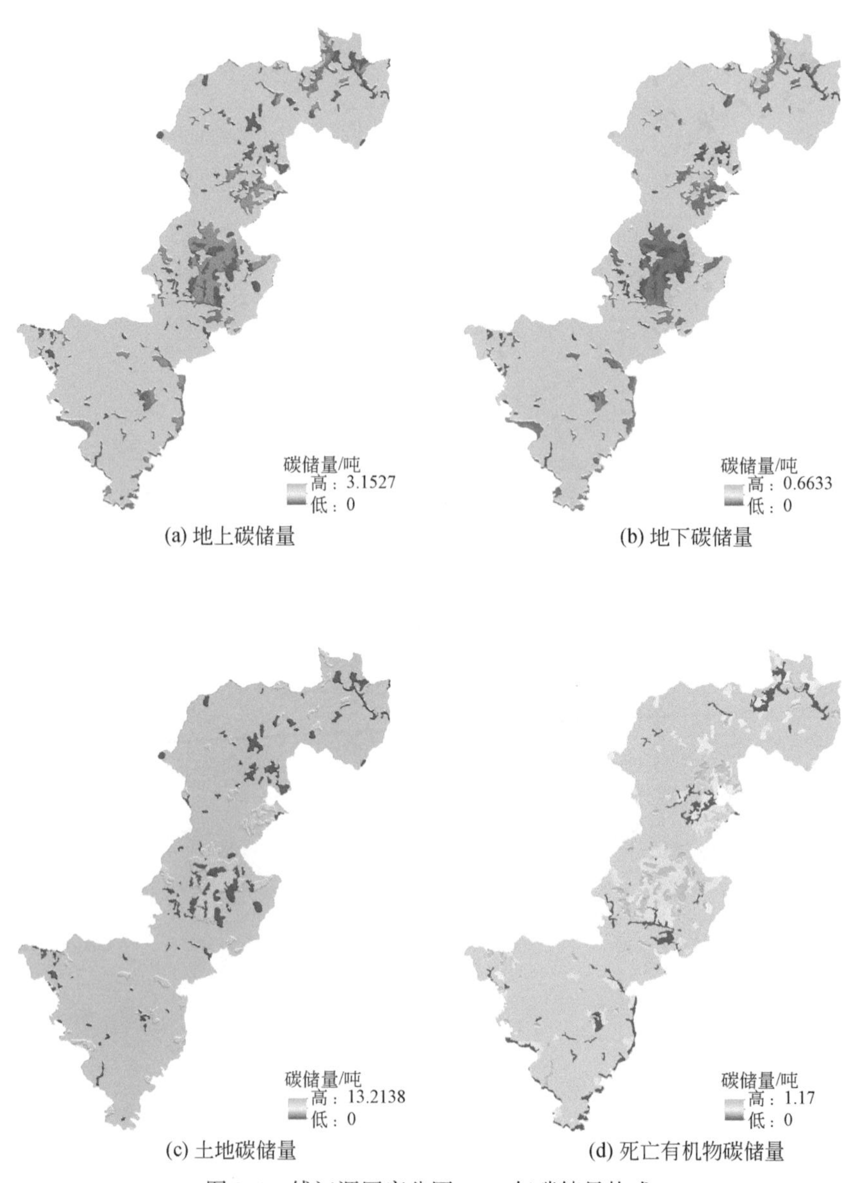

图 3-4　钱江源国家公园 2015 年碳储量构成

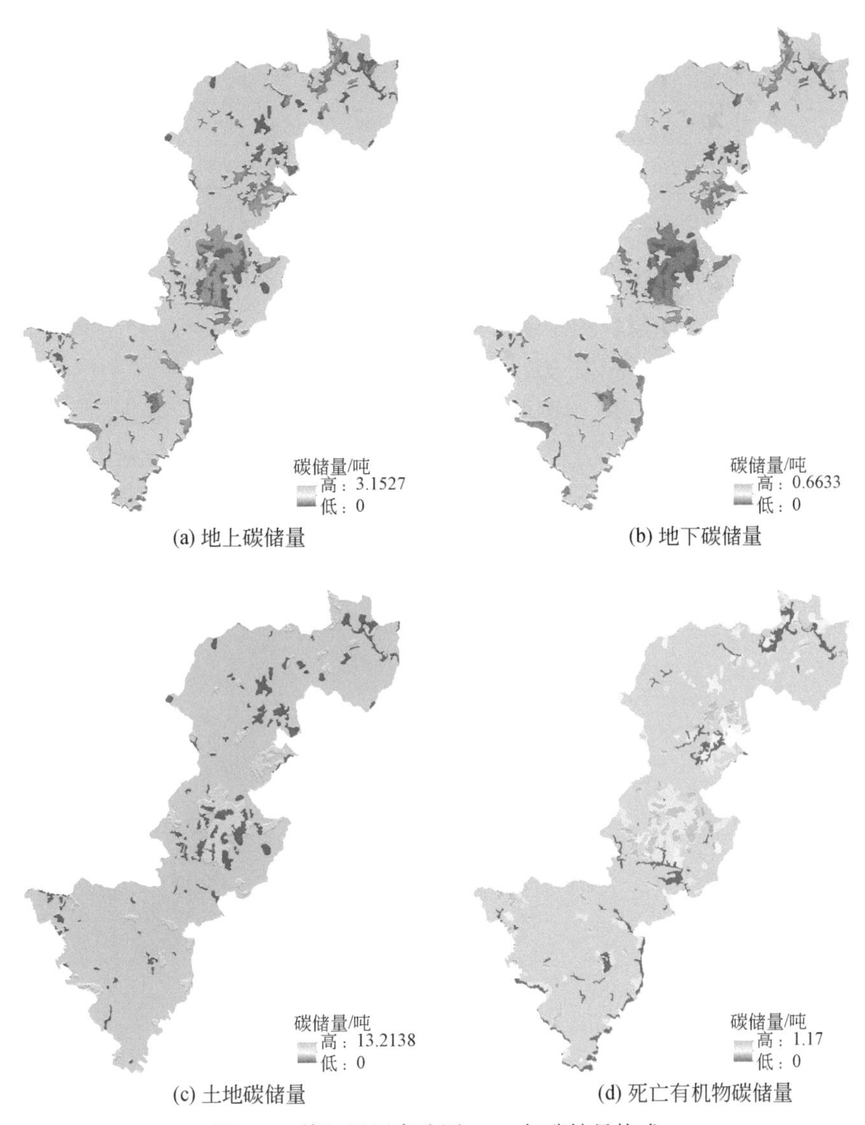

图 3-5　钱江源国家公园 2018 年碳储量构成

从表 3-11 中还可以看出，钱江源国家公园各部分碳储量中，土壤碳储量和地上碳储量是区域总碳储量的主要构成，土壤碳储量占总碳储量的比例为 78.91%—78.96%，地上碳储量占总碳储量的比例为 15.84%—15.90%。地下碳储量和死亡有机物碳储量，占总碳储量比重较低。

表 3-11　钱江源国家公园各时期碳储量　（单位：吨）

年份	地上碳储量	地下碳储量	土壤碳储量	死亡有机物碳储量	总碳储量
2000	679 583.76	143 540.51	3 385 834.28	81 552.53	4 290 511.02
2010	689 955.89	142 466.27	3 424 945.94	80 661.08	4 338 029.13
2015	689 229.89	142 329.89	3 423 019.12	80 630.57	4 335 209.41
2018	689 126.02	142 301.67	3 422 293.54	80 710.24	4 334 431.42

对于利用 InVEST 模型碳储量模块根据多期土地利用结果计算所得的碳储量（表 3-11），钱江源公园总碳储量变化极低，除 2010 年相对 2000 年碳总量变幅为 1.11% 之外，2015 年相对 2010 年碳总量变幅、2018 年相对于 2015 年碳总量变幅仅为 0.07% 和 0.02%，变化极不明显。

导致上述结果产生的原因有两点：一是钱江源国家公园区域近 20 年来，土地利用类型变化程度很小；二是由于 InVEST 模型的碳储量模块计算过程中，忽略了有林地、疏林地、其他林地和灌木林地这些地类林木本身年度生长量会引起碳汇量增加所导致的。因此，通过这些地类的年度平均碳储量，基于不同监测时间点的时间间隔和地类总面积，计算由于林木本身生长带来的碳储量累积增量（表 3-12），对 InVEST 模型碳储量计算结果予以修正。

表 3-12　钱江源国家公园地类本身林木生长量导致的碳储量增量

（单位：吨）

项目	2000—2010 年增量	2010—2015 年增量	2015—2018 年增量
有林地	562 037.79	279 531.49	167 672.83
疏林地	23 971.96	11 987.61	7 190.91
灌木林地	4 549.49	2 696.02	1 602.58
其他林地	889.21	550.93	332.46
累积增加量	591 448.45	294 766.04	176 798.79

最终，钱江源国家公园区域 2000 年、2010 年、2015 年和 2018 年碳储量总量分别为 4 290 511.55 吨、4 941 018.00 吨、5 235 784.05 吨和 5 412 582.83 吨。在 4 个监测时间点上，森林生态系统碳储量占区域总碳储量的比例分别为 93.81%、95.14%、95.43% 和 95.58%，是钱江源国家公园区域碳储量的绝对贡献。

c. 固碳价值量计算

根据中国碳交易网给出的最新碳价，国内碳交易所 2019 年 6 月 21 日的碳交易价格分别为北京 87.47 元、上海 38.37 元、广东 22.58 元、天津 13.98 元、深圳 22.33 元、湖北 36.95 元、重庆 9.5 元、福建 19.49 元，平均价格为 31.33 元；

美国加利福尼亚州空气资源委员会、欧洲能源交易所、新西兰 Carbon News、韩国交易所、瑞士排放权交易登记处、区域温室气体减排行动组织的近期碳价格分别为 120 元、184 元、111 元、162 元、49 元、36.28 元，平均价格约为 110.38 元。参照 2018 年中国碳价调查得出的预测数据，2020 年固碳价格约为 51 元/吨，以该价格利用碳税法对该区固碳功能价值量进行核算，得到 2005 年[①]、2010 年、2015 年、2018 年的固碳功能价值量分别为 2.1882 亿元、2.5199 亿元、2.6703 亿元、2.7604 亿元，呈递增趋势。

4. 支持功能服务

生态系统的支持服务是其提供的其他服务所必需的基础服务，它与其他生态系统服务的差别是，其他服务对人类社会通常具有短期的直接影响，而这一服务的影响往往表现出长期性与间接性。支持服务的例子包括初级生产力、土壤形成与保持、大气中氧气的产生、养分循环、水分循环和提供栖息地等。钱江源国家公园试点区的支持服务功能价值主要为生物多样性价值。钱江源国家公园生物种类繁多，其中珍稀濒危物种资源丰富，价值占比大，因此在研究生物多样性价值时用珍稀濒危物种资源价值代替生物多样性价值。

(1) 珍稀濒危物种资源定价方法

由于大多数居民对某调查区域的珍稀濒危物种的情况了解程度较低，采用支付意愿调查法不能估算出珍稀濒危物种的真实价值；珍稀物种作为保护物种不能进入市场买卖，没有确切的市场价格。因此，不考虑通过上述两种价值核算方法进行价值核算。间接市场法中的旅行费用法和狩猎价值法虽然在国外较为常用，但其主要针对野生动物资源，故本书采用保护费支出法进行濒危物种价值核算。

(2) 保护费支出法定价依据

1)《陆生野生动物资源保护管理费收费办法》和《捕捉、猎捕国家重点保护野生动物资源保护管理费收费标准》。它们于 1992 年 12 月 22 日经国务院批准由林业部、财政部、国家物价局发布（林护字〔1992〕72 号），自 1993 年 1 月 1 日起施行。该办法制定了陆生野生动物资源保护管理费的详细收费细则，同时制定了国家级保护动物的收费标准。如穿山甲保护管理费收费标准为 100 元/只，小灵猫（*Viverricula indica*）250 元/只，虎纹蛙（*Rana tigrina*）50 元/只。

2)《林业部关于在野生动物案件中如何确定国家重点保护野生动物及其产品价值标准的通知》（林策通字〔1996〕8 号）。根据经国务院批准由林业部、财政部、国家物价局发布的《关于发布〈陆生野生动物资源保护管理费收费办

① 因数据未提供到 2005 年，所以采用 2000 年的碳总量近似计算 2005 年的固碳总价值。

法〉的通知》(林护字〔1992〕72 号)和由林业部、公安部发布的《关于陆生野生动物刑事案件的管辖及其立案标准的规定》(林安字〔1994〕44 号)的有关规定，林业部发布了《林业部关于在野生动物案件中如何确定国家重点保护野生动物及其产品价值标准的通知》(林策通字〔1996〕8 号)(以下简称《通知》)。《通知》中将野生动物案件中被确定为国家重点保护的陆生野生动物或其产品的价值标准规定如下：国家一级保护陆生野生动物价值标准，按照该种动物资源保护管理费的 12.5 倍执行；国家二级保护陆生野生动物的价值标准，按照该种动物资源保护管理费的 16.7 倍执行。

3）国家发展和改革委员会价格认证中心关于印发《野生动物及其产品（制品）价格认定规则》的通知（发改价证办〔2014〕246 号)。2014 年 12 月，为进一步规范野生动物及其产品（制品）价格认定工作，解决野生动物及其产品（制品）价格认定工作中的实际问题，国家发展和改革委员会价格认证中心制定了《野生动物及其产品（制品）价格认定规则》，自 2015 年 1 月 1 日起执行。其中第六条规定，《濒危野生动植物种国际贸易公约》附录Ⅰ中非原产于我国的野生动物，比照与国家一级重点保护野生动物同一分类单元的野生动物进行价格认定。《濒危野生动植物种国际贸易公约》附录Ⅱ、Ⅲ中非原产于我国的野生动物，比照与国家二级重点保护野生动物同一分类单元的野生动物进行价格认定。

4）珍稀濒危物种价值倍数的设定。根据上述文件，将珍稀濒危动植物资源保护管理费与不同濒危程度级别物种的价值倍数相乘得到各物种的产品价格。表 3-13所示为参照《通知》在计算珍稀濒危动植物产品价格时在管理保护费基础上所设定的价格倍数。若某一物种存在于多个名录中，则首先以国家保护级别为参照标准进行价格倍数的确定，其次为 IUCN，再次为 CITES 附录。

表 3-13　珍稀濒危物种管理费基础价格倍数设定

类群	国家保护级别	IUCN	CITES	“三有”保护名录
动物	一级 12.5 二级 16.7	CR & EN：12.5； VU & NT：16.7	CITEⅠ：12.5 CITEⅡ&Ⅲ：16.7	16.7
植物	一级 12.5 二级 16.7	CR & EN：12.5； VU & NT：16.7	CITEⅠ：12.5 CITEⅡ&Ⅲ：16.7	16.7

(3) 珍稀濒危物种资源资产核算技术研究

A. 资产构成

珍稀濒危物种资源资产由珍稀濒危物种实物量价值和生态系统服务功能价值构成。计算公式为

$$P_f = \sum_{i=1}^{n} P_i \times M_i \tag{3.10}$$

$$S_f = \sum_{i,\ j=1}^{n} R_{ij} \tag{3.11}$$

式中，P_f为珍稀濒危动植物资源实物量总价值；S_f为珍稀濒危动植物资源生态系统服务总价值；P_i为第 i 种珍稀濒危动植物资源保护管理费；M_i为第 i 种珍稀濒危动植物资源价值倍数；R_{ij}为第 i 种珍稀濒危动植物资源第 j 类生态系统服务功能价值。

B. 核算指标

由于珍稀濒危物种生态系统服务功能价值核算较为复杂，目前鲜有较为成熟的核算方法，作者也尚未构建出针对珍稀濒危物种不同服务价值类型的核算方法。本书仅针对开化县稀濒危动物资源实物量（产品）价值进行核算方法的介绍。

C. 核算公式

通过珍稀濒危物种质量评价体系即可对物种质量分（$C_{质}$）进行计算，并分别得出植物和动物的平均质量分 $C_{植均}$和 $C_{动均}$。了解评价区域珍稀濒危动植物资源保护年管理费，除以相应种类数，即得到濒危动植物的年平均管理保护费 $P_{均}$。由于珍稀濒危动物的保护管理与珍稀濒危植物难度不同，平均费用不同，因此设置系数 k，可通过专家咨询设定。在此基础上，采用比例法计算出某类动物物种和植物物种的年度保护管理费 $P_{植管}$和 $P_{动管}$；$P_{植管}$或 $P_{动管}$除以该类物种数量，再乘以表 3-13 中的价值倍数 M，即可计算出单体濒危物种价值。计算公式如下。

a. 珍稀濒危植物

$$P_{植管} = \frac{k_{植}\ P_{均}}{C_{植均}} \times C_{质} \tag{3.12}$$

$$P_{植} = P_{植管}/N \times M \tag{3.13}$$

b. 珍稀濒危动物

$$P_{动管} = \frac{k_{动}\ P_{均}}{C_{动均}} \times C_{质} \tag{3.14}$$

$$P_{动} = P_{动管}/N \times M \tag{3.15}$$

式中，$P_{植管}$和 $P_{动管}$分别为某类动物物种和植物物种的年度保护管理费（万元）；$P_{植}$和 $P_{动}$分别为单体珍稀濒危植物或动物的价值（万元）；$P_{均}$为珍稀濒危动植物总体投入的保护管理费均值（万元）；$k_{植}$和 $k_{动}$均为调整系数；$C_{植均}$和 $C_{动均}$分别为植物和动物的质量分均值；N 为某类物种数量（只或株）；M 为价值倍数。

根据上述公式计算得出：珍稀动物的价值为 68 771. 7 万元，珍稀植物的价值为 12 186. 7 万元，两者相加得到钱江源国家公园试点区的生物多样性价值为 80 958. 4万元。

5. 生态系统服务价值评估结果

在研究钱江源国家公园生态系统服务功能价值评估时，将其服务功能分为供给服务、文化服务、调节服务、支持服务。其中供给服务中包括作物生产、木材管理、淡水产品、水资源供给，通过评估得到供给服务 2005 年、2010 年、2015 年、2018 年的价值分别为 3.2191 亿元、4.0976 亿元、5.441 亿元、5.3036 亿元；文化服务中包括景观游憩、教育科研，通过评估得到文化服务 2005 年、2010 年、2015 年、2018 年的价值分别为 5.4337 亿元、15.6067 亿元、47.8883 亿元、74.773 亿元；调节服务中包括调蓄洪水、碳储存和固持、调节大气，通过评估得到调节服务 2005 年、2010 年、2015 年、2018 年的价值分别为 7.3544 亿元、6.7115 亿元、5.4329 亿元、5.0367 亿元；支持服务包括生物多样性价值，通过评估得到 2005 年、2010 年、2015 年、2018 年的价值均为 8.096 亿元。最终，2005 年、2010 年、2015 年、2018 年的服务功能总价值分别为 24.1032 亿元、34.5118 亿元、66.8582 亿元、93.2093 亿元，其中文化功能占比逐年递增，其余功能均有比例下降的趋势，其中调节功能变化率为负，不仅比例降低，价值量总额也在减少；2005 年度功能价值占总价值比例最大的为支持功能，2010 年、2015 年、2018 年度则均为文化功能；2005 年、2010 年度功能价值占总价值比例占比最小的均为供给功能，2015 年、2018 则均为调节功能；2015 年调节功能降低幅度最大，文化功能增加幅度最大。

6. 生态系统服务价值时空动态变化驱动

结合试点区近 20 年来的保护与建设进程，对区域生态系统服务价值时空变化的原因进行如下说明。

（1）生态环境保护政策加强

A. 生态产品保值增值

自然资源和生态系统是生态产品价值的根源，生态产品价值实现过程应以不破坏自然资源和生态系统为前提，生态产品价值实现不是对生态产品价值的无限挖掘，生态产业开发要应符合生态保护要求，确保不影响生态产品价值总量。实行最严格的生态环境保护制度，统筹山水林田湖草系统保护治理，解决突出环境问题提升环境质量，提高生态系统对生态产品的供给能力，确保生态产品保值增值，实现生态产品价值持续转化。

虽然主要以政策为主导的生态补偿，包括公益林补偿、流域水质补偿、转移支付等，存在交易或补偿的价值与实际价值脱钩，需要以实质的项目为载体，发挥良好生态环境的优势，通过生态溢价引导价值实现，但扩大生产空间的过程会占生态空间，高强度开发会影响生态环境。

B. 严格国土空间管控

强化国土空间用途管控，优化生态空间、生产空间和生活空间，健全区域生态安全体系，实现生态、生产、生活“三生”相宜。严守生态保护红线，强化管控要求，严格限制各类开发活动，严禁任意改变用途。

在项目建设过程中，要科学评估确定建设规模，最大限度地用好已有建设用地和设施，不破坏原生植被；运营过程也不应对生态环境造成负面影响。直接依托优质自然资源的生态旅游项目，项目推进要坚持“两个不”：不搞大规模的旅游开发，所有旅游开发必须经过严格的评估论证，留足不受人类干扰的自然生态空间；不搞大规模工程建设，必需的设施建设最大限度减少占地，尽可能在原址上改建，将对生态环境的影响降到最低。

C. 生态环境保护治理

推进山水林田湖草系统保护和修复，提升公园生态系统质量和稳定性。通过开展森林抚育，实施退耕还林，对人工林进行近自然改造，加强林政管理等，增加森林资源总量，提高林分质量，提升森林生态系统服务功能。开展河湖湿地的恢复和治理，修复矿山生态环境，持续开展生物多样性保护。持续推进治水长效战、坚决打赢蓝天保卫战、全面实施净土持久战，建设垃圾分类处理体系，改善人居环境。推进旅游转型升级，形成以各类生态体验为主体的生态旅游模式，减少对设施的依赖，尽可能维护自然资源原本的状态。严控价值转化支撑配套设施，所有建设工程加强新技术、新材料、新工艺的应用，提高施工标准，加强施工管理，同步做好临时占地的生态恢复。

D. 建立健全管理制度

严格执行“空间、总量、项目”三位一体的审批制度，优化和完善建设项目审批流程，把生态保护因素融入“多规合一”平台，推进重点领域规划环评机制；建立健全监测网络，提高全面感知和实时监测监控能力。构建环境质量改善需求—污染物—污染源—环境质量改善的关联响应关系，建立健全污染源基础信息数据库，建立以排污许可管理为载体的污染源综合管理体系。

强化生态优先考核制度，建立全周期、全覆盖的生态环境考核机制。建立领导干部生态环境损害责任终身追究制度，推行生态资源资产问责机制，实行领导干部自然资源资产离任审计和离任交接制。项目建设不得新开垦农林生产用地；提升统一的生态环境管控标准，实行更严格的污水废气排放标准等推进零碳试点。

（2）价值转化管控重要举措

生态系统是一个整体，生态产品的价值转化不是孤立存在的，相互之间紧密关联，相互依存，强化生态产品价值实现的有机融合、协同转化。

A. 供给服务

1）提升生态农林产品附加值。坚持“产出来”与“管出来”两手抓，保障农林产品的生态价值。推进标准化生产，进行精准、精细化管理，确保生态附加价值不流失。严格限制农药、肥料、饲料等的使用，杜绝种植、养殖等面源和点源污染。扶持建设一批高端示范有机种养殖基地，研究示范标准化有机种植、养殖技术，推广成熟的模式。

2）延伸农林产品产业链。以粮食、油料、薯类、果品、蔬菜、茶叶、菌类和中药材等方面优质物质产品为重点，支持龙头企业加大投入，加快精深加工技术升级，积极开发适合市场需求且营养健康的功能性食品。加大研发力度，开发更多元化的产品类型。

3）构建物质产品质量保证体系。结合国家有机产品认证示范区创建工作，加大无公害食品、绿色食品、有机食品、地理标志认证力度，注册生态原产地产品，积极推进 FSC、MSC 等国际国内有机产品认证工作，坚持规范认证和长效建管并重，通过认证进一步保障农林产品的生态附加值。

4）强化市场推介和营销。通过多种形式、多种渠道进行全面宣传推介，线上与线下相结合、传统媒体和新媒体相结合、走出去和引进来相结合，全面提升知名度。创新产销模式，鼓励企业在开化自建高端有机产品生产基地，引导发展订单农林产业；抓住长三角一体化发展的战略机遇，制定对口营销策略；加强与生态旅游的联合营销，实现互利互促。

B. 调节与支持服务

a. 探索生态补偿机制

1）深化落实现有补偿政策。遵照相关政策要求，持续争取国家层面生态公益林、基本农田、重点生态功能区转移支付等生态补偿资金。积极争取省上各类奖励性补偿资金，包括排污总量、出境水质、森林覆盖率和林木蓄积量、生态公益林、生态环保财力转移支付等。

2）探索资源开发补偿机制。资源开发者对资源开发的不利影响进行补偿，保障生态系统功能的原真性、完整性。合理界定资源开发边界和总量，确保生态系统功能不受影响。企业将资源开发过程中的生态环境投入和修复费用纳入资源开发成本。进一步完善全民所有自然资源资产有偿使用制度。开展自然资源确权登记，建立归属清晰、权责明确、保护严格、流转顺畅、监管有效的自然资源资产产权制度。构建统一的自然资源资产交易平台，健全自然资源收益分配制度。

3）完善钱塘江横向补偿制度。进一步深化完善横向生态补偿，签订钱塘江流域上下游多方生态补偿协议。设立横向生态补偿资金，实行以水质为考核指标的“双向”资金补偿，通过流域上下游水质联合监测确定补偿主体。

4）开发多元化碳汇产品。基于国家温室气体自愿减排交易平台，以及其他机制下的碳交易平台，发挥林业资源优势，依托相应方法学开发核证自愿减排量等碳汇产品，直接入市交易，促进部分碳汇生态产品价值的实现。

5）加强生态补偿机制研究。针对目前生态补偿定价难和市场属性薄弱等问题，开展专项研究和实践，重点在现有碳交易和水交易工作机制的基础上，进一步探索如何赋予碳和水更多的价值内涵及市场属性。探索以向下游区域，特别是林地面积较低的城市出售森林覆盖率指标的形式推进的横向生态补偿；探索调增基数权重进行奖励奖补，形成动态调整机制，将空气质量指数、生态保护红线等方面列入考核范畴。探索在钱塘江下游发达地区建设“经济飞地”，置换生态产品价值。

b. 挖掘生态产品溢价

1）挖掘国家公园溢价。钱江源国家公园是开化县最大的名片，由于名片和品牌效应，钱江源国家公园的生态价值外溢性更强。围绕钱江源国家公园打造入口社区或特色小镇，作为价值实现的综合载体，发展访客服务、康养、疗休养、高端地产、高端物质产品等产业，促进农旅文养一体化发展。

2）挖掘优良气候溢价。重点通过康养服务、户外运动等产业挖掘气候溢价。一是康养服务。引入持续照料退休社区模式（CCRC），形成专业康养服务体系；以长三角有关人群为重点服务对象，开发第二居所康养产品，创新推进“田园+民宿+康养”模式；依托优质的森林资源，建设森林康养基地，打造集森林游憩、度假、疗养等于一体的森林康养综合体。二是户外运动。依托丰富的山地资源，积极推进体育运动产业，发展山地骑行、马拉松、户外拓展、定向探险、低空飞滑行等山地运动，将自然与体育相结合，让体育回归自然和生活，打造户外运动休闲示范基地。

3）挖掘洁净水气溢价。部分产业对于洁净的水气具有较高的依赖性，水气洁净度越高，产品质量越高或生产成本越低。因此，由于充足的洁净水气，发展这些产业具有先天优势。一是食品饮料产业，水作为必不可少的原料具有很高的要求，发挥优势，发展矿泉水、啤酒，以及其他食品和饮料产业。二是发展水产养殖，丰富开化水产产品线。三是高端制药产业，生产过程中对水和气环境要求很高，洁净的水既降低了生产成本，又有利于保障品质。四是发展电子产业，部分产品在生产过程中需要无尘空间及消耗大量超纯水，在打造无尘空间和制造超纯水的过程中极大节约成本。

C. 文化服务

1）推进生态旅游提档升级。深入挖掘旅游资源，丰富生态旅游内涵，在目前以休闲观光为主要形式的生态旅游基础上，打造集山水观光、养生度假、文化体验、康体运动、研学教育等于一体的生态旅游目的地。以钱江源国家公园为基点，大力发展体验式、教育式的生态旅游。构建以自驾、骑行、徒步等为主的慢行系统。

2）推进传统文化价值实现。进一步挖掘开化根雕、开化纸、开化美食、开化瓷等为代表的开化传统文化价值，加速转化。探索扩展雕刻技艺，开发多元原料，丰富产品线，多方位挖掘价值。创办钱江源传统文化学校，开设雕刻、开化纸、开化菜、开化砚、开化瓷等传统文化学习培训班，培养专业的传统文化技艺人才，为传统文化传承和价值实现提供保障。

3）加强科研合作、院士工作站建设。古田山国家级自然保护区具有良好的科研基础，在国家公园内设中国区域性气候研究中心、中国科学院植物所古田山森林生物多样性与气候变化研究站和古田山院士工作站 3 个科研机构，依托科研合作，近十年来，在国际生态学等领域顶级期刊发表论文 400 余篇，产生了重要的国际影响；广泛获得各类国家级项目资助，站内培养的研究生中有多人获得“中国科学院院长特别奖”等重要奖项，人才培育优势凸显。

第四章　国家公园体制试点区生态补偿标准与模式选择

以国家公园为主体的自然保护地是生态建设的核心载体、中华民族的宝贵财富、美丽中国的重要象征，在维护国家生态安全中居于首要地位。我国经过60多年的努力，已建立数量众多、类型丰富、功能多样的各级各类自然保护地，在保护生物多样性、保存自然遗产、改善生态环境质量和维护国家生态安全方面发挥了重要作用，但仍然存在重叠设置、多头管理、边界不清、权责不明、保护与发展矛盾突出等问题。2019年中共中央办公厅、国务院办公厅印发了《关于建立以国家公园为主体的自然保护地体系的指导意见》，提出健全生态保护补偿制度，将自然保护地内的林木按规定纳入公益林管理，对集体和个人所有的商品林，地方可依法自主优先赎买；按自然保护地规模和管护成效加大财政转移支付力度，加大对生态移民的补偿扶持投入。

本书以首批国家公园体制试点钱江源国家公园体制试点为例，首先介绍钱江源国家公园体制试点区的基本情况，综述生态补偿相关理论，其中包括生态补偿理论基础、生态补偿主客体理论、生态补偿模式相关理论；然后分析钱江源国家公园生态补偿模式，在此基础上设计出钱江源国家公园的生态补偿框架，以钱江源国家公园体制试点区为对象，系统开展区内生态资源资产价值评估和多元化生态补偿模式研究；最后分析钱江源国家公园的补偿标准，其中包括基于补偿标准的原则确定了钱江源国家公园的补偿标准，同时还对钱江源国家公园的生态补偿标准的途径进行探究分析。

一、相关理论研究

在国际上，与生态补偿对应的概念是生态系统服务付费（payment for ecosystem services，PES），即政府、企业或者农户之间对生态系统服务价值的一种交易行为，通过这种交易行为实现对生态系统服务和产品的保护。国内比较有代表性的生态补偿（ecological compensation）概念是我国学者王金南的观点。王金南（2006）认为，生态补偿是运用包括诸如市场、财政、税收等手段，对生态系统服务的保护者与受益者的利益关系调节的制度安排。狭义的理解是生态系统服务付费，即由生态系统服务的受益方对提供方进行付费的一种行为；广义的生态补偿不仅包括生态系统服务付费，还包括生态破坏恢复的内容。关于生态补偿的相关理论如下。

（一）生态补偿理论基础

1. 生态价值理论

新古典经济学弱化了古典经济学中的自然资本价值，对经济增长驱动因素和机制的探索主要集中在资本、劳动力和技术三个方面，尽管内生经济增长理论开始引入环境因素和耗竭资源因素的影响，但现行的经济体制仍深受新古典经济学的桎梏，没有脱离传统经济的发展路径。正是这种忽视生态环境价值的发展方式，以致出现了如今环境污染问题、生态资源枯竭问题，以及生态环境遭到严重破坏等诸多问题。

生态系统以一个即时的状态提供了多维的服务功能，多维的服务之间相互依存、相互影响，并没有清晰的界限，至今也没有形成一个普遍认可的生态功能分类。

1997 年，美国学者 Costanza 等在 *Nature* 上发表了一篇关于全球生态系统服务价值的论文。该论文将全球生态系统服务划分为生态系统的生产、生态系统的基本功能、生态系统的环境效益和生态系统的娱乐功能四个层次，共 17 个项目，分别为气体调节、气候调节、干扰调节、水调节、水供应、控制侵蚀和保肥保土、土壤形成、养分循环、废物处理、传粉、生物防治、避难所、食物生产、原材料、基因资源、休闲娱乐、文化。

2008 年，我国环境保护部和中国科学院联合编制的《全国生态功能区划》中把我国的生态服务功能分为生态调节功能、产品提供功能和人居保障功能三个层次，共 11 个项目。这一分类并没有完全遵循上述分类标准。生态调节功能包括水源涵养、土壤保持、防风固沙、生物多样性保护、洪水调蓄，主要综合了 Costanza 全球生态系统服务分类中的生态系统的基本功能、生态系统的环境效益两个方面。产品提供功能包括农产品、畜产品、水产品、林产品提供功能，细化了 Costanza 全球生态系统服务中的生态系统的生产功能。人居保障功能包括人类居住需要和城镇建设功能，对应于 Costanza 全球生态系统服务分类中的避难所功能。该分类并没有考虑生态系统的娱乐功能层次。

除了生态服务功能的种类外，生态价值理论还探讨生态服务功能的价值构成和货币化计量方式，该理论将生态环境总价值分为使用价值（直接使用价值、间接使用价值、选择价值）和非使用价值（遗传价值、存在价值）两大类五个部分，并分别计算每项价值。

生态环境对人类社会经济的影响具有显性和隐性两个方面，因而生态价值的货币化计量也分为显性（自然资源）和隐性（自然环境）两个方面。显性方面在于直接提供生产要素，这部分通过市场机制可以直接反映市场价值；隐性方面在于通过生态循环而维持人类社会的存在基础，由于没法在市场上交易，因而货币价值缺乏统一计算标准。

生态价值理论是在经济体制的框架下提醒人们关注生态的价值，以经济手段将生态保护的目标融入经济行为中。也正是由于这一方面的发展，探讨生态补偿机制的经济实现手段成为可能。

2. 公共物品理论

公共物品是指公共使用或消费的物品，是与私人物品相对应的一个概念，消费具有非竞争性和非排他性特征。根据产品或服务所具备的非竞争性和非排他性的程度，可以将公共物品进行分类，具体可分为纯公共物品与准公共物品，准公共产品还可以进一步细分为俱乐部产品、拥挤产品。市场机制决定的公共物品供给量远远小于帕累托最优状态，这是由公共物品的特殊性决定的。历史上，庇古均衡、林达尔均衡、萨缪尔逊均衡和马斯格雷夫均衡四种主要的公共物品均衡模型分别对公共物品的供给问题进行研究。研究结论表明：公共物品的帕累托最优要求所有人的公共边际替代率总和等于边际转换率，而私人物品的帕累托最优要求个人边际替代率等于个人边际转换率。市场机制在提供公共物品方面的低效率需要政府进行干预，但是政府介入公共物品的供给并不等于政府包揽公共物品的市场。政府可以通过直接生产公共物品来实现，也可以通过某种方式委托私人企业的间接生产方式来实现。

中央和地方政府可以直接供给公共物品，也可以通过签订合同、授予经营权、经济资助、政府参股、法律保护私人进入、社会资源服务等方式，授权公共团体经营，可以通过建设—经营—转让（build-operate-transfer，BOT）方式授权私营企业（包括外国企业）经营。

由于生态环境的服务功能不能有效排除不付费的消费者，因而具有一定的非排他性，根据公共物品理论，生态环境具有准公共物品的属性。除了具有公共物品固有的产权问题以外，生态环境的问题还表现在生态环境具有模糊的受益范围，因而难以通过确定客观、具有说服力的利益群体解决不同规模的生态环境的承载能力限度。

公共物品理论从物品的属性特征方面深化对生态补偿的主体和客体的认识，有助于理解自然生态的经济特征以及涉及的利益主体，从而在保护生态环境过程中厘清经济主体间的利益冲突，进而寻求建议生态补偿的有效途径，建立合理、有效的生态补偿机制。

3. 外部性理论

外部性是指经济主体的某种经济活动给活动无关者带来的影响。根据影响的不同，分为外部经济和外部不经济两种情形。如果给经济活动无关者带来正面的收益，经济主体在经济活动中获得的私人收益小于社会收益，则称为正外部性；反之，如果给经济活动无关者带来负面的收益，经济主体在经济活动中支付的私人成本小于社会成本，则称为负外部性。

资源与环境经济学认为，外部性是导致生态破坏和环境污染的重要原因之一。由于生态资源的产权界定不清导致行为权力和利益边界不确定，因而负外部性导致资源开发领域里产生的环境污染和生态破坏成本无法纳入经营者的生产成本，同时正外部性导致生态环境效益被其他个体无偿使用，生态环境保护的效益难以兑现，导致资源与环境的配置难以实现帕累托最优。这两个方面最终导致市场失灵，而克服导致市场失灵的外部性的代表性方法是庇古税、科斯的产权理论及公共管制。

Pigo（1962）认为，消除外部性的有效方法是，政府对负外部性的产生者进行征税，同时对正外部性的产生者给予相应的补贴。Coase（1960）在批判庇古税的同时提出了自己的解决外部性观点——科斯定理。科斯第一定理指出，在交易成本为零或者很小的情况下，无论初始产权如何分配，经过产权交易，最后均能实现资源的帕累托最优配置。科斯第二定理指出，在交易成本不为零的情况下，通过明晰界定产权并允许产权交易，就可以有效消除外部性的影响。

此外，公共管制理论提出了政府应该通过制度、政策、法规等严厉方式来禁止负外部性的产生，通过严厉的法律，严惩污染者，奖励保护者。外部性理论从行为的外溢性影响性质提出了生态补偿的解决思路。区域生态环境的外部性的正负与否取决于区域内经济活动的方式，当经济生产兼顾环境保护目标时，生态环境更多表现为外部经济，而区域生态补偿机制正是为了修复区域生态环境，扩大区域生态环境的正外部性，重构经济组织形式，限制区域生态环境的负外部性。

4. 卡尔多–希克斯理论

英国著名经济学家尼古拉斯·卡尔多（Nicholas Kaldor）在 1939 年发表的《经济学福利命题与个人之间的效用比较》论文，提出了一个“虚拟的补偿原则”，以此作为生态补偿的标准。他认为，通过市场价格的变动会影响人们的福利状况，即很可能使一些人受损，另一些人受益；但只要总体上来看益大于损，这就表明总的社会福利增加了，简而言之，卡尔多的福利标准是看变动以后的结果是否得大于失，并据此推出补偿标准。实践证明，卡尔多补偿原则是一种假想的补偿原则。希克斯（John Richard Hicks）（1939）进一步补充完善了卡尔多的福利标准。他基于长期观察的结果，提出了“长期自然的补偿原则”，认为只要政府的某一项经济政策从长期来看能够提高全社会的生产效率与社会福利，那么，经过较长时间以后，所有的人的境况都会因社会生产率的提高而自动获得补偿。

5. 增长极理论

增长极理论认为：经济增长通常是从一个或数个增长中心逐渐向其他部门或地区传导。那种幻想实现平衡发展在现实中是不可能的，社会应选择特定的地理空间作为增长极来带动经济发展。增长极理论对地区经济增长带来了有益的启示：一是区位经济或是区域经济。区位经济是由从事某项经济活动的若干同类企业或联系紧密的经济活动集中于同一区位而产生的巨大增长效益，它的实质是通过地理位置的优越而获得综合的、可观的经济效益，在一定程度上是一种集聚效应。二是规模经济。规模经济是由经济活动范围外延的增大与内涵的增加而获得效益的增加。三是共生经济。企业的集聚可以产生共生现象，可以通过产业链的延长与交叉，在一定区域内共享外部资源，可以有效降低成本、增加效益。

6. 区域发展空间均衡理论

作为主体功能区生态补偿的微观基础，区域发展空间均衡理论为主体功能区生态补偿的模式、力度以及补偿阶段演变提供了有力的分析工具，同时揭示主体功能区生态补偿是实现区域均衡发展的正向过程，是加快区域均衡发展的有力手段（樊杰，2007）。影响区域发展状态的各要素在区域间可最大限度地自由流动和合理配置是实现区域发展均衡的必要条件。主体功能区生态补偿是针对生态效益的外部性，对保护型区域输出的生态流、资源流的能动性补充和反哺性回流。

7. 区域管制理论

区域管制理论的意义在于揭示并解决主体功能区生态补偿过程的复杂性，是主体功能区生态补偿的实践指南，对于协调补偿主体、优化补偿关系具有重要的指导意义。运用管制理论，构筑补偿主体与补偿对象之间沟通、协调的架构和平台，实现两者之间信息充分交流、博弈充分展开，并通过充分交流达成共识，通过充分博弈取得满意结果，最终形成和谐的主体功能区生态补偿机制。

（二）生态补偿主客体界定理论

1. 从破坏和受益的角度来界定补偿主体

20 世纪 90 年代初期，学者们通常是根据“谁破坏谁补偿”的原则，从“抑损性”角度界定生态补偿的主体，主张生态破坏者要为其破坏行为付费，即生态补偿的主体就是生态环境的破坏者。从这个角度来界定，生态补偿的主体就是指因对生态系统和自然资源造成破坏或污染的损害者，他们要对其破坏或污染行为进行补偿，用于生态系统和自然资源的治理、修复等。20 世纪 90 年代后期，随着对生态补偿内涵理解的深化，学者们在界定生态补偿的主体时，不仅考虑了生态补偿的破坏行为，还将其受益这一客观事实考虑在内，根据“谁受益谁补偿”的原则，大多数学者从受益角度对生态补偿主体范围进行了界定，他们认为生态补偿主体应该包括从生态环境服务产品中受益的单位和个人。如有的学者在研究南水北调中线水源涵养区生态补偿问题中，认为当地政府和中央政府是受益者的集体代表，他们应该是补偿生态的主体，特别是下游政府。有的学者认为，从理论上分析补偿的主体不仅包括对水源地水质造成污染的群体，还应包括水源地保护中受益的群体，包括中央政府、下游市县。

2. 从保护和减少破坏等利益受损的角度来界定补偿客体

生态补偿的客体（即生态补偿范围）的界定则侧重于对生态环境的保护建设者和减少生态环境破坏者等利益受损个人和群体的补偿。有的学者就认为，有些生态破坏是“贫穷污染”所致，如果没有外部的资金注入和补偿机制，生态环境就得不到改善，因此对减少生态破坏者给予补偿也是很有必要的。根据“谁保护谁受益”的原则，有的学者认为减少生态破坏者主要指保护区内的为维持良好的水资源生态而丧失发展权的主体。

3. 从法律的角度来界定补偿主客体

有的学者从法律角度对生态补偿主客体进行了界定。他们认为，生态补偿的主体是指对生态环境和自然资源负有保护职责或义务，并且依照生态补偿法律规定，提供技术、物资、补偿费用等的政府、社会组织和个人。生态补偿的客体是指因向社会提供生态服务，需要从事生态环境建设，这些特定生态功能区的生产和生活会受到限制，理应得到相应资金补偿或税收优惠等的组织和个人，包括生态建设者，生态功能区内的地方政府和居民，积极主动采用环保、节能等新技术的企业，以及为提高生态环境和自然资源保护及利用水平而进行相关研究、教育培训的单位和个人。

综上，国内外学者从破坏和受益的角度、保护和减少破坏的角度以及法律的角度对生态补偿主客体的界定进行了研究，界定范围也逐渐明晰，虽然不同地区的主体和客体也不尽相同，但是补偿的主体一定是受益者和破坏者，补偿的客体是保护者和利益受损者。目前学者们在生态补偿主客体界定方面取得的丰硕研究成果，对生态补偿实践以及生态补偿制度的建立和完善提供了保障。但是从这些研究成果来看，补偿主客体的界定还缺少系统的科学理念指导，界定标准还存在不一致、不清晰等问题，在补偿实践中尚未对补偿主客体的利益诉求及行为选择进行分析，缺少针对不同补偿客体的适合的补偿标准和补偿方式。

（三）流域补偿模式相关理论

1. 流域补偿模式理论

钱江源国家公园体制试点区域以浙江省母亲河钱塘江源头区域为基础，因此在生态补偿模式探究这部分着重于流域生态补偿机制研究。水源地保护区生态补偿主客体的界定需要相关理论作为依据，在生态补偿实施过程中，不同利益相关者的利益诉求也不同，根据利益相关者理论可以帮助识别相关利益群体，而特别牺牲理论可以帮助分析那些为保护区生态环境而利益受损的群体。

（1）利益相关者理论

“利益相关者”一词最早是由弗里曼提出的，并受到了经济学界和管理学界的重视。该理论的核心是对涉及（或影响）多个利益主体的利益分配进行合理协调和管理，从而实现组织目标，事实上就是一种管理实践和制度安排的过程。在水源地保护区生态环境保护和生态补偿过程中，涉及多个利益相关者，只有合理平衡各利益相关主体的利益诉求，才能协调生态环境保护与经济社会的可持续发展。因此，利益相关者理论具有理论上的适用性和现实的有效性。

（2）特别牺牲理论

特别牺牲理论最早由德国学者奥特·玛雅提出，源于公共负担平等说。特别牺牲理论认为，按照公平正义和保障权益不受侵犯的原则，对于那些为了社会公共利益而做出了特别牺牲的特定人，社会全体成员应该对该特定人所做出的这种特别的牺牲给予补偿。就国家征收土地的行为来说，虽然国家有合法征地的权利，人民有服从征地命令的义务，但是与国家课以人民一般的负担不同，具有特殊性。其特殊性主要表现在国家在合法征收土地时，不管是公益性征地还是非公益性征地，这种征地行为都是使无义务的特定人对国家做出了特别牺牲，具有个案性质。因此基于公平正义的原则，应当由全体人民共同分担给被征收土地权利人以补偿，从而调节他们的损失，只有这样，才符合公平正义的精神。

在水源地保护区生态补偿中，保护区当地政府、土地利用者、居民和企业为了保护水源地生态环境，保障中下游及周边城市的用水安全，不得不牺牲自身的利益和发展权，这种行为可以增加整个社会的公共福利，从这一点来看，他们属于利益遭受损失的少数人，他们所遭受的利益损失超出了行使所有权的内在社会限制，属于一种特别牺牲，因此政府和受益群体理应对他们进行相应的补偿，这样才符合公平正义的精神。

2. 流域补偿模式的识别与分析

按照目前的财政管理体制和生态补偿金来源，王军锋和侯超波（2013）从生态补偿资金来源的视角出发，综合考虑政府和市场作用的特点，将流域生态补偿模式划分为上下游政府间协商交易的流域生态补偿模式、上下游政府间共同出资的流域生态补偿模式、政府间财政转移支付的流域生态补偿模式和基于出境水质的政府间强制性扣缴流域生态补偿模式。

（1）上下游政府间协商交易的流域生态补偿模式

上下游政府间协商交易的流域生态补偿模式实施流域范围内的行政主体较少，且这些行政主体由共同的上级行政主体进行管辖；流域较小且独立，供水区与受水区相对集中且封闭；流域上下游的不同地区在水资源禀赋方面存在显著差异。上下游政府间协商交易的流域生态补偿模式属于市场主导类型，多采用水权交易、异地开发等手段开展生态补偿。

在推行水权交易时，水权出让方有足够的水资源满足自身需求并有富余；水权购买方水资源匮乏，且异地购水方式更具有成本优势。水权交易可能发生在同级的异地政府之间，且政府间的水权交易多是在政府谈判达成协议的基础上，由相关企业负责具体落实。水权出让方关注的焦点集中于转让水权所获得资金补偿是否反映了水资源的真实价值，以及所获得的资金补偿是否可以维持水资源供给与保障水环境质量；水权购买方则主要关注所购买水资源的水量和水质是否能获得保障。水权交易是流域内政府间推动水环境保护与水资源利用的双赢过程，水权出让方获得了补偿资金，用于提高社会经济水平并保护生态环境质量；水权购买方打破了制约进一步发展的水资源瓶颈。

案例 4.1 浙江省金华江流域以东阳—义乌水权交易、磐安—金华异地开发为主，并辅以其他纵向财政转移支付的专项资金开展生态补偿。水权交易在东阳和义乌之间进行，由相关市政企业负责具体落实。交易过程中，义乌以 2 亿元的价格买断东阳境内横锦水库 5000 万立方米水源的永久使用权，并以 0.1 元/米^3 的价格每年向东阳支付综合管理费，同时，东阳要保证横锦水库水质达到国家Ⅰ类饮用水水质标准。异地开发在磐安县和金华市之间展开，金华在其工业园区内分二期为磐安划出工业飞地供其发展经济，同时，要求磐安禁止在工业飞地内引入污染企业并要保证上游出水水质达到Ⅲ类饮用水标准。磐安—金华异地开发形成的关键在于金华市与磐安县之间的行政隶属关系。

相比水权交易，异地开发对于社会经济发展水平相对较低的上游地区更具吸引力，其原因在于：第一，通过水权交易所获得补偿资金的数量是固定的，而在异地开发中，上游地区可以决定进入工业园区的企业规模和企业类型，入园企业所带来的税收收入是富有弹性的。第二，通过水权交易获得的资金一般有固定用途；相反，异地工业园区所带来的税收收入可以进入一般性财政预算，扩充了上游地区的发展空间，提升了上游地区的发展潜力。但下游地区往往不热衷异地开发，原因在于虽然上游地区规定了入园企业所需达到的环境质量标准，但还是会增加总量指标，从而增加下游地区的生态环境负担。因此，若需要采用异地开发模式，必然要引入上下游地区共同的上级政府加入管理体系直接参与或者进行协调。

(2) 上下游政府间共同出资的流域生态补偿模式

上下游政府间共同出资的流域生态补偿模式所涉及的同级行政主体较多，需要上级行政主体协调；流域上下游的社会经济发展水平通常存在一定差距，且上游的环境和经济行为直接影响到下游对流域水质、水量的需求。

上下游政府间共同出资的流域生态补偿模式的特点在于双向激励。在推行该模式时，需要成立由上级行政主体和流域上下游财政、环保部门共同组成的流域生态补偿实施领导小组，负责协调上下游行政主体关系，确定专项资金筹集原则、界定专项资金使用原则及管理办法，建立专项资金使用考核机制，评估资金使用效率等。

案例 4.2 福建省闽江、九龙江和晋江流域的生态补偿即为典型的上下游政府间共同出资的流域生态补偿模式。福建省重点关注上游地区的水环境质量及其恶化对下游造成的不良影响。2005 年闽江流域实施生态补偿机制，各市在保证原有流域综合整治资金不变的前提下，需要额外出资改善闽江三明和南平段的水污染状况，其中，福州每年出资 1000 万元，三明和南平分别出资 500 万元，福建省发展和改革委员会及环保部门配套 1500 万元。九龙江与晋江流域采用了类似模式开展了生态补偿实践。为保证实施效果，省和市政府都出台了相应文件以规范流域生态补偿机制的实施要点、资金来源和资金用途，并成立了补偿费征收和使用管理委员会负责具体事务的落实。福建省共同出资设立的专项资金一般用于上游环境设施建设和水污染专项整治。

由于专项资金由上下游所有行政主体共同出资设立，专项用于流域某一特定地区或特定领域，因此，应当设定合理的出资比例。按流域上下游地区生产总值比例分摊或流域上下游用水比例分摊可以作为出资的参考原则之一。专项资金的使用原则往往由资金的用途决定，在使用过程中，应统筹安排资金总量、确保资金效率、做到专款专用、重点突破现实难点。为避免专项资金使用原则流于形式，领导小组内部应妥善协商，制定资金使用管理办法，对资金管理混乱、使用效率低下的地区应给予惩罚。

(3) 政府间财政转移支付的流域生态补偿模式

政府间财政转移支付可以充分调动流域地方政府加强流域环境保护和污染治理的积极性，有利于各地区根据自身特点统筹当地经济社会发展与环境保护之间的关系，同时数据测算要求不高，实施成本较低。

政府间财政转移支付的流域生态补偿机制主要有纵向财政转移支付模式和横向财政转移支付模式，其中纵向财政转移支付模式较常见。纵向财政转移支付模式主要通过自下而上和自上而下相结合的方式来实现，即受偿地区根据自身实际情况，向上级行政主体申请，要求得到财政转移支付，以提高地方社会经济发展水平并开展生态环境建设；上级行政主体根据生态补偿受偿地区在流域整体发展过程中所做的牺牲与贡献，结合生态补偿受偿地区的申请，向生态补偿受偿地区提供纵向财政转移支付。这其中，既有专项财政转移支付，也有一般性财政转移支付模式。专项财政转移支付用于退耕还林项目、生态公益林建设等特定领域；一般性财政转移支付没有限定具体用途，可以进入地方财政预算，由财政转移支付资金接收方根据实际需求加以利用。

在目前情况下，实现生态补偿的横向财政转移支付仍然需要很多体制机制创新。其主要原因在于：第一，我国现行的财政体制实行分灶吃饭，尚未建立起行之有效的横向财政转移支付体系，这在制度上制约了生态补偿横向财政转移支付的实现；第二，由于横向财政转移支付资金出让方向上级行政主体上缴了大量的财政收入，直观认为上级行政主体对受偿地区的纵向财政转移支付已包含部分自身财政收入，如果再开展横向财政转移支付，两次资金支付所获得的生态产品与资金出让量不相匹配。

案例 4.3 粤、赣两省关于东江流域的生态补偿机制即为政府间财政转移支付的流域生态补偿模式。东江是粤、港等地的主要饮用水来源，战略地位十分重要，然而，东江流域的社会经济发展水平极不平衡。为保证流域水质，粤、赣两省分别开展了东江流域生态补偿实践。中央以纵向财政转移支付的方式，通过珠江防护林体系建设、水土流失治理、森林生态效益补偿、生态公益林建设、退耕护岸林补偿等方式对源区三县进行补偿，通过水库移民资金、生态公益林建设资金对上游河源市进行补偿。江西省对源区三县提供纵向财政资金供其开展生态环境基础建设并对源区居民进行补偿。广东省主要通过水电厂利润分成和税收返还、水库移民补偿资金、水库水土保持资金、生态公益林补偿和纵向财政转移支付的方式对上游河源市进行补偿。此外，广东省每年从东深供水工程的收益中提取 1.5 亿元对江西省东江源区进行跨省补偿。东江流域生态补偿机制重点关注源区和上游的社会经济发展及整体生态环境质量，主要通过纵向财政转移支付和横向资金补偿的方式筹集资金，并据此推进源区和上游的生态环境建设，这在一定程度上避免了流域内同一层级不同地区政府关于水资源利用及保护所产生的纠纷。

(4) 基于出境水质的政府间强制性扣缴流域生态补偿模式

当流域各地共同利用水资源时，存在上游过度占用资源从而剥夺下游利用同样资源的可能性。推行基于出境水质的政府间强制性扣缴流域生态补偿模式可降低上述情况出现的概率。另外，在流域水环境质量恶化的背景下，为保证流域水质达标，也可以采用基于出境水质的政府间强制性扣缴流域生态补偿模式。采用该模式推行生态补偿的流域多属省内跨市情况。该模式主要包含以下环节：第一，省级政府要确定生态补偿主体和客体、生态补偿资金扣缴标准并划定出境水质考核断面。第二，监测跨界出境断面水质。为保证监测的公平性和数据的真实性，一般由上、下游环境监测站、省环境监测部门共同监测水质。第三，扣缴或奖励生态补偿资金。比照流域各地出境水质状况与划定的出境水质标准以确定资金扣缴及奖励地区。当三方出境水质监测结果一致时，直接扣缴或奖励跨界出境断面所在地的生态补偿金；当三方监测结果不一致时，以省环境监测部门结果为准，再执行扣缴或奖励。第四，使用生态补偿资金。生态补偿资金的使用应受到严格约束。第五，当水质状况改善时，对生态补偿机制进行调整以适应新的水质管理形势。

基于出境水质的政府间强制性扣缴流域生态补偿模式与上下游政府间共同出资的流域生态补偿模式的区别主要表现在资金筹集和资金使用方面。在筹集资金时，前者只扣缴出境水质超标地区的生态补偿资金，后者需要流域上下游所有地区共同出资，筹资原则的差异导致各出资方出资金额差异较大。在使用资金时，前者将生态补偿资金奖励给出境水质达标地区，供其按照生态补偿资金使用要求使用资金，而后者的生态补偿资金专项用于流域某一特定地区或特定领域。

基于出境水质的政府间强制性扣缴流域生态补偿模式的实施需要相对比较健全的政策保障体系。在推行该模式时，环境部门负责保障监测跨界出境断面的水质状况，财政部门负责扣缴和奖励生态补偿资金，相关的管理机制与体制需要健全。

二、国家公园生态补偿模式选择

根据上述生态补偿理论，对钱江源国家公园生态补偿模式进行确定。国家公园生态补偿的原理是首先对国家公园的生态资源资产进行价值评估，以国家公园体制试点区的森林、湿地、农田、水流等生态资源资产为对象，分类界定生态资源资产的内涵和外延；集成研发生态资源资产统计指标体系和定价机制；构建生态资源资产评估模型和方法，开展生态资源资产价值时空动态评估，阐明影响生态资源资产价值变化的驱动机制，探索生态资源资产资本化途径；然后在生态资源资产价值评估的基础上进行多元化生态补偿模式的研究，研究国家公园体制试点区生态资源资产的权属结构，探索所有权、承包权和经营权分离途径；建立反映各种成本和生态资源资产价值的差异化生态补偿标准；研究提出可实现多自然保护地集中区域生态经济和社会功能协同提升的多元化生态补偿模式。

基于生态资源资产价值评估的钱江源国家公园多元化生态补偿模式的基本框架包括以下五方面。

(1) 对钱江源国家公园生态补偿利益相关者的确认

试点区是浙江省母亲河钱塘江源头区域，是国家重点生态功能区，是重要的水源涵养区，生物多样性丰富，流域生态系统完整性和亚热带常绿阔叶森林生态系统原真性突出。试点区通过国家公园模式，系统解决跨界、交叉发展管理等问题，以生态保护、科研宣教、游憩利用、社区发展等手段维护生态系统的稳定性，探索自然生态保护与利用相结合的发展模式。因此，确定好国家公园生态补偿利益相关者，有助于保障国家公园多元化生态补偿模式的研究，帮助国家公园生态补偿实践的顺利进行，促进国家公园的生态环境保护和生态系统修复。

(2) 对钱江源国家公园生态补偿主客体界定

对补偿利益相关者包括补偿主体和受偿主体的确认是建立国家公园生态补偿框架的基础和前提，也就是决定由谁对谁进行补偿的问题。基于国家公园生态系统的服务功能和价值，分析其受益主体和提供主体（受损主体）。在问卷调查的基础上，总结出以下三种钱江源国家公园试点区生态补偿的主客体情况：①生态补偿的主体是政府（包括中央政府、本地地方政府、受益的地方政府），生态补偿的客体是农户；②基于流域补偿的上下游补偿原则，生态补偿的客体是钱江源流域的上游政府，生态补偿的主体是钱江源流域的下游政府；③基于产权归属原则，确定生态补偿的主体是国家公园，生态补偿的客体是森林公园、国有林场、农户。

(3) 对国家公园生态资源资产价值评估研究

总体思路是以国家公园体制试点区的森林、湿地、农田、水流等生态资源资产为对象，分类界定生态资源资产的内涵和外延；集成研发生态资源资产统计指标体系和定价机制；构建生态资源资产评估模型和方法，开展生态资源资产价值时空动态评估，阐明影响生态资源资产价值变化的驱动机制，探索生态资源资产资本化途径。具体如下：

1）采取的生态资源资产定价和价值评估方法：通过文献研究、专家访谈等方式，科学界定生态资源资产的内涵和外延；结合国家专项计划开展的植被、土壤、环境前期研究成果，通过实地抽样验证，划分出钱江源国家公园体制试点区森林、湿地、农田等主要生态系统类型，集成研发生态资源资产统计指标体系；以马克思的劳动价值论和经济学中的消费价值论为基础，研究生态资源资产定价机制；基于生态定位站长期积累的生态要素野外观测数据，结合国家森林资源清查、湿地资源普查、野生动植物资源监测、耕地调查监测等数据，参考联合国千年生态系统评估（MA）等国内外成果基础上，利用直接市场法、替代市场技术、创建市场技术和空间–能值分析技术，采用物质量和价值量相结合的方法，建立基于遥感和地理信息系统的生态资源资产评估模型，构建生态资源资产评估方法和技术体系。

2）生态资源资产价值评估和驱动机制：通过采用野外抽样调查、查阅文献资料、地面监测数据分析等手段，选取钱江源国家公园体制试点区 2000 年、2010 年、2015 年三个时段的遥感解译数据，借助 InVEST 工具包，对生态资源资产价值时空动态分布及变化格局进行评估，并对生态资源资产时空变化的驱动力进行深入研究；根据生态资源资产价值量组成、市场转化率等，研究直接利用、间接利用、使用权交易、生态服务交易、发展权交易、产业化等生态资源资产资本化途径，实现资产保值增值，为发展项目特许经营、所有权和经营权流转、资源有偿使用和生态补偿等政府决策提供依据。

(4) 对国家公园生态补偿支付途径的分析

从国家公园生态系统服务的受益者那里收费并支付给生态系统服务的提供者，也就是国家公园生态补偿的支付途径问题。这是关系补偿能否顺利实现的关键环节。理论上，支付需要直接基于所获得的生态系统服务，即对所获得的生态系统服务的价值进行支付。根据付费主体的不同，可以将支付的基本途径分成两类：政府付费和使用者付费。在国家公园生态系统服务的受益者、提供者以及受益的生态系统服务价值都明确的情况下，可以通过直接的市场交易方式，由使用者直接付费进行支付；在受益者难以界定或者受益的生态系统服务价值难以计算的情况下，为了降低补偿的交易成本，可以由政府作为受益者的代表进行付费和补偿。区分不同的受益情况，确定使用不同的支付途径，能够保证国家公园生态补偿的顺利实现。

(5) 对国家公园多元化生态补偿模式的研究

总体思路是研究国家公园体制试点区生态资源资产的权属结构，探索所有权、承包权和经营权分离途径；建立反映各种成本和生态资源资产价值的差异化生态补偿标准；研究提出可实现多自然保护地集中区域生态经济和社会功能协同提升的多元化生态补偿模式。具体方法是：通过对国家公园体制试点区的管理部门、林农、社区进行实地调查、半结构访谈以及核心专家深度交流等方法，分析试点区现有生态补偿政策及其效果，剖析存在的主要问题；深入分析钱江源国家公园体制试点区生态资源资产全民所有和集体所有各自的产权结构和演变，探索所有权、承包权和经营权分离途径；以保护成本、机会成本和生态资源资产价值为依据，研究制定差异化的生态补偿标准体系；探索政府补偿、市场补偿、社会组织补偿方式，明晰不同生态补偿方式的补偿主体、补偿对象、补偿标准、补偿途径和投融资渠道，研究提出基于利益相关方的多元化生态补偿模式。这个模式的创新点在于：以保护成本、机会成本和生态资源资产价值为依据，建立差异化生态补偿标准，凝练可实现多自然保护地集中区域生态功能协同提升、产业持续发展、社区居民持续增收的多元化生态补偿模式，研究结果更具有科学性、针对性和可接受性。

三、钱江源国家公园对农户的生态补偿

通过调研问卷对目前该地实施的国家公园生态补偿政策社区居民受偿意愿（willingness to accept，WTA）和支付意愿（willingness to pay，WTP）进行分析。在国家公园建设的过程中，周边社区及居民作为与国家公园领域联系最紧密的群体，既承担支持保护国家公园的责任，又面临部分发展权利和经济利益（如土地、林木）失去的损失，心理失落甚至抵触。如何在尊重社区居民主观诉求的基础上，改善居民状况，促进国家公园与周边社区和谐融洽、协同发展值得探讨。这其中，生态补偿便是一种可调节国家公园、政府及周边社区居民等利益相关者利益关系的重要政策工具。

国内外日益重视生态补偿作为解决环境问题的创新手段所发挥的作用（刘璨和张敏新，2019；王璟睿等，2019）。已有多个国家开展或实施了生态补偿的项目，如美国土地休耕项目、中国的退耕还林工程、德国农业景观生态补偿项目等，取得了瞩目的成效。但实际上，生态补偿仍然存在较多争议（王璟睿等，2019），尤其是被认为是生态补偿成败与否的“关键”（赵翠薇和王世杰，2010）和“核心”（巩芳等，2011）的生态补偿标准问题。由于目前缺乏统一的理论和计算模型，生态系统服务定价机制也不完善，我国目前生态补偿所采用的政府定价行为对社会经济条件、区域对象特点、补偿意愿等差异的考虑不足，一定程度上弱化了生态补偿的激励作用，影响了补偿客体的切身利益甚至影响了生态系统服务的供给。生态补偿的目的在于如何利用有限的资金获取最大的环境效益（Alix-Garcia et al.，2008；赵翠薇和王世杰，2010），平衡相关利益者的利益关

系，因此生态补偿必须反映相关利益相关者的补偿意愿（徐大伟等，2013），尤其是农户的意愿问题（喻永红，2015）。随着研究的不断深入，补偿意愿中农户或居民的受偿意愿越来越受到关注，越来越多的实证研究利用了一些非市场价值研究方法［如条件价值评估法（contingent valuation method，CVM）］来反映补偿对象的区域特点、社会经济状况及补偿客体意愿等情况，以求通过测度 WTA 提供更合理的生态补偿标准。这些实证研究的结果也显示出生态补偿具有明显的区域性、对象性、空间性等差异。如徐大伟等（2013）利用 CVM 方法测度了辽河流域中游地区的居民保护流域生态环境和水资源的 WTA 范围是每人每年 59. 39—248. 56 元；朱红根和康兰媛（2016）利用 CVM 和多元线性回归测度了鄱阳湖区退耕还湿的农户生态补偿 WTA，其范围是每人每年 888—916 元。李超显（2018）采用条件估值法得出湘江流域上下游区域生态补偿的范围标准、基本标准和具体标准；肖俊威和杨亦民（2017）基于 CVM 条件价值法测算出湘江流域居民的生态补偿支付意愿为每人每年 127. 72 元；王奕淇和李国平（2020）利用 D-H 模型得到了渭河流域中下游居民的支付意愿为每人每月 10. 351 元；任力等（2018）基于条件价值评估法（CVM）得到厦门市居民对九龙江生态治理支付意愿至少为每人每年 50. 19 元。类似的针对性研究也出现在森林（喻永红，2015；陈钦等，2017）、草原（杨光梅等，2006；巩芳等，2011；叶晗，2014）、土地（罗文春，2011；马爱慧，2015）、湿地（姜宏瑶和温亚利，2011）等研究对象上。从现有成果看，学界对生态补偿标准的关注也促进了 WTA/WTP 的研究重点不断从某一地区、某一对象的居民/农户是否愿意接受补偿到影响其 WTA/WTP 的因素方面深化，尤其是 CVM 方法得到了广泛应用。

然而，从研究对象看，目前国内已有的针对国家公园生态补偿的研究多是对旅游者的支付意愿或国家公园生态补偿机制的构建等方面的研究，前者如胡欢等（2017）、刘军和岳梦婷（2019）等，后者如罗丹丹（2018）、吴帅帅和刘锦（2018）等，针对国家公园的生态补偿研究还远远不足，针对补偿客体为农户/居民 WTA/WTP 的国家公园生态补偿研究则更少。为了更好地发挥生态补偿的作用，促进国家公园的建设和发展，需要基于以人为本的思想，了解国家公园周边社区的农户/居民的支付及补偿意愿。通过研究他们对国家公园的认知、他们的生态补偿 WTA/WTP 及其影响因素，对确定更合理、更公平、更有效的国家公园生态补偿标准及减少国家公园不同利益相关者之间的矛盾具有重要的理论和现实意义。因此，这里对试点区周边社区农户相关的生态效益补偿政策进行 WTA/WTP 及其影响因素的分析，以期为制定国家公园生态效益补偿政策、实施和推动国家公园建设管理提供理论和技术支撑。

（一）研究过程与数据收集

问卷设计：本书经过文献查阅、专家咨询、小组讨论和预调查四个步骤，设计了《钱江源国家公园体制试点区政策的社区居民认知调查问卷》。最终，问卷包括三部分内容：①居民的家庭人口信息，以开放式问题了解了居民基本情况，收集了居民家庭特征、收入支出、土地经营等情况；②居民对环境保护及试点区政策实施的影响的了解与感知；③居民受偿意愿及生态补偿认知。具体见附录1。

样本量即样本大小，给定$Z_{\frac{\alpha}{2}}$、可接受的误差值及总体比例可以确定样本量.

$$n=\frac{Z_{\frac{\alpha}{2}}^{2}P(1-P)}{E^{2}} \tag{4.1}$$

式中，n为样本量；Z为统计量（由置信水平确定，当$\alpha=5\%$时，$Z_{\frac{\alpha}{2}}=1.95$；当$\alpha=10\%$时，$Z_{\frac{\alpha}{2}}=1.64$）；$P$为总体比例；$E$为给定的置信水平下可以接受的估计误差值。

当选择置信水平90%、抽样误差5%时，使$P(1-P)$最大时的总体比例为0.5，计算得到样本量n为269；当选择置信水平95%、抽样误差5%及总体比例0.5时，计算得到样本量n为384。因此，综合课题小组的时间和人力成本、问卷有效性等因素的考虑，本书最终选择方便抽样，向400位被访者发放问卷。

需要说明的是，尽管部分受访者表示不知道所在地被划为国家公园试点区，但是由于试点区是由原来的三个原有的自然保护地（古田山国家级自然保护区、钱江源省级风景名胜区、钱江源国家森林公园）重新规划组建而成，因此，本书问卷填写过程中，由访问者对受访者进行试点区相关信息的解释后，结合被访者对原有的自然保护地的认识来完成问卷填写。

调研于2018年8月中旬至8月下旬在钱江源国家公园的四个地区展开，包括衢州市开化县的长虹乡、齐溪镇、苏庄镇和何田乡，涵盖了国家公园的核心保护区、生态保育区、游憩展示区和传统利用区。本次调查采用面对面访谈的形式，共收集问卷400份，其中有效问卷349份，占问卷总数的87.25%。调研涉及的村有：齐溪镇的里秧田、左溪、江源、仁宗坑、丰盈坦、上村；长虹乡的库坑、昔树林、霞川、下坞、北源、芳庄；苏庄镇的古田和余村；何田乡的田畈、龙坑和陆联。调研样本分布情况见表4-1。

根据调研结果可以看出，长虹乡126份、齐溪镇112份、苏庄镇27份、何田乡84份，基本符合4个乡镇在试点区周边的人口分布，分别占各乡镇所涉人口的3.44%、4.15%、2.2%、3.91%，样本来源分布比较合理。

表 4-1　试点区调研样本分布情况

调研地区	地区样本总数
长虹乡	126
齐溪镇	112
苏庄镇	27
何田乡	84
样本合计	349

1. 人口特征情况

从样本数据的描述统计情况看（表 4-2），被访者中男性占 85.7%、女性占 14.3%，平均年龄 58.3 岁，平均受教育年限 6 年，受访者平均家庭劳动力人口数 3 人，平均家庭女性人口数 1.5 人，非农就业者占 24.1%。

表 4-2　样本人口特征情况

特征	类别	频率	百分比	平均值	最大值	最小值
性别	合计	349	100	0.86	1	0
	男 = 1	299	85.7			
	女 = 0	50	14.3			
年龄	合计	349	100	58.3	86	27
	40 岁以下	13	3.7			
	40—55 岁	132	37.8			
	55—65 岁	96.0	27.5			
	65 岁及以上	74.0	21.2			
受教育年限	合计	349	100	6.0	16	0
	0 年（文盲）	72	20.6			
	1—6 年（小学）	145	41.5			
	6—9 年（初中/中专）	90	25.8			
	9—12 年（高中/大专）	30	8.6			
	12 年以上（本科及以上）	12	3.4			
政治面貌	合计	349	100	0.2	1	0
	党员 = 1	56	16.0			
	群众 = 0	293	84.0			
家庭劳动力人数	合计	349	100	3	6	0
	0 人	7	2.0			
	1—3 人	161	46.1			
	4—6 人	181	51.9			

2. 收入及土地经营情况

2017年，被访者户均收入5.75万，以5万—10万元收入档占比最高，其次是1万—3万元档，分别占24.4%、21.8%；收入低于1万元的共52户，占14.9%。户均实际耕地面积2.5亩、林地面积30.0亩、粮食作物种植面积0.64亩，农林业收入占家庭总收入的平均比例为6.4%（表4-3）。耕地的主要用途就是种植粮食作物，满足粮食需求。

表4-3　收入及土地经营情况

变量	类别	频率	百分比	平均值	最大值	最小值
家庭总收入	合计	349	100	5.75万元	86.6万元	0.1万元
	0.5万元以下	23	6.6			
	0.5万—1万元	29	8.3			
	1万—3万元	76	21.8			
	3万—5万元	72	20.6			
	5万—10万元	85	24.4			
	10万元以上	64	18.3			
农林业收入占比	合计	349	100	6.4%	100%	0
	<10%	333	95.4			
	10%—30%	16	4.6			
	30%—50%	0	0			
	≥50%	0	0			
实际经营土地面积	合计	349	100	2.5亩	202亩	0
	<1亩	134	38.4			
	1—3亩	132	37.8			
	3—5亩	61	17.5			
	5亩及以上	22	6.3			
粮食作物种植面积	合计	349	100	0.64亩	5亩	0
	<1亩	231	66.2			
	1—3亩	100	28.7			
	3亩及以上	18	5.2			

3. 认知及态度

对上述居民政策认知及态度的选项进行合并分析（表4-4），存在8.3%的被访者表示不知道所在的区域被划为钱江源国家公园，而约29.2%的受访者表示不了解试点区功能，但认为钱江源国家公园建设为了“生态保护”的占44.7%、为了“生态保护和经济发展”的占40.4%，近九成的被访者认可“生态保护”的重要性。然而，由于各种原因还存在极少数被访者（4.8%）表示不支持成立和建设钱江源国家公园。从整体来看，试点区周边被访者对钱江源国家公园的成立建设支持度很高，也有一定的了解，尤其是认可“生态保护”方面的作用。

表4-4　对试点区的认知和态度

变量	类别	频率	百分比
您知道您生活所在的区域被划为钱江源国家公园吗？	知道	320	91.7
	不知道	29	8.3
您了解钱江源国家公园的功能吗？	非常不了解	24	6.9
	不太了解	78	22.3
	一般	111	31.8
	比较了解	122	35.0
	非常了解	14	4.0
您认为设立钱江源国家公园是为了何种目的？	生态保护	156	44.7
	经济发展	16	4.6
	生态保护和经济发展	141	40.4
	不知道/没考虑过	36	10.3
您支持钱江源国家公园的成立建设吗？	非常支持	195	55.9
	比较支持	70	20.1
	一般	67	19.2
	不太支持	5	1.4
	非常不支持	12	3.4

4. 补偿意愿分布情况

被访者大多支持国家公园体制试点区建设，但整体认知偏向区域内及周边居民为经济受害者，因此倾向于受偿意愿及相关指标的填报，而忽视支付意愿。因此，以下重点通过模型及纠偏测算受偿意愿，估计整体的补偿意愿情况。

受偿意愿投标值的设定考虑了目前48.3元/(亩·年）的补贴标准以及前期调研的情况。从被访者对核心问题的回答来看（表4-5)，对于初始投标值40元/(亩·年)、更低投标值35元/(亩·年）的接受率为17.3%，更高投标值55元/(亩·年）的不接受率达73.1%；而初始投标值200元/(亩·年)、更高投标值220元/(亩·年）的接受率为44.2%，仍存在51.2%的不接受率。投标值的接受意愿基本呈现出对高补偿值的追求，对初始投标值的第一次回答为“不接受”的概率明显大于回答为“接受”的概率，这主要是因浙江省属于社会经济发达地区，居民生活水平要求较高，希望得到更高的补偿，补偿太低“看不上”，从而出现了更高的补偿意愿，导致本次最高投标值均仍有约一半的不接受率。

表 4-5　投标值及接受意愿分布情况

投标值	1	2	3	4	5	6	7
T^0/[元/(亩·年)]	40	55	80	120	135	160	200
T^L/[元/(亩·年)]	35	40	55	80	120	135	160
T^U/[元/(亩·年)]	55	80	120	135	160	200	220
Y-Y/%	17.3	7.8	6.0	10.9	20.0	39.6	44.2
Y-N/%	0.0	3.9	24.0	21.8	6.0	4.2	4.7
N-Y/%	9.6	2.0	0.0	5.5	2.0	4.2	0.0
N-N/%	73.1	86.3	70.0	61.8	72.0	52.1	51.2

注：T^0 为初始投标值；T^L 为更低投标值；T^U 为更高投标值。Y 表示“接受”；N 表示“不接受”。

（二）生态补偿标准确定

1. 研究方法与模型

条件价值评估法（CVM）是一种典型的陈述偏好方法，是非市场价值评估技术中应用最广泛、影响最大的方法（张志强等，2003）。在假想的市场情况下，直接调查人们对资源环境引起的福利水平损失赔偿的 WTA，即用人们对环境资源产品或服务的偏好程度为环境资源产品或服务进行“定价”，估计环境资源物品或服务的经济价值。通常，WTA 是由两部分组成，即来源于被访者个人的社会经济属性（此为可观测部分）和实验过程中和实际调研时没有考虑到的偏差等因素（此为不可观测部分），可表示为

$$WTA = WTA^* + \varepsilon \tag{4.2}$$

式中，WTA 为真实值；WTA^* 为可测值；ε 为不可测的误差项。

因此，本书根据 WTA 的基本原理和方法，以钱江源国家公园体制试点区周边社区居民为研究对象，借鉴国内外研究经验，采用双边界二分式的选择问题格式设计问卷。双边界二分式问卷因在模拟市场交易行为中融入了讨价还价的过程，而被认为在确定受访者 WTA 方面具有明显优势（Hanemann，1987；Hanemann et al.，1991；Loomis and González-Cabán，1997；喻永红，2015），应用广泛（姜宏瑶和温亚利，2011；徐大伟等，2013；马爱慧，2015；朱红根和康兰媛，2016；么相姝等，2017；查爱萍等，2017）。

在问卷中，设置的双边界二分式 WTA 核心问题如图 4-1 所示。

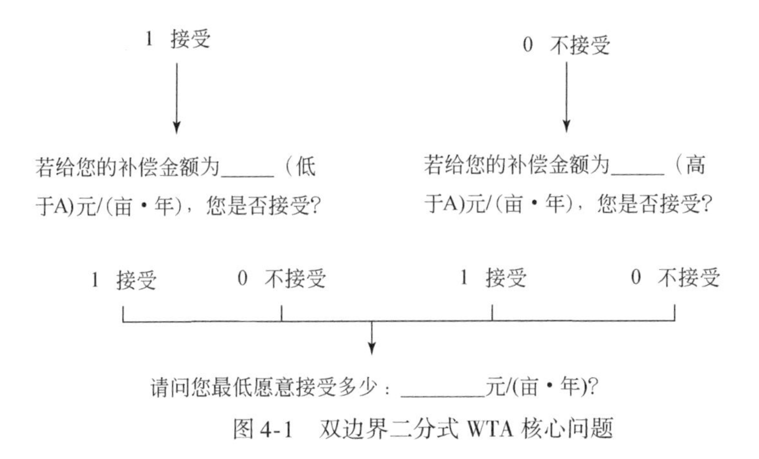

图 4-1　双边界二分式 WTA 核心问题

投标值的确定主要基于目前该地区实际补偿标准［48.3 元/(亩·年)］和经济发展水平，并咨询领域内专家，最终确定为 7 个：40、55、80、120、135、160 和 200。

因此，基于双边界二分式 CVM 的居民 WTA 的核心问题中，对被访者设立 3 个标值，分别为初始投标值T^0、更低投标值T^L和更高投标值T^U。对于初始投标值T^0，被访者选择“接受”或“不接受”。这样如果被访者选择“接受”即接受T^0，那么会继续询问被访者是否接受一个更低的投标值T^L；反之，若被访者选择“不接受”即不接受T^0，则会询问被访者是否接受一个更高的投标值T^U。如此被访者的两次回答，一共会产生四种结果：“接受-接受”（Y-Y）、“接受-不接受”（Y-N）、“不接受-接受”（N-Y）、“不接受-不接受”（N-N），这样通过计算可以得到这四种结果的概率：

$$P_i(\text{Y-Y}) = 1-\frac{1}{1+\exp\left(\alpha+\beta T_i^{L}+\sum\gamma_k X_{ki}\right)} \tag{4.3}$$

$$P_i(\text{Y-N}) = \frac{1}{1+\exp\left(\alpha+\beta T_i^{L}+\sum\gamma_k X_{ki}\right)}-\frac{1}{1+\exp\left(\alpha+\beta T_i^{0}+\sum\gamma_k X_{ki}\right)} \tag{4.4}$$

$$P_i(\text{N-Y}) = \frac{1}{1+\exp\left(\alpha+\beta T_i^{0}+\sum\gamma_k X_{ki}\right)}-\frac{1}{1+\exp\left(\alpha+\beta T_i^{U}+\sum\gamma_k X_{ki}\right)} \tag{4.5}$$

$$P_i(\text{N-N}) = \frac{1}{1+\exp\left(\alpha+\beta T_i^{U}+\sum\gamma_k X_{ki}\right)} \tag{4.6}$$

式中，P_i(Y-Y)、P_i(Y-N)、P_i(N-Y)、P_i(N-N) 分别表示受访者回答“接受-接受”（Y-Y）、“接受-不接受”（Y-N）、“不接受-接受”（N-Y）、“不接受-不接受”（N-N）的概率；X_{ki}为可能影响受访者 i 的 WTA 的社会经济特征；α、β、

γ_k 为待估参数。

这样，得到双边界二分式情形下的对数似然方程为

$$L^S = \sum_{i=1}^{n} (D_i \ln P_i(Y) + (1 - D_i) \ln (1 - P_i(Y))) \tag{4.7}$$

$$L^D = \sum_{i=1}^{n} (D_i^{Y\text{-}Y} \ln P_i(Y\text{-}Y) + D_i^{Y\text{-}N} \ln P_i(Y\text{-}N) + D_i^{N\text{-}Y} \ln P_i(N\text{-}Y) + D_i^{N\text{-}N} \ln P_i(N\text{-}N)) \tag{4.8}$$

式中，虚拟变量$D_i^{Y\text{-}Y}$、$D_i^{Y\text{-}N}$、$D_i^{N\text{-}Y}$、$D_i^{N\text{-}N}$为受访者 i 的回答结果（若选择“接受-接受”则$D_i^{Y\text{-}Y}=1$，则$D_i^{Y\text{-}N}=D_i^{N\text{-}Y}=D_i^{N\text{-}N}=0$；以此类推）。

通过最大似然法估计出参数 α、β、γ_k，则可以推断出受访者的平均 WTA。

$$\text{WTA} = \frac{\alpha + \sum \gamma_k X_k}{-\beta} \tag{4.9}$$

当因变量的类别在三类及以上且分类之间无序次关系时，需要运用多分类 Logistic 模型。其中任意第 i 类水平，将概率化为 logit 的话，为 $\text{logit}\left(\frac{P_i}{1-P_i}\right)=b_{i0}+b_{i1}x_1+b_{i2}x_2+\cdots+b_{in}x_n$。

这样对每个模型都获得一组系数（b_{i0}，b_{i1}，b_{i2}，…，b_{in}），得到的系数含义为在控制其他自变量的条件下，某一自变量一个单位的变化对某一水平相对参照类的对数发生比的影响。

这样，针对社区居民 WTA 的双边界二分式调查共存在“接受-接受”(Y-Y)、“接受-不接受”(Y-N)、“不接受-接受”(N-Y)、“不接受-不接受”(N-N)四种类别，没有固定的次序，所以将其分别赋值为“接受-接受”(Y-Y) =1、“接受-不接受”(Y-N) =2、“不接受-接受”(N-Y) =3、“不接受-不接受”(N-N) =4，并以“不接受-不接受”(N-N)为参照类，建立多分类的 Logistic 模型：

$$\text{logit}\left(\frac{P(y=\text{Y-Y} \mid x)}{(y=\text{N-N} \mid x)}\right)=b_{10}+b_{11}x_1+b_{12}x_2+\cdots+b_{1n}x_n \tag{4.10}$$

$$\text{logit}\left(\frac{P(y=\text{Y-N} \mid x)}{(y=\text{N-N} \mid x)}\right)=b_{20}+b_{21}x_1+b_{22}x_2+\cdots+b_{2n}x_n \tag{4.11}$$

$$\text{logit}\left(\frac{P(y=\text{N-Y} \mid x)}{(y=\text{N-N} \mid x)}\right)=b_{30}+b_{31}x_1+b_{32}x_2+\cdots+b_{3n}x_n \tag{4.12}$$

2. 指标选择和定义

根据 CVM 方法及理论，引入被访者的一些社会经济特征，包括体现个人特征的年龄、性别、受教育年限、政治面貌、健康状况、工作类别等，劳动力人口数、家庭总收入、农林业收入占比、耕地面积、距离最近县城的距离、区域性、

所在功能区、对公园的认知、是否支持的态度，以及初始投标值等变量（表4-6），构建了双边界二分式CVM的Logistic多元回归模型。

表4-6 回归模型变量说明

变量	代码	定义	变量	代码	定义
年龄	x_1	实际年龄（年）	农林业收入占比	x_9	2017年家庭农林业收入占家庭总收入的比例（%）
性别	x_2	男=1，女=0	耕地面积	x_{10}	实际耕地面积（亩）
受教育年限	x_3	实际上学时间（年）	距离最近县城的距离	x_{11}	居住地距离最近县城的实际距离（千米）
政治面貌	x_4	中共党员=1，其他=0	区域性	x_{12}	长虹镇=1，其他=0
健康状况	x_5	健康且具备劳动力=1，其他=0	所在功能区	x_{13}	传统利用区=1，其他=0
工作类别	x_6	农林种养业=1，其他=0	对公园的认知	x_{14}	生态保护=1，其他=0
劳动力人口数	x_7	家庭实际具有劳动力人口数（口）	是否支持的态度	x_{15}	支持=1，不支持=0
家庭总收入	x_8	2017年家庭总收入（万元）	初始投标值	x_{16}	给出的初始投标值[元/(亩·年)]

3. 结果分析

与模型中仅含截距相比，加入各变量后模型的-2对数似然值从648.553降低为527.143，卡方值为121.410，显著性p值为0.000，说明加入变量后的模型要比截距模型好。进一步对单变量进行似然比检验，以检验每一自变量与因变量之间有无关系。结果表明，在1%的显著水平下，农林业收入占比、区域性、所在功能区、对公园的认知及初始投标值等变量具有显著统计学意义；在5%的显著水平下，年龄、性别呈现显著统计学意义。从整体来看，这些自变量中，至少存在一个自变量与因变量显著相关。对通过似然比检验的变量进行建模，结果如表4-7所示。

与“不接受-不接受”（N-N）情况相比，三个对比模型中，系数为正表示在其他变量不变的情况下，变量每增加一个单位，其接受或者不接受一个更低或更高投标值的可能性会提高，而系数为负责表明其接受或者不接受一个更低或更高投标值的可能性会降低。

（1）“接受-接受”（Y-Y）模型

通过显著性检验的有家庭劳动力人口数、农林业收入占比、区域性、所在功能区、对公园的认知和初始投标值。家庭劳动力人口数系数为负并在10%的显著水平下显著，表明家庭劳动力人口数越多，其接受一个更低投标值的 WTA 越低，原因在于劳动力人口数增加，就业压力大，WTA 越低。所在功能区系数为负并在 1% 的显著水平下显著，表明非传统利用区的社区居民接受一个更低投标值的 WTA 更低，原因在于传统利用区的社区居民还可以继续进行生产生活的传统资源利用，但其他功能区（如核心保护区、生态保育区等）生产生活的资源利用情况受限程度高。区域性系数为正并在 1% 的显著水平下显著，表明与长虹镇相比，其他镇的社区居民对更低 WTA 的意愿更高。长虹镇的一般自然村多处于游憩展示区，个体工商业主更多，社会经济发展更好，对更高 WTA 的意愿更高。农林业收入占比系数为正并在 1% 的显著水平下显著，家庭农林业越重要，其接受更低 WTA 的可能性更高。农林业主们更依赖和看重自己的辛勤劳动，相比非农收入的人他们的 WTA 意愿更低。对公园的认知系数为负且在 1% 的显著水平下显著，表明认为公园建立目的是生态保护的居民，接受更低 WTA 的可能性更大。初始投标值的系数为正并在 1% 的显著水平下显著，表明初始投标值越高，接受更低 WTA 的可能性越大。

（2）“接受-不接受”（Y-N）模型

通过显著检验的有家庭劳动力人口数和农林业收入占比两个变量。其中家庭劳动力人口数系数为正且在 5% 的显著水平下显著，表明家庭劳动力人口数越多，其拒绝更低投标值的可能性越高，原因同上文。农林业收入占比系数为负且在 5% 的显著水平下显著，表明农林业为主的家庭其拒绝一个更低投标值的可能性更低。

（3）“不接受-接受”（N-Y）模型

年龄、区域性、对公园的认知和初始投标值通过了显著性检验。其中，年龄系数为正且在 5% 的显著水平下显著，表明年龄越大的人接受更高投标值的 WTA 更高，因为年龄越大的人身体状况越差，劳动能力越低，越愿意得到更多来减少其劳动。区域性系数为正并在 5% 的显著水平下显著，表明与长虹镇相比，其他镇的社区居民对更高 WTA 的意愿更高。原因同上文。对公园的认知系数为负且在 5% 的显著水平下显著，表明认为公园建立目的是生态保护的居民，接受更高投标值的 WTA 的可能性更低。可能原因在于对公园目的是生态保护的认可度高，认为这是长久惠民的好事，因此可以接受更低的补偿。初始投标值的系数为负并在 5% 的显著水平下显著，表明相比“不接受-不接受”情况来说，这里初始投标值越高，接受更高 WTA 的可能性越小，即不接受一开始较低的投标值，但能接受稍高的投标值。

表 4-7　模型估计结果

双边界二分式投标意愿	变量	B	标准误	瓦尔德	显著性	exp(B)
Y-Y	常数	-1.709	1.282	1.777	0.183	
	x_1	0.023	0.015	2.527	0.112	1.024
	x_2	-0.466	0.521	0.799	0.371	0.628
	x_7	-0.234	0.136	2.936	0.087 *	0.792
Y-Y	x_8	0.011	0.024	0.201	0.654	1.011
	x_9	2.327	0.727	10.24	0.001 ***	10.25
	x_{12}	1.413	0.493	8.233	0.004 ***	4.109
	x_{13}	-1.273	0.401	10.063	0.002 ***	0.28
	x_{14}	-2.145	0.565	14.407	0.000 ***	0.117
	x_{16}	0.011	0.003	13.717	0.000 ***	1.012
Y-N	常数	-4.09	1.736	5.548	0.019 **	
	x_1	0.007	0.017	0.151	0.697	1.007
	x_2	-1.166	0.778	2.247	0.134	0.312
	x_7	0.2	0.174	4.319	0.020 **	1.221
	x_8	0.02	0.022	0.83	0.362	1.021
	x_9	-0.354	1.453	6.059	0.021 **	0.702
	x_{12}	-0.709	0.462	2.358	0.125	0.492
	x_{13}	0.97	1.067	0.825	0.364	2.637
	x_{14}	0.078	0.718	0.012	0.913	1.081
	x_{16}	0.005	0.004	1.032	0.31	1.005
N-Y	常数	-9.219	3.428	7.232	0.007 ***	
	x_1	0.093	0.038	6.146	0.013 **	1.098
	x_2	-1.252	0.962	1.692	0.193	0.286
N-Y	x_7	0.175	0.33	0.279	0.597	1.191
	x_8	0.007	0.047	0.022	0.883	1.007
	x_9	-2.98	3.769	0.625	0.429	0.051
	x_{12}	2.33	0.936	6.189	0.013 **	10.275
	x_{13}	1.662	1.373	1.466	0.226	5.271
	x_{14}	-2.593	1.143	5.145	0.023 **	0.075
	x_{16}	-0.017	0.008	4.777	0.029 **	0.983

注：参考类别为“不接受-不接受（N-N）”。

* $p<0.1$；** $p<0.05$；*** $p<0.01$。

最终，利用上述模型的估计结果，计算得到 WTA 为 155.37 元/(亩·年)。该结果略高于通过问卷直接询问到的最低 WTA 的平均值 135.09 元/(亩·年)。

4. 结论与讨论

结合双边界二分式CVM与Logistic多元回归模型，基于问卷调查分析了钱江源国家公园体制试点区社区居民生态补偿的受偿意愿及其影响因素，并计算了支付意愿，主要结论如下。

第一，估算出的钱江源国家公园周边社区居民生态补偿的WTA为155.37元/(亩·年)，若以户计算，乘以户均30亩，则每户WTA为4661.1元/(户·年)，远高于目前该地实施的生态补偿，这为未来该地区国家公园生态补偿标准的制定、保障社区居民权益提供了定量参考。

第二，根据公式：

$$E(\mathrm{WTP}) = \sum_{i=0}^{399} A_i P_i \quad (4.13)$$

式中，$E(\mathrm{WTP})$ 为钱江源国家公园地区农户每户每年支付意愿金额；A_i 为支付额；P_i 为受访者选取该数值的概率；i 为支付意愿分布编号，本书中 $i = 0, 1, 2, \cdots, 399$。经计算，钱江源国家公园地区的农户支付意愿金额至少为95元/(户·年)。

第三，居民社会特征、居住地所在区位及认知和态度与补偿意愿的关系表明，受访者的家庭特征（如家庭劳动力人口数、农林业收入占比、所在区位等）比个人特征在其补偿意愿决策上表现得更加重要。

第四，受访者对国家公园的认知也影响其WTA的选择。多数受访者认可钱江源国家公园建设的优先目标是“生态保护”，并且存在这种认知的受访者其WTA也会降低。然而，仍然存在部分社区居民对国家公园认识不清楚，因此需要进一步加强国家公园的宣传教育工作，提升居民生态环保意识和认知，以获取社区居民对国家公园建设发展更大的支持和认可。

关于方法与过程的相关讨论如下。

(1) 双边界二分式CVM方法的应用

双边界二分式CVM方法目前在研究WTA、WTP及资源价值评估方面得到广泛应用，尽管该方法还存在不足，但仍不失为一种重要有效的方法，能够明显减少受访者的偏差（张昆，2016）。以往的多数研究采用CVM中的开放式或支付卡的方式来获取受访者的WTA，但这样难以获取受访者真实的意愿（么相姝等，2017）。

浙江属于经济发达省份，调查区域的社区居民的心理价格会与浙江省整体社会经济发展情况进行比较，在一定程度上会导致其心理预期WTA的增长。本书运用双边界二分式的询价方式，通过模拟市场交易中的“讨价还价”促进了受访者对WTA的深刻思考，有利于反映更客观真实的生态补偿受偿意愿偏好情况。

该方法设置了不同的初始投标值，结果表明不同的初始投标值对受访者的 WTA 也呈现了不同的显著影响。本书最终得到的远高于目前该地实际生态补贴标准的 WTA 实证补偿结果也验证了该方法具有一定的合理性和真实性。

（2）生态补偿标准的确定

依据条件价值评估法作为典型的陈述偏好法，以希克斯提出的效用恒定为基础的福利经济学理论为依据，通过构建假想市场，询问人们因福利水平改变而愿意支付（WTP）或愿意接受（WTA）的货币补偿量，估计得出了钱江源国家公园地区的农户每户每年生态补偿标准金额是 4566 元（其中钱江源国家公园地区的农户每户每年支付意愿金额至少为 95 元，钱江源国家公园地区的农户每户每年受偿意愿金额至少为 4661 元）。

生态补偿标准金额=农户每户每年受偿意愿金额至少为 4661 元-农户每户每年支付意愿金额至少为 95 元=4566 元。

基于以上对于钱江源生态服务全价值评估和居民社会生态意愿补偿的调查，将钱江源国家公园生态补偿标准确定为一个区间，上限为 2005 年钱江源国家公园区域设立自然保护区等保护机构至 2018 年生态资源资产价值的增加值，下限为根据农户调研意愿确定的标准，即补偿标准为［19 113 元，4566 元］。

（3）“家庭”特征对 WTA 的重要影响

通过对 WTA 的影响因素建模分析，发现受访居民的个人特征（如性别、政治面貌等）对 WTA 的影响不再显著，而受访者的家庭特征（如家庭劳动力人口数、农林业收入占比、所在区位等）在 WTA 选择上表现得更加重要。类似研究如喻永红（2015）在对重庆万州退耕还林农户的接受意愿影响因素分析中，也发现在其构建的双边界二分式 CVM 模型中，家庭特征因素（如家庭劳动力人口数、种植业为主）在农户保持退耕还林的决策中更加重要。这也是由于本书运用的双边界二分式的调查方式，通过“讨价还价”促进了受访者对 WTA 的深刻思考，使得受访者更加理智、全面地从整体家庭利益而非个人角度出发去考虑问题。这表明未来钱江源国家公园社区居民的生态补偿，要重视周边社区居民家庭特征的重要性。

（三）生态补偿方式梳理

在按照国家公园生态系统全价值对受偿主体进行补偿时，实践中，常见的补偿支付方式有现金补偿、实物补偿、技术补偿、政策补偿、产业补偿等方式。

1. 现金补偿

国家公园生态补偿中，现金补偿是最普遍也是生态系统服务提供者最乐于接受的一种补偿方式，具体可以包括补偿金、减税退税、信用贷款、捐款及补贴等形式。因为生态系统服务的提供者为了保证服务的提供需要改变土地的利用方式和传统的生产模式，如退耕、禁牧等，这就会导致其收入的减少，通过现金补偿可以弥补其收入损失。因此，对生态系统服务的提供者来说，现金补偿是最保险也是最现实的补偿方式。但对于一些农村地区而言，出于生计的考虑，单一的现金补偿会使生态系统服务提供者失去生计来源，而且有可能产生盲目消费等不良影响。

2. 实物补偿

实物补偿是生态系统服务的购买者利用一些实物，如种苗、机械设备、劳动力、土地或粮食等，对受偿者进行补偿，改善其生活状况，并达到增强其生产能力的目的。这种针对受偿者进行补偿的方式有助于改善物质使用效率，如在退耕还林中使用粮食对退耕户进行补偿等。这种实物补偿对退耕户来讲具有重要的意义，是其维持基本生活的根本，也保障着退耕还林工程的顺利进行。在国家公园生态补偿中，核心保护区地区为了维护国家公园生态系统服务和功能，会放弃一些发展机会，包括减少农作物的种植面积，导致核心保护区地区农民收入减少，生活压力增加，国家可以对核心保护区进行实物补偿，给予粮食等生活必需品，从而保障核心保护区居民的基本生活，鼓励其进行国家公园生态恢复和建设。

3. 技术补偿

技术补偿是指生态系统服务的受益者运用智力服务，给予无偿的技术咨询和指导。对生态建设的规划、选种、种植方式等给予一定的技术支持。技术补偿是国家公园生态补偿中最具有积极意义的补偿方式。国家公园生态建设是一项复杂的系统工程，涉及经济学、管理学、生态学、地理学、法学等多学科的交叉，对于技术水平的要求较高，国家公园的受偿地区相对落后的科学技术难以满足生态建设的需要。因此，根据补偿地区和受偿地区的技术差异，对受偿地区提供相关的技术支持，促进受偿地区生态建设，提高社会经济发展的技术水平，并有力保障国家公园生态建设的顺利进行。技术补偿可以采用技术转移的方式，把补偿地区的先进技术转移到受偿地区，提高受偿地区的技术水平，如节能环保技术等。技术补偿还可以采用技术引进的方式，从其他技术成熟先进的发达地区引进技术，提高流域经济落后地区的技术水平。技术补偿是一种共赢共利、共生共荣的补偿方式，具有可持续性。

4. 政策补偿

政策补偿中所指的具体政策可包括资源开发政策、产业发展政策以及资金筹集政策等。在项目投资、产业发展及财政税收等方面加大对受偿地区的支持力度和优惠待遇，促进受偿地区经济发展并筹集补偿资金。利用制度和政策资源对生态环境保护的受损者进行补偿非常重要，尤其是在资金缺乏，经济较为落后的国家公园的部分地区。“给政策，就是一种补偿”。例如，对节能环保型产业的发展可以给予一定的政策优惠，在几年内免于征税或者征收较低的税，在用地方面给予一定的优惠，降低其生产成本，鼓励这类产业的发展；对于一些效益好但对环境有污染的工业项目，应该利用政策导向鼓励其放弃这样的项目，并利用相关的政策补偿，鼓励发展其他环境友好型产业。

5. 产业补偿

产业补偿一般来讲是生态系统服务的受益者协助生态服务提供者发展替代产业，抑或是辅助发展无污染的产业。可以借鉴由于经济发展的梯度差异而引起的产业转移现象，通过发展具体的产业项目实现对受偿地区的补偿。壮大和发展国家公园受偿地区的产业，增强受偿地区的持续生存能力，进一步减小不同地区之间的差异，最终改善受偿地区人民的生活水平。承接产业转移通常需要具备两个条件：第一，地理空间上毗邻转移地和承接地；第二，两个区域具有一定的产业梯度。对于受偿地区而言，首先要建立好产业转移及承接的平台，从而整合上中下游劳动力密集型、资源密集型与高技术低污染型产业，最终形成产业集群。这种产业政策对于跨省的国家公园操作起来相对困难，对于省内国家公园相对比较容易，尤其是对市域内国家公园产业政策的发展空间比较大，政策操作成本相对较小。

具体的生态补偿支付方式如表 4-8 所示。

表 4-8 生态补偿方式

生态补偿类型	生态补偿方式	具体补偿方式举例
输血型	现金补偿	补偿金、减税退税、信用贷款等
	实物补偿	种苗、机械设备、劳动力等
造血型	技术补偿	技术转移、技术引进等
	政策补偿	税收减免、政策优惠等
	产业补偿	发展绿色产业等

（四）钱江源国家公园生态补偿支付方式的选择

按照补偿的效果，可以将补偿分为“输血型”补偿和“造血型”补偿两大类。在以上五种补偿方式中，现金补偿和实物补偿属于“输血型”补偿，技术补偿、政策补偿和产业补偿属于“造血型”补偿。“输血型”补偿的优点是使生态系统服务的购买者具有极大的灵活性，缺点是补偿资金有可能转化成消费支出，同时生态系统服务的提供者还要面临通货膨胀的危险；政府和生态系统服务的购买者（受益者）通过技术、项目或政策支持等措施将补偿转换为技术项目用于受偿区域属于“造血型”补偿。这种补偿方式有利于生态系统服务提供者（受损者）摆脱贫困，建立可持续生计，帮助其建立替代产业或给予政策上的支持，并建立有效的、可持续的自我发展机制。“造血型”的补偿方式是第一位的方式，可以使得到的外部补偿逐渐转化为自我发展能力的提高。“造血型”补偿的缺点是受偿方没有灵活的支付能力，而且很难找到项目合适的投资主体。由于“输血型”补偿和“造血型”补偿各有其优缺点，因此应综合运用两类补偿方式。

党的十九大报告着眼于“加快生态文明体制改革，建设美丽中国”，提出要“建立市场化、多元化生态补偿机制”，实质就是要使市场在资源配置中起决定性作用和更好发挥政府作用。作为生态补偿机制改革的重要组成部分，推行政府向社会力量购买生态服务，是解决生态服务质量效率不高、规模不足和发展不平衡等突出问题的有效途径。欧洲国家是 20 世纪 80 年代公共服务民营化改革的前沿阵地，其在生态服务市场化供给演进中积累的丰富经验，无疑可为我国生态购买实践提供有益借鉴。此外，居民对补偿操作形式的接受意愿也应作为最终补偿方式和途径选择的重要因素。

1. 欧洲同类别国家公园生态补偿的经验

欧盟是世界上将市场机制引入生态服务供给领域成效最为显著的地区之一。20 世纪 80 年代以前，欧盟国家强调生态服务政府供给职能的角色定位。随着经济危机对欧盟国家财政的负面影响愈发突出，新公共管理运动的爆发推动了生态服务政府供给演替为政府向企业、社会组织或个人购买。经过 30 多年的探索实践，欧盟国家政府购买生态服务的内容日益丰富，囊括建筑物清扫服务、排污和垃圾处理服务、环保与类似服务等，基本形成于法有据、方式灵活、标准明确、程序规范的政府购买生态服务制度。

经过多年的生态购买实践，欧盟国家按照“政府采购、市场竞争、合同管理、奖惩并举”原则，日益形成颇具规范化的生态购买程序。①依法制定生态购买计划。包括欧盟层级的环境敏感区计划、农业环境计划、森林行动计划等，以及德国生态农业计划、法国农田休耕计划、芬兰南部森林生物多样性计划等成员国中央政府和地方政府层级的生态购买计划。其最大的特点在于，根据不同区域和不同类型生态服务的市场供求状况，以体系化生态购买法律制度为依据，详细规定了购买的内容、方式、数量、质量、价格、期限、权责利以及环境影响评价等内容。②通过竞标机制择定承接主体。欧盟国家通过竞标机制择定符合资质的社会组织、企业或个人作为生态服务承接主体。首先，政府向社会发布生态购买计划来表达生态购买需求，社会组织、企业或个人根据经营状况自愿选择是否参与并反馈参与计划的土地面积和意愿价格。其次，政府邀请专家对生态服务价值进行评估和打分。最后，递交竞标结果，供求双方反复磋商谈判直至确定购买价格。③强化合同管理。“社会应当通过认真提前规划和阻止潜在的有害行为来寻求避免对环境的破坏”的风险防范原则，是体系化生态购买法律制度的内在要求。欧盟国家在与社会组织、企业或个人达成自愿协议后，建立由政府、私人土地所有者、非政府组织、社会公众以及其他利益相关者组成的保护合作网络，执行过程监督、管理、协调等服务功能，如德国国家公园评估组由联邦和州国家公园管理部门、有关公园、非政府组织、协会等组成并定期对公园进行评估；欧盟监测委员会还对每个欧盟层级的生态购买计划设定财政和非财政的监测指标，并根据成员国每年提交的生态建设评估报告进行动态监测和管理。④实施奖惩并举制度。欧盟国家生态购买计划多为 10—30 年的长期合同，为保证预期目标的顺利实现，欧盟及其成员国根据全生命周期绩效评价结果，采取按效付费和按级定罚相结合的奖惩并举制度进行考核。从按效付费来看，主要根据合同约定的生态标准等级进行结果考核，并支付相应的补偿。从按级定罚来看，以过程考核和结果考核为依据，综合违约程度和生态环境影响程度对违约者实施惩罚，包括追还已付补贴及利息、预扣应付补贴所得税、终止补贴、补贴的 10% 作为额外的惩罚以及 2 年内禁止参与其他生态购买计划等。

钱江源国家公园的特点是集体土地多，居民分布较为分散，大多数农民平时种植水稻及少量经济林，自产自销，部分农民从事蔬菜生产、加工，第二、三产业不发达，与欧洲国家公园较为相似，欧洲国家在生态服务市场化供给演进中积累的丰富经验，可为钱江源国家公园生态补偿方式的选择提供有益借鉴。

2. 钱江源国家公园原住民生态补偿途径接受意愿

通过对钱江源国家公园的实地调查的结果（表 4-9）表明，在愿意接受生态补偿的居民中，76. 94% 的受访者认为现金补偿的方式最好，16. 54% 的人选择技术补偿。选择其他补偿方式，例如政策补偿和搬迁补偿等的农户只有 6. 52% 。

表 4-9　试点区补偿方式选择调查结果

补偿方式	份数	比例/%
现金补偿	307	76.94
技术补偿	66	16.54
搬迁补偿	10	2.51
异地土地补偿	8	2.01
政策补偿	7	1.75
实物补偿	1	0.25

从对钱江源国家公园居民的调查结果可以看出，现金补偿是国家公园地区的居民最愿意接受的一种补偿方式。实物补偿在一定程度上与现金补偿类似。技术补偿是除了现金补偿以外受访者最乐于接受的一种补偿方式。

通过调查还发现，大部分居民希望政府能提供产业扶持和政策优惠等相关措施，但同时他们认为，这样的产业政策不能代替现金补偿和实物补偿。由此可以看出钱江源国家公园的居民在补偿方式选择上的心理：现金补偿可以弥补直接损失，保证稳定的生活水平，是一种比较可靠的补偿方式。其他“造血型”补偿方式虽然能增强未来的发展潜力，但不确定因素较多，所以大部分受访者宁愿选择现金补偿的方式。

3. 钱江源国家公园生态补偿支付方式的确定

从以上钱江源国家公园地区的居民对补偿方式的选择可以看出，钱江源国家公园的生态补偿方式应该是一种复合式的，而非单一的补偿方式。现金补偿是居民最愿意接受的一种方式，这种“输血型”的补偿方式在补偿的初期阶段必不可少，但这种方式对钱江源国家公园整体发展的帮助非常有限，很难促进国家公园的可持续发展。结合欧洲生态补偿经验，以及钱江源国家公园自身发展能力相对较差的状况，可以选择“输血型”与“造血型”相结合的补偿方式，可选择的补偿方式如下。

（1）现金补偿/实物补偿+技术补偿

现金补偿是当地居民最乐意接受的补偿方式，依据问卷调查以及 CVM 确定的生态补偿的金额是 4566 元/（户·年），在进行现金补偿（外加实物补偿）的同时进行技术补偿。技术补偿是政府根据钱江源国家公园试点区的技术差异，对钱江源国家公园提供相关的技术支持，促进钱江源国家公园试点区的生态建设，提高社会经济发展的技术水平，并有力保障国家公园生态建设的顺利进行。技术补偿可以采用技术转移的方式，把补偿地区的先进技术转移到受偿地区，提高受偿地区的技术水平，如环保技术等。技术补偿还可以采用技术引进的方式，从其他技术成熟先进的发达地区引进技术，提高流域经济落后地区的技术水平。如组织培训学习，加强从业人员的培训工作，包括法律法规、餐饮卫生、消防安全、生态环保业务知识培训等，提高服务水平。组织生态农业、生态林业经营者和技术人员参加技术培训，组织人员考察学习先进的栽培、养殖和管理经验。积极推进村民与高等院所科研项目对接，在特色品种选育、育苗（栽培）基质研发、生物有机肥生产、病虫害无公害防治、良种组织培养、丰产栽培等方面实现科技创新；学习其他成功的品牌营销策略，加大品牌建设和营销力度。技术补偿是一种共赢共利、共生共荣的补偿方式，具有可持续性，可以有效弥补现金补偿的缺陷。

（2）现金补偿/实物补偿+产业补偿

在每年每户4566元的现金补偿外，产业补偿是生态系统服务的受益者协助生态服务提供者发展替代产业，抑或是辅助发展无污染的产业。结合农业供给侧改革指导意见，通过设立钱江源国家公园体制试点区改变社区以往传统、单一、小而散的土地利用和农业生产方式，发展生态农业、生态林业和乡村旅游业，合理引导、有序发展社区产业，实现产业多元化和产业升级，为社区与生态保护之间矛盾提供解决方案和发展路径。如①建立生态农业：在何田乡传统利用区重点养殖清水鱼，推广钱江源国家公园体制试点区十大名菜。清水鱼品牌现已享誉浙江省内外，开化县以何田乡清水鱼养殖法为标准颁布了省级标准，规范品牌经营与管理。另外专门成立了清水鱼协会，指导并规范居民养殖。何田乡政府还专门引进清水鱼养殖人才，予以人才补贴与奖励。清水鱼养殖是何田乡旅游发展和社区参与的有效途径。②建立创业农业：农业技术创新发展以及农业功能拓展为传统农业转型为观光农业、休闲农业、精致农业和生态农业奠定基础。创意产业即将科技和人文要素融入农业生产，拓展农业功能、整合资源，把传统农业发展为融生产、生活、生态为一体的现代农业。试点区适宜发展创意农业的主要区域分布在长虹乡和何田乡。长虹乡拓展农业摄影、农产品采摘、油菜花观赏等活动。何田乡发展垂钓、清水鱼鱼宴品尝等。继续覆盖农产品设计、研发、育种、收购、加工、储运、销售。开创农业主题特色、季节景观策划，如“油菜花开季”“龙顶采茶节”“油茶开榨节”“清水鱼宴”等农业活动文化节品牌，通过口碑式宣传提升知名度和市场占有率。③建立生态林业：生态林业发展方针即要因地制宜，采取以林为主的综合发展，并立足本地产品和资源，形成多层次、多品种、粗精结合的加工业体系。试点区各类生态公益林品种在传统利用区、传统利用区与游憩展示区内也有大量分布。传统利用区居民可选择油茶、毛竹等维护生物物种栖息地发展林下经济，在维护核心保护区功能基础上促进村民增收；还可以选择花卉等与所在乡村形成独特景观，弥补传统利用区产业类型不同的不足。传统利用区与游憩展示居民可适度发展生态林业，但同样注意生态环保并提高森林对调节生态环境的整体功能；充分发挥森林效应和互补作用，协调互利关系，维护生态功能与经济效益的同步性。④建立乡村旅游：试点区内大量存在的历史文化民村、古建筑小镇，以及农业村落都是发展乡村旅游、开展乡村体验、休闲、度假活动的适宜场所。还有部分乡村具备较好的接待能力与接待基础，农家乐发展已初具基础。统一规划和合理布局乡村旅游，使具有区位优势和一定经营基础的农户率先发展成为农家乐示范单位。在试点区进行产业补偿，可以有效为当地居民提供工作岗位，避免仅仅是现金补偿带来的负面影响。

(3) 技术补偿+政策补偿/退耕还林

实施技术补偿，树立钱江源国家公园体制试点区生态旅游品牌，实行社区共建共享，协同发展，培育社区产品标签、社区公益教育等品牌，形成一定规模的生态产业。学习成功的产业链构建方式：推进产业链发展，鼓励农户在传统利用区创建“农业生产—农产品开发—乡村旅游—农产品加工出售等”立体经营模式。政策补偿中所指的具体政策可包括资源开发政策、产业发展政策以及资金筹集政策等。鼓励农户全面参与到与生态旅游相关的各项特许经营项目，优先给予搬迁农户参与经营项目的权利。对于在试点区范围内从事特许经营的予以一定金融贷款和税收优惠，建立利益分配机制，保障农户收入。对于农户家庭中学历层次较高且愿意在试点区内从事工作的人员予以特殊扶持政策，如优先安排子女上学等，鼓励社区居民广泛参与试点区教育培训或文化建设活动。通过技术补偿和政策补偿相结合，通过政策补偿可以提高当地居民的教育水平，从而更好地接受当地的技术引进和学习。

(4) 技术补偿+产业补偿

实施技术补偿，可以通过学习鼓励支持发展的产业提高技术水平，如生态农业、生态林业等。通过技术学习，在进行产业发展时可以更快地使产业进入快速发展阶段。可以对鼓励支持发展的产业进行奖励补贴：对生态农业的补助，在保持生物多样性的基础上，通过除草、劈杂灌木、施有机肥等农艺措施，培养老茶树、生产老树茶等，经申报验收合格的，每年给予补贴；在适宜推广清水鱼及特种水产养殖的村民点，使用健康养殖技术和模式。新建清水鱼塘，经申报和验收合格的，进行奖励补助。对生态林业进行补助。对于在生态保育区、传统利用区新发展油茶良种基地、红花油茶基地连片 10 亩以上，经验收合格的，进行补助。对开展低产低效林基地改造连片 10 亩以上，实施垦复施肥，经验收合格的，进行奖励补助；实施低产低效林良种化改造，经验收合格的，进行奖励补助。将技术补偿和产业补偿相结合，通过学习鼓励发展的产业的相关技术，可以促进产业快速发展，提高当地居民的生活水平。

四、钱江源国家公园下游政府对上游政府的生态补偿

流域生态是生态环境中的一个重要组成部分，随着流域资源开发速度的加快，以及流域社会发展对水资源和电力资源需求的不断增加，流域生态环境保护和修复面临的压力也越来越大。要有效解决流域生态保护与经济协调发展的问题，促进全流域经济社会可持续发展，就必须建立流域生态补偿机制。生态补偿是指通过对损害（或保护）环境资源的行为进行收费（或补偿），提高该行为的成本（或收益），从而激励损害（或保护）行为的主体减少（或增加）因其行为产生的外部不经济性（或外部经济性），达到保护环境资源的目的。流域生态补偿是基于生态补偿的概念发展衍生而来的，是指根据流域生态系统的服务价值、生态保护成本以及发展机会成本，运用政府和市场手段，调节生态保护利益相关者之间利益关系的制度。目前，我国部分流域已经开展了生态补偿实践，安徽、浙江两省政府对钱塘江上游的新安江流域从 2012 年起试点上下游政府的生态保护与补偿联动，中国首个跨省流域生态补偿机制试点——新安江流域生态补偿机制试点工作拉开帷幕。2017 年，浙江省人民政府也出台了省内流域上下游横向生态保护补偿机制的若干意见，调动了流域上下游地区生态保护积极性，建立省内流域上下游横向生态保护补偿机制，形成了“成本共担、效益共享、合作共治”的流域保护和治理长效机制，流域生态环境质量得到明显改善。学者们也对此展开了研究：尚海洋等（2016）、金淑婷等（2014）对石羊河流域生态补偿标准的域值空间、受偿意愿和环境收益参照等进行了深入研究；王俊燕等（2017）、麻智辉和高玫（2013）、杨爱平与杨和焰（2015）以新安江流域为例，对跨省流域的生态补偿机制进行了探讨；周映华（2008）、彭晓春等（2010）对东江流域生态补偿存在的问题和面临的障碍进行了分析，并提出了完善的政策建议。目前，虽然流域生态补偿实践已取得一定成效，但是仍然存在着补偿主体不明、补偿标准过低、补偿责任不清等问题，尤其是流域上下游地方政府在各自利益的驱使下，形成了典型的博弈特征。基于此，本书以流域生态补偿为研究对象，构建了演化博弈模型。

（一）演化博弈模型的构建

博弈论，又称对策论，是研究决策主体的行为发生直接相互作用时的决策以及这种决策的均衡问题的理论。博弈论模型可以从 5 个方面来进行描述，即 $G=\{P, A, S, I, U\}$，其中，P 是指参与人，即博弈中的决策者；A 是指策略，即决策者采取的行动方案；S 是指进程，即博弈进行的次序；I 是指信息，即决策

者所掌握的信息完全程度；U 是指获益，即参与人获得的利益。

传统的博弈模型是建立在参与人完全理性的基础上，即在任何情况下，参与人对环境的变化都能做出最优策略。演化博弈模型是将一般博弈模型与动态演化过程相结合，探究人在有限理性和信息不完全的情况下，在长期反复博弈的过程中对策略进行不断调整，最终形成演化稳定均衡。流域上下游地方政府针对生态补偿标准和方式的确定，无法一次达成一致，需要在长期的博弈过程中对策略进行不断调整，最终形成均衡。因此，运用演化博弈模型来研究流域上下游政府之间的博弈行为更符合实际。

1. 模型构建的假设条件

1）假定流域的上下游地方政府都是理性人，而且对于流域内的污染做到了权责分明。

2）上游的地方政府有保护环境的义务，而且因保护环境增加了成本。

3）流域环境对下游地区的生产生活具有重要的影响，下游愿意支付环境保护产品，对上游地区进行生态补偿。

2. 模型构建的参数

1）流域上游政府采取［保护，不保护］策略，流域下游政府采取［补偿，不补偿］策略。

2）上游政府和下游政府的初始收益为 P_1、P_2。

3）上游政府因保护环境所增加的成本为 OC。

4）因上游政府进行环境保护，下游政府进行生态补偿的额度为 EC，下游政府获得的生态收益为 EI。

因此，流域上下游政府的收益矩阵如表 4-10 所示。

表 4-10　流域上下游政府的收益矩阵

下游政府	上游政府	
	保护	不保护
补偿	（P_1-OC+EC，P_2+EI-EC）	（P_1+EC，P_2-EC）
不补偿	（P_1-OC，P_2+EI）	（P_1，P_2）

3. 稳定策略分析

假设上游政府选择对流域进行保护策略的概率为 x_1，则其对流域不保护的概率为 $1-x_1$；下游政府选择对上游进行补偿策略的概率为 x_2，则其对上游不补偿的概率为 $1-x_2$。上游政府选择流域保护策略的期望收益为 U_{11}，选择不保护策略的

期望收益为 U_{12}，上游政府平均期望收益为 $\overline{U}_1$；下游政府选择补偿的期望收益为 U_{21}，选择不补偿策略的期望收益为 U_{22}，下游政府平均期望收益为 $\overline{U}_2$。则

$$U_{11}=x_2\ (P_1-\mathrm{OC}+\mathrm{EC})\ +\ (1-x_2)\ (P_1-\mathrm{OC}) \tag{4.14}$$

$$U_{12}=x_2\ (P_1+\mathrm{EC})\ +\ (1-x_2)\ P_1 \tag{4.15}$$

$$\overline{U}_1=x_1U_{11}+\ (1-x_1)\ U_{12} \tag{4.16}$$

$$U_{21}=x_1\ (P_2+\mathrm{EI}-\mathrm{EC})\ +\ (1-x_1)\ (P_2-\mathrm{EC}) \tag{4.17}$$

$$U_{22}=x_1\ (P_2+\mathrm{EI})\ +\ (1-x_1)\ P_2 \tag{4.18}$$

$$\overline{U}_2=x_2U_{21}+\ (1-x_2)\ U_{22} \tag{4.19}$$

由式(4.14)~式(4.16) 可以得到上游政府采取流域保护策略的复制动态方程为

$$F_1\ (x_1)\ =\frac{\mathrm{d}x_1}{\mathrm{d}t}=x_1\ (U_{11}-\overline{U}_1)\ =-\mathrm{OC}x_1\ (1-x_1) \tag{4.20}$$

由式(4.17)~式(4.19) 可得到下游政府采取对上游补偿策略的复制动态方程为

$$F_2\ (x_2)\ =\frac{\mathrm{d}x_2}{\mathrm{d}t}=x_2\ (U_{21}-\overline{U}_2)\ =-\mathrm{EC}x_1\ (1-x_2) \tag{4.21}$$

根据 Friedman 提出的雅可比（Jacobi）矩阵对流域上、下游政府博弈的复制动态系统进行均衡点的稳定分析，其雅可比矩阵为

$$\boldsymbol{J}=\begin{pmatrix}\dfrac{\partial F_1\ (x_1)}{\partial x_1} & \dfrac{\partial F_1\ (x_1)}{\partial x_2}\\[2ex] \dfrac{\partial F_2\ (x_2)}{\partial x_1} & \dfrac{\partial F_2\ (x_2)}{\partial x_2}\end{pmatrix} \tag{4.22}$$

假设［保护，补偿］成稳定的均衡，则（x_1，x_2）=（1，1）需满足
行列式为

$$\det.\boldsymbol{J}=\frac{\partial F_1\ (x_1)}{\partial x_1}\frac{\partial F_2\ (x_2)}{\partial x_2}-\frac{\partial F_1\ (x_1)}{\partial x_2}\frac{\partial F_2\ (x_2)}{\partial x_1}=\mathrm{OC}\cdot\mathrm{EC}>0 \tag{4.23}$$

进为

$$\mathrm{tr}.\boldsymbol{J}=\frac{\partial F_1\ (x_1)}{\partial x_1}+\frac{\partial F_2\ (x_2)}{\partial x_2}=\mathrm{OC}+\mathrm{EC}<0 \tag{4.24}$$

因为 OC、EC 为正值，所以式(4.24) 显然不成立，说明若只依靠流域上下游政府之间的策略来选择，则无法实现［保护，补偿］这一稳定局面。

（二）引入上级政府监管的流域生态补偿演化博弈模型

在流域上下游政府完全自由选择的情况下，要实现流域可持续的最优策略［保护，补偿］的稳定均衡是不可能的。因此，必须依靠外力，即引入上级政

府，建立约束机制，对流域上下游政府进行有效监督，对其决策行为进行干预，才能保证流域生态补偿的实施，并实现［保护，补偿］的稳定均衡局面。

上级政府对流域上下游正度的监督机制为：若流域上下游的行为选择为［保护，不补偿］，即流域上游政府选择对流域生态进行保护策略，而下游政府却对流域上游不给予补偿，则上级政府可对下游政府进行经济惩罚，处罚金为 M；若流域上、下游的行为选择为［不保护，补偿］，即下游政府对上游政府进行生态补偿，而上游政府却不对流域进行生态保护，则上级政府对上游政府进行经济惩罚，处罚金为 M。引入上级政府监管机制后的流域上下游演化博弈模型的支付矩阵如表 4-11 所示。

表 4-11　监管机制下流域上下游政府的支付矩阵

下游政府	上游政府	
	保护	不保护
补偿	$(P_1-\mathrm{OC}+\mathrm{EC},\ P_2+\mathrm{EI}-\mathrm{EC})$	$(P_1+\mathrm{EC}-M,\ P_2-\mathrm{EC})$
不补偿	$(P_1-\mathrm{OC},\ P_2+\mathrm{EI}-M)$	$(P_1,\ P_2)$

此时，流域上下游政府博弈的复制动态方程为

$$F'_1(x_1)=\frac{\mathrm{d}x_1}{\mathrm{d}t}=x_1(U'_{11}-\overline{U'_1})=x_1(1-x_1)(x_2M-\mathrm{OC}) \tag{4.25}$$

$$F'_2(x_2)=\frac{\mathrm{d}x_2}{\mathrm{d}t}=x_2(U'_{21}-\overline{U'_2})=x_2(1-x_2)(x_1M-\mathrm{EC}) \tag{4.26}$$

其雅可比矩阵为

$$\boldsymbol{J}=\begin{bmatrix}(1-2x_1)(x_2M-\mathrm{OC}) & Mx_1(1-x_1)\\ Mx_2(1-x_2) & (1-2x_2)(x_1M-\mathrm{EC})\end{bmatrix} \tag{4.27}$$

在上级政府监督机制下，保证最优策略［保护，补偿］为稳定均衡点，则需满足

$$\det.\boldsymbol{J}(1,1)=(M-\mathrm{OC})(M-\mathrm{EC})>0 \tag{4.28}$$

$$\mathrm{tr}.\boldsymbol{J}(1,1)=-[(M-\mathrm{OC})+(M-\mathrm{EC})]<0 \tag{4.29}$$

将式(4.28)和式(4.29)联立方程组，可求解得

$$M>\mathrm{OC}\quad 且\quad M>\mathrm{EC}$$

也就是说，上级政府对流域上下游政府违背合作协议的惩罚金额度要高于流域上游进行生态保护的成本，也要高于流域下游的生态补偿额度。

（三）基于钱江源流域的实证分析

1. 流域生态补偿模型估算

安徽、浙江两省政府对钱塘江上游的新安江流域从 2012 年起试点上下游政

府的生态保护与补偿联动，以水质“约法”，共同设立环境补偿基金。若年度水质达到考核标准（$p \leq 1$），则浙江拨付给安徽1亿元（人民币，下同）；若年度水质达不到考核标准（$p > 1$），则安徽拨付给浙江1亿元，专项用于新安江流域治理。根据“关键污染因子超标赔偿法”确定处罚金 M，其计算公式如下：

$$M = \sum_{i=1}^{3} (V_{si} - V_{mi}) Q P_i \tag{4.30}$$

式中，V_{si}为第 i 类特征污染物达到Ⅱ类水质标准限值；V_{mi}为第 i 类特征污染物的断面监测值；Q 为断面出水量；P_i 为第 i 类特征污染物超标赔偿标准。

2017年，西湖断面的高锰酸盐指数、氨氮、总磷3项因子的年均排放量分别为0.908毫克/升、0.058毫克/升和0.024毫克/升，上游的年出境水量为5.684亿亩，由此计算得到的 M 等于394.81万元。而钱塘江流域上游的黄山休宁地区进行生态保护增加的成本OC为81 472.01万元/年。流域下游的杭州市向上游顺位城市进行的生态补偿额度EC为1000万元/年左右，即上游地区进行生态补偿的成本OC和下游政府进行生态补偿的额度EC要远远高于上级政府制定的处罚金 M。在这种情况下，钱江流域上下游政府的最优策略［保护，补偿］很难达到稳定均衡，这也是安徽、浙江两省实施流域生态补偿机制以后，其流域水质仍未得到明显改善的原因。

2. 流域生态补偿改进措施

钱塘江流域生态是钱江源国家公园生态环境中重要的组成部分，随着流域资源被开发，流域生态环境的压力剧增，实施流域生态补偿是解决这一问题的有效途径。以上通过构建演化博弈模型，对流域上下游政府在实施生态保护和补偿过程中的博弈行为进行了分析，从而得出：在上级政府监管下，流域上下游政府做出的最优策略［保护，补偿］才能得以稳定均衡，而且上级政府对流域上下游政府违背协议进行惩罚的处罚金要高于流域上游进行生态保护的成本，也要高于流域下游的生态补偿金。

位于钱塘江上游的新安江流域虽然建立了生态补偿机制，但是因政府制定的处罚金是根据“关键污染因子超标赔偿法”来确定的，处罚力度显然太小，导致流域生态补偿效果并不显著。本书受条件所限，只以西湖断面1年的特征污染物监测数据为依据来计算政府进行监督处罚的力度，其说服力也不强，因此，在后期仍需做进一步的探讨研究，以制定出合理的处罚金额度。最后，为了保证流域内生态环境得到大幅度的改善，综合上述分析，提出以下建议。

1）建立流域上下游政府信息共享平台，避免上下游政府因信息不对称而在博弈过程中出现“囚徒困境”，导致［不保护，不补偿］的错误选择。

2）科学制定生态补偿额度和处罚金，生态补偿额度决定了流域上下游合作的可行性，因此，要确定合理的补偿额度，既能弥补上游因生态保护所增加的成本，同时又在下游地区可接受的范围；而上级政府制定处罚金要高于生态保护成本和生态补偿的额度，才能保证上下游形成稳定的［保护，补偿］策略。

3）建立专门的生态补偿法律法规，用以规范流域上下游的合作协议，保证上级政府监管机制得到有效执行。

五、钱江源国家公园体制试点区对域内企业的生态补偿

试点区内无工矿企业，无小造纸、小水泥、小化工等高能耗高污染企业，少数石矿开采点、木材粗加工点在试点前已被全部关停，水体、大气、声学以及土壤状况良好，生态环境的优势突出。试点区内分布企业主要为9座水电站（涉及生态保育区的4座，游憩展示区的5座）和散布于居民点内农村个体茶叶加工点和家庭工业，仅影响了居住环境。

目前，为了全面贯彻落实习近平生态文明思想和关于国家公园建设的新要求，切实维护钱江源国家公园范围内自然生态系统的原真性和完整性，助力钱江源国家公园体制试点建设，积极稳妥推进钱江源国家公园范围内水电站整治工作，结合实际情况，钱江源国家公园管理局、开化县人民政府联合印发了《钱江源国家公园范围内水电站整治工作实施方案》，按照“生态优先，保护第一；问题导向，分类处置；依法依规，合理补偿；防范风险，维护稳定”的原则，妥善处理小水电开发与河流生态保护的关系，减少水电建设对自然生态系统的干扰和破坏，避免水电站关停退出对生态环境造成二次破坏。按照“共性问题统一尺度、个性问题一站一策”的思路和“保育区内小水电必须退出，游憩展示区、传统利用区内小水电必须整改”的要求，科学合理确定水电站分类处置办法。合理确定整改方案或退出水电站的补偿方式、补偿金额，保护水电站业主合法权益。

处置方案如下：

1）退出类电站处置方案：拆除发电厂发电主辅设备为主，保留集镇供水设施，设定好生态流量排放标准，继续发挥水库防洪、灌溉及径流调节作用。共6座电站列入退出类。

2）整改类电站整改方案：制定“一站一策”，完善环境影响评价等有关审批手续，完成固废及危险废物机油处置、科学核定并下泄生态流量，实行生态流量监测（监控）等，促进小水电绿色转型发展。

补偿金及奖励资金按资产评估价值在电站移交后付清。

六、钱江源国家公园体制试点区对域内其他自然保护机构和法人的生态补偿

根据中共中央办公厅、国务院办公厅2017年9月印发的《建立国家公园体制总体方案》(以下简称《方案》)，准确确定国家公园空间布局。统筹考虑自然生态系统的完整性和周边经济社会发展的需要，合理划定单个国家公园范围。国家公园建立后，在相关区域内一律不再保留或设立其他自然保护地类型。2020年，钱江源国家公园体制试点区作为第一批试点基本建设完成，整合设立为国家公园，按照《方案》要求，公园建立后区域内不再保留或设立其他自然保护地类型，届时将出台整合方案，其范围内的国有林场、森林公园、自然保护区、风景名胜区等其他自然保护地类型将取消，并整合资源资产权属、人员和经费，故不存在相互间的补偿关系。

第五章　国家公园体制试点区政策供给与多利益主体行为模式评价

一、研 究 方 法

近些年，钱江源国家公园体制试点区居民“靠山吃山”的生活方式有了较大调整，但在自然资源传统利用方式与自然资源保护之间仍存在较多矛盾，政府管控执法成本高、成效不确定、难度大，不利于试点区长远发展。长期以来，试点区内用地布局松散、零乱；旧村改造滞后，老宅基地闲置，“空心村”现象较为严重；社区内生活与生产双重性明显，农村个体加工和家庭工业散布于居民点内，影响了生态环境；社区居民砍伐林木、种植苗木和经济作物，造成景观破坏和水土流失。由于钱江源国家公园体制试点区的规划建设，意味着农户放弃部分农业、林业等生活生产用途及其相应的收益的权利（虽然仍拥有林权，但是无采伐经营等权利），意味着生态补偿将成为补偿他们福利损失的重要策略。试点区批复建设后，地方政府积极推动，不仅成立了钱江源国家公园管理局（以下简称管理局），还陆续制定了居民调控、拆迁安置、地役权改革等多项措施，但同时资源管理、功能分区等也影响了试点区居民原来的生产生活，因此为了保障试点区未来建设发展成果，针对试点区主要利益相关者的行为响应及政策供给产生的影响进行研究。

本书采用理论分析与实证分析相结合、定性分析和定量分析相结合的方法进行研究。涉及的研究方法主要有以下几种：

（1）文献研究法

一方面，整理和归纳试点区自然资源和社会经济状况的资料搜集和整理；另一方面则是梳理和学习已有的政策影响评价、接受意愿模型、利益主体行为选择和响应等方面的研究成果，作为借鉴。

（2）问卷调查法

问卷包括三部分内容：居民对环境保护及试点区政策实施的影响的了解与感知；居民生态补偿认知及受偿意愿；居民的家庭人口信息，以开放式问题了解居民基本情况，收集居民家庭特征、收入支出、土地经营等情况。

（3）访谈座谈法

对试点区管理局负责人、地方政府有关人员、村集体及林业工作站管理工作人员就试点区管理现状、政策制定及实施情况、试点区改革进展及影响、未来发展前景和期望等进行访谈和座谈，获取第一手资料。

（4）统计计量方法

主要包括对问卷所回收的数据进行描述统计，并采用信度效度分析、主成分分析、因子分析、Logistic 多元回归等统计计量方法来实现研究目的。

二、国家公园体制试点区政策供给影响分析

（一）政策供给影响的评价内容

本书认为“影响”一词为中性词，既有“好的”影响也有“坏的”影响。这里共设计了 18 项试点区政策的“影响”评价内容，要求被访居民以 Likert 5 级量表（非常不同意、不同意、一般、比较同意、非常同意）来评分刻画自己的“认同程度”（表 5-1）。

表 5-1 试点区政策供给影响量表

政策影响	非常不同意	不同意	一般	比较同意	非常同意
	1	2	3	4	5
增加了工作及创业的机会					
带动旅游业发展，增加了收入					
增强环保意识，改变了居民传统的生活方式，引导绿色生活					
改善了当地基础设施建设					
吸引社会投资，促进开化县的社会经济发展					
保护本地传统文化，促进当地文化的对外宣传和传播					
提高了本地知名度					
促进本地历史古迹和文化保护					
更好地保护了钱江源和当地生态系统					
促进本地社区环境的美化					

续表

政策影响	非常不同意	不同意	一般	比较同意	非常同意
	1	2	3	4	5
提供了教育、科研的场所					
吸引了更多游客，造成车辆和人口拥挤、更多生活垃圾					
吸引了更多游客，打扰居民日常生活节奏					
是政府的事情，居民没有得到太多实惠					
占用更多集体土地资源，耕地减少					
有关的补助补偿不足，损害居民利益					
禁止采伐木材禁止打猎等，造成收入减少					
野生动物肇事增多，居民损失增加					

（二）信度效度分析

1. 信度分析

为保障试点区政策供给影响的数据的质量，需要先对政策影响的 Likert 量表进行信度分析。通常，量表数据信度的标准如下：Cronbach Alpha 若小于 0.6，认为数据的内部一致性比较差；Cronbach Alpha 若大于 0.6 且小于 0.8，认为数据的内部一致性比较好；Cronbach Alpha 若大于 0.8，认为数据的内部一致性最好。

通过计算本书所整理的问卷数据，得到如下结果：Cronbach Alpha 为 0.758，接近 0.8，认为试点区政策供给影响的数据的内部一致性较好。更进一步，对每一个政策影响进行分析，即删除题项后得到的每一个 Cronbach Alpha 的系数均与总体 Cronbach Alpha 比较接近，表明该量表数据具有良好的内部整体一致性，且能够明显区分“好的”和“坏的”影响。整体数据信度较好。

政策影响项总计统计如表 5-2 所示。

表 5-2　政策影响项总计统计

政策影响	删除题项后的标度平均值	删除题项后的标度方差	修正后的题项与总计相关性	删除题项后的 Cronbach Alpha
增加了工作及创业的机会	60.25	47.919	0.504	0.732
带动旅游业发展，增加了收入	59.91	47.585	0.523	0.730
增强环保意识，改变了居民传统的生活方式，引导绿色生活	59.46	49.847	0.543	0.734

续表

政策影响	删除题项后的标度平均值	删除题项后的标度方差	修正后的题项与总计相关性	删除题项后的Cronbach Alpha
改善了当地基础设施建设	59.66	49.104	0.480	0.736
吸引社会投资，促进开化县的社会经济发展	59.97	47.603	0.563	0.728
保护本地传统文化，促进当地文化的对外宣传和传播	59.60	48.454	0.622	0.727
提高了本地知名度	59.45	48.714	0.607	0.728
促进本地历史古迹和文化保护	59.54	48.628	0.605	0.728
更好地保护了钱江源和当地生态系统	59.24	50.396	0.502	0.737
促进本地社区环境的美化	59.29	51.096	0.412	0.743
提供了教育、科研的场所	60.20	49.464	0.378	0.744
吸引了更多游客，造成车辆和人口拥挤、更多生活垃圾	60.74	51.486	0.301	0.750
吸引了更多游客，打扰居民日常生活节奏	60.91	52.943	0.202	0.758
是政府的事情，居民没有得到太多实惠	60.54	57.042	-0.110	0.783
占用更多集体土地资源，耕地减少	60.13	54.732	0.061	0.768
有关的补助补偿不足，损害居民利益	59.94	56.042	-0.038	0.776
禁止采伐木材禁止打猎等，造成收入减少	59.87	53.008	0.159	0.762
野生动物肇事增多，居民损失增加	59.85	54.106	0.053	0.775

2. 效度分析

效度反映的是采用的测量手段能在多大程度上准确测量，即准确测量所测事物的有效程度。通常，问卷调查中量表的结构效度分析是最广泛、最有效的效度分析方法，所利用的便是利用因子分析的方法。

对试点区政策供给影响量表进行结构效度分析，应用因子分析得到KMO和Bartlett检验结果，考察该量表是否适合做因子分析。通常，KMO越大越适合进行因子分析：若KMO大于0.9，表示非常适合做因子分析；若KMO在0.8—0.9，表示比较适合做因子分析；若KMO在0.7—0.8，表示一般适合做因子分析；若KMO在0.6—0.7，表示不太适合做因子分析；若KMO在0.5—0.6，表示不适合做因子分析；若KMO小于0.5，表示非常不适合做因子分析。本书计算得到KMO为0.841，处于0.8—0.9，Bartlett球形检验卡方值为3140.251，自由度为153，在95%甚至99%的置信水平下显著（表5-3），表明总体的项目间存在共同因素，即项目间具有较强的相关性，也说明该量表结构效度较好。

表 5-3 KMO 和 Bartlett 检验

取样足够度的 KMO 度量	0.841
Bartlett 的球形检验近似卡方	3140.251
自由度	153
显著性	0.000

（三）政策影响的描述统计

将试点区政策影响程度的“非常不同意”“不同意”“一般”“比较同意”“非常同意”分别赋值1、2、3、4、5，样本数据结果表明，试点区政策所带来的正面影响的认同度较高，平均值3.76，即介于“一般”与“比较同意”之间；政策可能带来的负面影响的认同度平均值3.16，也介于“一般”与“比较同意”之间。整体说明，被访问的居民对试点区成立与建设政策所带来的影响（不论是正面影响还是负面影响）的认同度都较高。

具体看正面影响（表5-4），平均得分最高的是“更好地保护了钱江源和当地生态系统”（为4.20），其次是“促进本地社区环境的美化”（为4.16），之后是“提高了本地知名度”（为3.99），可以说被访居民对试点区政策在环境保护方面的认同度最高，其次是认为试点区政策的实行能够有效提高本地的知名度。平均分最低的正面影响包括“增加了工作及创业的机会”（为3.19）和“提供了教育、科研的场所”（为3.25），表明被访居民认为试点区政策的施行并不能或者说并没有有效促进就业、提供教育科研场所，这两个方面是正面影响认同度最低的方面，也是未来试点区发展需要弥补的“短板”。

具体看负面消极影响方面，平均得分最高的影响包括“野生动物肇事增多，居民损失增加”（为3.60）、“禁止采伐木材禁止打猎等，造成收入减少”（为3.58），说明被访者对政策实施产生的野生动物肇事及禁猎禁伐造成自身利益损失的负面影响等认同度较高。而“吸引了更多游客，打扰居民日常生活节奏”“吸引了更多游客，造成车辆和人口拥挤、更多生活垃圾”的平均得分分别是2.53和2.70，表明被访居民认为试点区政策对旅游可能带来的负面影响比较不认同，即认为政策施行，该地旅游的发展所产生的拥挤、垃圾等问题并不造成当地社区的困扰。

表 5-4 政策影响描述统计

政策影响	最小值	最大值	平均值	标准差	方差
增加了工作及创业的机会	1	5	3.19	1.053	1.110
带动旅游业发展，增加了收入	1	5	3.53	1.063	1.129
增强环保意识，改变了居民传统的生活方式，引导绿色生活	1	5	3.97	0.752	0.565
改善了当地基础设施建设	1	5	3.77	0.928	0.861
吸引社会投资，促进开化县的社会经济发展	1	5	3.47	1.001	1.003
保护本地传统文化，促进当地文化的对外宣传和传播	1	5	3.85	0.836	0.698
提高了本地知名度	1	5	3.99	0.825	0.681
促进本地历史古迹和文化保护	1	5	3.90	0.836	0.700
更好地保护了钱江源和当地生态系统	1	5	4.20	0.759	0.576
促进本地社区环境的美化	1	5	4.16	0.792	0.627
提供了教育、科研的场所	1	5	3.25	1.081	1.169
吸引了更多游客，造成车辆和人口拥挤、更多生活垃圾	1	5	2.70	0.932	0.870
吸引了更多游客，打扰居民日常生活节奏	1	5	2.53	0.898	0.807
是政府的事情，居民没有得到太多实惠	1	5	2.91	1.003	1.005
占用更多集体土地资源，耕地减少	1	5	3.31	0.914	0.835
有关的补助补偿不足，损害居民利益	1	5	3.51	0.94	0.883
禁止采伐木材禁止打猎等，造成收入减少	1	5	3.58	1.016	1.032
野生动物肇事增多，居民损失增加	1	5	3.60	1.172	1.374

（四）特征因子的差异性分析

分析被访者个人及社会特征因素对试点区政策影响的差异性，这里运用单因素方差分析方法分析不同的因子对因变量（即“政策影响”的认同）是否有影响。首先需要进行“方差齐性检验”，若结果表明方差是齐性的，则可以使用单因素方差分析，若方差是非齐性的，则不能使用单因素方差分析，得到的结果也是没有意义的；之后再进行多重比较。

最终，通过计算整理得到的结果如下。

1. 个人特征因子

（1）因子：性别——男、女

结果表明，性别仅在“提供了教育、科研的场所”存在显著的认同差异。其显著性 $p<0.05$，在 95% 的置信水平上显著。具体如表 5-5 所示。

表 5-5 “性别”对政策影响认同的影响

政策影响		平方和	自由度	均方	F	显著性
提供了教育、科研的场所	组间	5.030	1	5.030	4.344**	0.038
	组内	401.778	347	1.158		
	总计	406.808	348			

** $p<0.05$。

（2）因子：年龄——25 岁以下、26—35 岁、36—45 岁、46—55 岁、56—65 岁、66 岁及以上

结果表明，中老年（主要为 46—55 岁、56—65 岁、66 岁及以上的年龄段；尤其是 56—65 岁的年龄段）之间的受访者更易有显著的认同差异。主要包括“更好地保护了钱江源和当地生态系统”“促进本地社区环境的美化”“占用更多集体土地资源，耕地减少”“有关的补助补偿不足，损害居民利益”等政策影响。而青年阶段的 26—35 岁年龄段的受访者仅在“促进本地社区环境的美化”方面与 46—55 岁年龄段的受访者有显著认同差异，其 $p=0.045<0.05$。具体如表 5-6所示。

表 5-6 “年龄”对政策影响认同的影响

政策影响	对照	实验	平均值差值	标准误	显著性	95% 置信区间	
						下限	上限
更好地保护了钱江源和当地生态系统	46—55 岁	56—65 岁	0.237**	0.106	0.026	0.03	0.45
		66 岁及以上	0.225**	0.104	0.031	0.02	0.43
促进本地社区环境的美化	26—35 岁	46—55 岁	−0.577**	0.288	0.045	−1.14	−0.01
	46—55 岁	56—65 岁	0.261**	0.111	0.019	0.04	0.48
		66 岁及以上	0.226**	0.108	0.037	0.01	0.44
占用更多集体土地资源，耕地减少	46—55 岁	56—65 岁	−0.302**	0.128	0.019	−0.55	−0.05
有关的补助补偿不足，损害居民利益	46—55 岁	56—65 岁	−0.266**	0.132	0.045	−0.53	−0.01

** $p<0.05$。

（3）因子：政治面貌——群众、中共党员

结果表明，党员在“增加了工作及创业的机会”“提高了本地知名度”“促进本地历史古迹和文化保护”“是政府的事情，居民没有得到太多实惠”等政策影响与普通群众具有显著的认同差异。具体如表5-7所示。

表5-7 “政治面貌”对政策影响认同的影响

政策影响		平方和	自由度	均方	F	显著性
增加了工作及创业的机会	组间	12.507	1	12.507	11.616***	0.001
	组内	373.630	347	1.077		
	总计	386.137	348			
提高了本地知名度	组间	3.866	1	3.866	5.755**	0.017
	组内	233.108	347	0.672		
	总计	236.974	348			
促进本地历史古迹和文化保护	组间	6.601	1	6.601	9.669***	0.002
	组内	236.889	347	0.683		
	总计	243.490	348			
是政府的事情，居民没有得到太多实惠	组间	3.995	1	3.995	4.008**	0.046
	组内	345.885	347	0.997		
	总计	349.880	348			

** $p<0.05$；*** $p<0.01$。

（4）因子：受教育情况——文盲、小学、初中、高中/中专、本科/大专、硕士及以上

结果表明，受过高中/中专、本科/大专教育的受访者与未接受任何教育（文盲）及小学教育在多个政策影响的认同上存在显著差异，而初中教育的受访者在任一政策影响上与其他受访者均无显著性差异。即受访者的受教育程度对试点区政策带来或产生的影响呈现出明显的差异。

具体来看（表5-8），文盲与高中/中专的受访者在“增加了工作及创业的机会”“提高了本地知名度”“更好地保护了钱江源和当地生态系统”“促进本地社区环境的美化”“吸引了更多游客，打扰居民日常生活节奏”“是政府的事情，居民没有得到太多实惠”等影响存在显著的认同差异。文盲与本科/大专的受访者在“增加了工作及创业的机会”“提高了本地知名度”“促进本地社区环境的美化”“是政府的事情，居民没有得到太多实惠”“占用更多集体土地资源，耕地减少”存在显著的认同差异。小学与高中/大专的受访者在“增加了工作及创业的机会”“改善了当地基础设施建设”“提高了本地知名度”“更好地保护了钱江

源和当地生态系统”“促进本地社区环境的美化”等影响存在显著的认同差异。小学与本科/大专的受访者在“增加了工作及创业的机会”“增强环保意识，改变了居民传统的生活方式，引导绿色生活”“提高了本地知名度”“更好地保护了钱江源和当地生态系统”“促进本地社区环境的美化”“是政府的事情，居民没有得到太多实惠”“占用更多集体土地资源，耕地减少”等影响存在显著的认同差异。

表 5-8 “受教育情况”对政策影响认同的影响

政策影响	对照	实验	平均值差值	标准误	显著性	95%置信区间	
						下限	上限
增加了工作及创业的机会	文盲	高中/中专	-0.422***	0.155	0.007	-0.73	-0.12
		本科/大专	-0.764**	0.324	0.019	-1.40	-0.13
	小学	高中/中专	-0.339***	0.128	0.008	-0.59	-0.09
		本科/大专	-0.681**	0.312	0.030	-1.29	-0.07
增强环保意识，改变了居民传统的生活方式，引导绿色生活	小学	本科/大专	-0.513**	0.231	0.027	-0.97	-0.06
改善了当地基础设施建设	小学	高中/中专	-0.251**	0.117	0.033	-0.48	-0.02
提高了本地知名度	文盲	高中/中专	-0.300**	0.121	0.013	-0.54	-0.06
		本科/大专	-0.625**	0.252	0.014	-1.12	-0.13
	小学	高中/中专	-0.320***	0.100	0.001	-0.52	-0.12
		本科/大专	-0.645***	0.243	0.008	-1.12	-0.17
更好地保护了钱江源和当地生态系统	文盲	高中/中专	-0.228**	0.111	0.042	-0.45	-0.01
	小学	高中/中专	-0.298***	0.092	0.001	-0.48	-0.12
		本科/大专	-0.514**	0.224	0.023	-0.96	-0.07
促进本地社区环境的美化	文盲	高中/中专	-0.364***	0.116	0.002	-0.59	-0.14
		本科/大专	-0.639***	0.243	0.009	-1.12	-0.16
	小学	高中/中专	-0.205**	0.096	0.034	-0.39	-0.02
		本科/大专	-0.480**	0.234	0.041	-0.94	-0.02
吸引了更多游客，打扰居民日常生活节奏	文盲	高中/中专	0.308**	0.133	0.021	0.05	0.57

续表

政策影响	对照	实验	平均值差值	标准误	显著性	95%置信区间	
						下限	上限
是政府的事情，居民没有得到太多实惠	文盲	高中/中专	0.306**	0.146	0.037	0.02	0.59
		本科/大专	1.264***	0.305	0.000	0.66	1.86
	小学	本科/大专	1.160***	0.294	0.000	0.58	1.74
	高中/中专	本科/大专	0.958***	0.296	0.001	0.38	1.54
占用更多集体土地资源，耕地减少	文盲	本科/大专	0.708**	0.283	0.013	0.15	1.27
	小学	本科/大专	0.560**	0.273	0.041	0.02	1.10

** $p<0.05$；*** $p<0.01$。

(5) 因子：工作类别——农林牧渔种养业、自营工商业主、外出务工、兼业、村干部、其他

结果表明，与其他相比，村干部与兼业这两个类别有明显的认同差异，而自营工商业主的认同差异最不显著。

其中，村干部与非村干部（主要为农林牧渔种养业、外出务工、兼业）的受访者在“增加了工作及产业机会”“更好地保护了钱江源和当地生态系统”“促进本地社区环境的美化”“是政府的事情，居民没有得到太多实惠”“有关的补助补偿不足，损害居民利益”“野生动物肇事增多，居民损失增加”等政策影响有显著的认同差异。兼业者则与农林牧渔种养业、自营工商业主、外出务工人员在“更好地保护了钱江源和当地生态系统”“促进本地社区环境的美化”“野生动物肇事增多，居民损失增加”有显著的认同差异。具体如表5-9所示。

表5-9 “工作类别”对政策影响认同的影响

政策影响	对照	实验	平均值差值	标准误	显著性	95%置信区间	
						下限	上限
增加了工作及创业的机会	农林牧渔种养业	村干部	−0.678***	0.200	0.001	−1.07	−0.28
	外出务工	村干部	−0.550**	0.225	0.015	−0.99	−0.11
	兼业者	村干部	−0.459**	0.232	0.049	−0.92	0.00
更好地保护了钱江源和当地生态系统	农林牧渔种养业	兼业者	−0.442***	0.116	0.000	−0.67	−0.21
		村干部	−0.361**	0.143	0.012	−0.64	−0.08
	自营工商业	兼业者	−0.413**	0.198	0.038	−0.80	−0.02
	外出务工	兼业者	−0.365***	0.137	0.008	−0.63	−0.10

续表

政策影响	对照	实验	平均值差值	标准误	显著性	95%置信区间	
						下限	上限
促进本地社区环境的美化	农林牧渔种养业	兼业者	−0.524***	0.121	0.000	−0.76	−0.29
		村干部	−0.381**	0.149	0.011	−0.67	−0.09
	自营工商业	兼业者	−0.413**	0.206	0.046	−0.82	−0.01
	外出务工	兼业者	−0.365**	0.142	0.011	−0.64	−0.09
是政府的事情，居民没有得到太多实惠	农林牧渔种养业	村干部	0.656***	0.191	0.001	0.28	1.03
	外出务工	村干部	0.610***	0.214	0.005	0.19	1.03
	兼业	村干部	0.564**	0.221	0.011	0.13	1.00
有关的补助补偿不足，损害居民利益	兼业	村干部	0.478**	0.209	0.023	0.07	0.89
野生动物肇事增多，居民损失增加	农林牧渔种养业	自营工商业主	0.578**	0.280	0.040	0.03	1.13
		外出务工者	0.357**	0.169	0.035	0.03	0.69
		兼业者	0.362**	0.181	0.046	0.01	0.72
		村干部	0.507**	0.223	0.024	0.07	0.95

** $p<0.05$；*** $p<0.01$。

（6）因子：工作地点——本村、外地（本县、本市、本省、省外）

结果表明，在本村生活工作的受访者相比外地生活工作的受访者更认同面临“野生动物肇事增多、居民损失增加”的政策影响，其 $p=0.0037$，在95%的置信水平上显著，这与事实相符，具体如表5-10所示。

表5-10　“工作地点”对政策影响认同的影响

政策影响			平均值差值	标准误	显著性	95%置信区间	
						下限	上限
野生动物肇事增多，居民损失增加	本村	外地	−0.554***	0.265	0.0037	−1.07	−0.03

*** $p<0.01$。

（7）因子：对试点区政策的支持态度——不支持、支持

结果表明，受访者对试点区支持的态度在“带动旅游业发展，增加了收入”“增强环保意识，改变了居民传统的生活方式，引导绿色生活”“吸引社会投资，促进开化县的社会经济发展”“提高了本地知名度”“提供了教育、科研的场所”“吸引了更多游客，打扰居民日常生活节奏”等经济（旅游、投资）、环保、文化、教育方面的影响有显著的认同差异。这些影响的显著性 p 值均小于0.05，即

在95%的置信水平下具有统计学意义，具体如表5-11所示。

表5-11 “对试点区的支持”对政策影响认同的影响

政策影响		平方和	自由度	均方	F	显著性
带动旅游业发展，增加了收入	组间	20.919	1	20.919	19.512***	0.000
	组内	372.015	347	1.072		
	总计	392.934	348			
增强环保意识，改变了居民传统的生活方式，引导绿色生活	组间	4.423	1	4.423	7.505***	0.006
	组内	204.505	347	0.589		
	总计	208.928	348			
吸引社会投资，促进开化县的社会经济发展	组间	34.212	1	34.212	37.714***	0.000
	组内	314.779	347	0.907		
	总计	348.991	348			
提高了本地知名度	组间	15.338	1	15.338	24.014***	0.000
	组内	221.636	347	0.639		
	总计	236.974	348			
提供了教育、科研的场所	组间	13.829	1	13.829	12.211***	0.001
	组内	392.979	347	1.133		
	总计	406.808	348			
吸引了更多游客，打扰居民日常生活节奏	组间	5.212	1	5.212	6.560**	0.011
	组内	275.659	347	0.794		
	总计	280.871	348			

** $p<0.05$；*** $p<0.01$。

2. 家庭特征因子

(1) 因子：家庭人口数——1人、2—4人、5人及以上

结果表明，家庭人口数主要在“增加了工作及创业的机会”“带动旅游业发展，增加了收入”等正面影响及“是政府的事情，居民没有得到太多实惠”“有关的补助补偿太低，损害居民利益”“野生动物肇事增加，居民损失增加”等负面影响有显著差异。尤其是家庭人口数越多（5人及以上）与1人、2—4人在这些方面有明显的认同差异。

具体如表5-12所示，家庭人口总数为1人与5人及以上在“增加了工作及创业的机会”“带动旅游业发展，增加了收入”“野生动物肇事增加，居民损失增加”有显著的认同差异；2—4人与5人及以上在“增加了工作及创业的机会”“是政府的事情，居民没有得到太多实惠”“有关的补助补偿太低，损害居民利

益”“野生动物肇事增加，居民损失增加”有显著的认同差异。而家庭人口数 1 人与 2—4 人在各项政策影响上均没有显著差异。

表 5-12　“家庭人口数”对政策影响认同的影响

政策影响	对照	实验	平均值差值	标准误	显著性	95%置信区间	
						下限	上限
增加了工作及创业的机会	1 人	5 人及以上	0.627**	0.293	0.033	0.05	1.20
	2—4 人	5 人及以上	0.395**	0.159	0.013	0.08	0.71
带动旅游业发展，增加了收入	1 人	5 人及以上	0.667**	0.296	0.025	0.08	1.25
是政府的事情，居民没有得到太多实惠	2—4 人	5 人及以上	0.333**	0.152	0.029	0.03	0.63
有关的补助补偿不足，损害居民利益	2—4 人	5 人及以上	-0.389***	0.142	0.006	-0.67	-0.11
野生动物肇事增多，居民损失增加	1 人	5 人及以上	0.667**	0.327	0.042	0.02	1.31
	2—4 人	5 人及以上	0.359**	0.177	0.044	0.01	0.71

** $p<0.05$；*** $p<0.01$。

（2）因子：所在功能区位——核心保护区、生态保育区、游憩展示区、传统利用区、试点区外

结果具体如表 5-13 所示。居住地位于试点区不同功能区位的受访者对“增加了工作及创业的机会”“提高了本地知名度”“更好地保护了钱江源和当地生态系统”“促进本地社区环境的美化”“提供了教育科研的场所”“是政府的事情，居民没有得到太多实惠”“有关的补助补偿不足，损害居民利益”7 个不同政策影响的认同度有显著差异，而其他政策影响则没有显著差异。同时，“提高了本地知名度”“更好地保护了钱江源和当地生态系统”这两项影响均在核心保护区、生态保育区、游憩展示区三个区位存在显著差异；而“促进本地社区环境的美化”“提供了教育、科研的场所”“是政府的事情，居民没有得到太多实惠”这三项则是在这 5 个不同的区位之间均存在显著的认同差异；“有关的补助补偿不足，损害居民利益”则仅在核心保护区、生态保育区和试点区外的受访者之间存在显著的认同差异。

来自核心保护区与来自游憩展示区的被访者在“增加了工作及创业的机会”的认同平均值差值绝对值为 0.364，$p=0.048<0.05$，即在 95% 的置信水平下显著，而与生态保育区、传统利用区及试点区位外的受访者的认同则没有显著性差异。

表 5-13　“居住地所在的功能区位”对政策影响认同的影响

政策影响	对照	实验	平均值差值	标准误	显著性	95%置信区间	
						下限	上限
增加了工作及创业的机会	核心保护区	游憩展示区	0.364**	0.184	0.048	0.00	0.73
提高了本地知名度	核心保护区	生态保育区	0.376***	0.131	0.004	0.12	0.63
		游憩展示区	0.439***	0.143	0.002	0.16	0.72
更好地保护了钱江源和当地生态系统	核心保护区	生态保育区	0.323***	0.121	0.008	0.08	0.56
		游憩展示区	0.356***	0.132	0.007	0.10	0.61
促进本地社区环境的美化	核心保护区	生态保育区	0.408***	0.124	0.001	0.16	0.65
		游憩展示区	0.583*	0.135	0.000	0.32	0.85
		传统利用区	0.346**	0.152	0.023	0.05	0.64
	游憩展示区	试点区外	−0.417***	0.156	0.008	−0.72	−0.11
提供了教育、科研的场所	核心保护区	试点区外	−0.730***	0.227	0.001	−10.18	−0.28
	生态保育区	游憩展示区	0.394***	0.149	0.008	0.10	0.69
		传统利用区	0.561***	0.176	0.002	0.22	0.91
		试点区外	−0.439**	0.200	0.029	−0.83	−0.05
	游憩展示区	试点区外	−0.832***	0.212	0.000	−10.25	−0.42
	传统利用区	试点区外	−10.00***	0.232	0.000	−10.46	−0.54
是政府的事情，居民没有得到太多实惠	核心保护区	生态保育区	−0.494***	0.160	0.002	−0.81	−0.18
		游憩展示区	−0.435**	0.173	0.012	−0.78	−0.09
		传统利用区	−0.550***	0.195	0.005	−0.93	−0.17
		试点区外	−0.538**	0.214	0.013	−0.96	−0.12
有关的补助补偿不足，损害居民利益	试点区外	核心保护区	−0.418**	0.203	0.040	−0.82	−0.02
		生态保育区	−0.366**	0.179	0.041	−0.72	−0.01

** $p<0.05$；*** $p<0.01$。

（3）因子：家庭年收入——0.5 万元以下、0.5 万—1 万元、1 万—3 万元、3 万—5 万元、5 万—10 万元、10 万元及以上

结果表明，低收入与中等、高等收入水平存在显著的认同差异。具体来看，低收入（3 万元以下）与中等收入（5 万—10 万元）在“带动旅游业发展，增加了收入”“增强环保意识，改变了居民传统的生活方式，引导绿色生活”“改善了当地基础设施建设”“吸引社会投资，促进开化县的社会经济发展”“提供了教育、科研的场所”存在显著的认同差异，突出表现在在收入、投资等经济方面的影响。同时，0.5 万元以下的特低收入与高等收入（10 万以上）在“提高了本地知名度”“促进本地历史古迹和文化保护”“更好地保护了钱江源和当地生态系统”“促进本地社区环境的美化”“是政府的事情，居民没有得到太多实惠”等存在显著的认同差异，更突出表现在文化、环保方面。具体如表5-14所示。

表5-14 “家庭年收入”对政策影响认同的影响

政策影响	对照	实验	平均值差值	标准误	显著性	95%置信区间	
						下限	上限
增加了工作及创业的机会	10万元以上	0.5万—1万元	0.700***	0.232	0.003	0.24	1.16
		1万—3万元	0.457***	0.176	0.010	0.11	0.80
		5万—10万元	0.576***	0.178	0.001	0.23	0.93
带动旅游业发展，增加了收入	0.5万元以下	0.5万—1万元	0.688**	0.294	0.020	0.11	1.27
	0.5万—1万元	5万—10万元	−0.497**	0.226	0.028	−0.94	−0.05
		10万元以上	−0.628***	0.235	0.008	−1.09	−0.16
	3万—5万元	10万元以上	−0.418**	0.181	0.021	−0.77	−0.06
增强环保意识，改变了居民传统的生活方式，引导绿色生活	0.5万元以下	1万—3万元	0.598***	0.181	0.001	0.24	0.95
		3万—5万元	0.459**	0.182	0.012	0.10	0.82
	1万—3万元	5万—10万元	−0.309**	0.120	0.011	−0.54	−0.07
		10万元以上	−0.422***	0.129	0.001	−0.68	−0.17
改善了当地基础设施建设	0.5万—1万元	5万—10万元	−0.493**	0.202	0.015	−0.89	−0.10
		10万元以上	−0.536**	0.210	0.011	−0.95	−0.12
	1万—3万元	5万—10万元	−0.336**	0.148	0.024	−0.63	−0.04
		10万元以上	−0.379**	0.159	0.018	−0.69	−0.07
吸引社会投资，促进开化县的社会经济发展	1万—3万元	5万—10万元	−0.363**	0.157	0.021	−0.67	−0.06
		10万元以上	−0.498***	0.168	0.003	−0.83	−0.17
	3万—5万元	10万元以上	−0.401**	0.170	0.019	−0.74	−0.07
保护本地传统文化，促进当地文化的对外宣传和传播	3万—5万元	5万—10万元	−0.302**	0.132	0.023	−0.56	−0.04
	10万元以上	0.5万-1万元	0.366**	0.184	0.048	0.00	0.73
		1万—3万元	0.401***	0.140	0.004	0.13	0.68
		3万—5万元	0.486***	0.141	0.001	0.21	0.76
提高了本地知名度	5万—10万元	1万—3万元	0.252**	0.128	0.049	0.00	0.50
		3万—5万元	0.275**	0.130	0.035	0.02	0.53
	10万元以上	0.5万元以下	0.486**	0.197	0.014	0.10	0.87
		0.5万—1万元	0.381**	0.181	0.036	0.02	0.74
		1万—3万元	0.470***	0.137	0.001	0.20	0.74
		3万—5万元	0.493***	0.139	0.000	0.22	0.77

续表

政策影响	对照	实验	平均值差值	标准误	显著性	95%置信区间	
						下限	上限
促进本地历史古迹和文化保护	3万—5万元	5万—10万元	−0.331**	0.132	0.012	−0.59	−0.07
	10万元以上	0.5万元以下	0.405**	0.200	0.044	0.01	0.80
		1万—3万元	0.398***	0.140	0.005	0.12	0.67
		3万—5万元	0.507***	0.141	0.000	0.23	0.79
更好地保护了钱江源和当地生态系统	5万—10万元	0.5万元以下	0.420**	0.173	0.016	0.08	0.76
		1万—3万元	0.363***	0.116	0.002	0.13	0.59
		3万—5万元	0.335***	0.118	0.005	0.10	0.57
	10万元以上	0.5万元以下	0.543***	0.179	0.003	0.19	0.90
		0.5万—1万元	0.362**	0.165	0.029	0.04	0.69
		1万—3万元	0.487***	0.125	0.000	0.24	0.73
		3万—5万元	0.458***	0.127	0.000	0.21	0.71
促进本地社区环境的美化	5万—10万元	0.5万元以下	0.366**	0.181	0.044	0.01	0.72
		3万—5万元	0.277**	0.123	0.026	0.03	0.52
		10万元以上	−0.280**	0.128	0.029	−0.53	−0.03
	10万元以上	0.5万元以下	0.646***	0.187	0.001	0.28	1.01
		0.5万—1万元	0.516***	0.173	0.003	0.18	0.86
		1万—3万元	0.410***	0.131	0.002	0.15	0.67
		3万—5万元	0.557***	0.132	0.000	0.30	0.82
		5万—10万元	0.280**	0.128	0.029	0.03	0.53
提供了教育、科研的场所	0.5万—1万元	1万—3万元	−0.620***	0.234	0.008	−1.08	−0.16
		10万元以上	−0.579**	0.240	0.016	−1.05	−0.11
是政府的事情，居民没有得到太多实惠	5万—10万元	1万—3万元	−0.330**	0.156	0.035	−0.64	−0.02
	10万元以上	0.5万元以下	−0.624***	0.241	0.010	−1.10	−0.15
		1万—3万元	−0.525***	0.168	0.002	−0.86	−0.19
		3万—5万元	−0.392**	0.170	0.022	−0.73	−0.06

** $p<0.05$；*** $p<0.01$。

3. 社会特征因子

结果表明，来自长虹、何田和苏庄的受访者仅在“提高了本地知名度”“更好地保护了钱江源和当地生态系统”“促进本地社区环境的美化”“禁止采伐木材禁止打猎等，造成收入减少”4个政策影响认同度有显著差异。

具体是长虹与何田的受访者在“提高了本地知名度”“更好地保护了钱江源

和当地生态系统”“促进本地社区环境的美化”有显著的认同差异，长虹与苏庄的受访者仅在“促进本地社区环境的美化”有显著的认同差异，苏庄与何田的受访者仅在“禁止采伐木材禁止打猎等，造成收入减少”有显著的认同差异。从整体来看，长虹与何田的受访者在生态环境的政策影响认同与何田的受访者多呈现显著差异，苏庄之前木材收入是农户收入主要来源，对于禁伐的影响认同较大。同时，齐溪的受访者在上述的政策影响上与其他三个乡镇都没有显著性差异。如表 5-15 所示，来自长虹与来自何田的受访者在“提高了本地知名度”的认同平均值差值绝对值为 0.302，$p=0.009<0.05$，即在 95% 的置信水平下显著，而与齐溪的受访者对该影响的认同则没有显著性差异。

表 5-15　“所在乡镇”对政策影响认同的影响

政策影响	对照	实验	平均值差值	标准误	显著性	95%置信区间	
						下限	上限
提高了本地知名度	长虹	何田	-0.302**	0.116	0.009	-0.53	-0.07
更好地保护了钱江源和当地生态系统	长虹	何田	-0.254**	0.106	0.018	-0.46	-0.04
促进本地社区环境的美化	长虹	何田	-0.317***	0.110	0.004	-0.53	-0.10
		苏庄	-0.378**	0.166	0.023	-0.71	-0.05
禁止采伐木材禁止打猎等，造成收入减少	何田	苏庄	0.504**	0.224	0.025	0.06	0.94

** $p<0.05$；*** $p<0.01$。

综合这十个因子的单因素方差分析结果，不同的个人、社会特征因子影响受访者对试点区政策影响的认同情况，辨别这些特征因子有利于把握关键的因素，使政策供给与社区需求呈现对应吻合，实现双赢。

（五）政策供给影响的主成分分析

在用统计分析方法研究多变量的课题时，变量个数太多就会增加复杂性。人们自然希望变量个数较少而得到的信息较多。在很多情形下，变量之间是有一定的相关关系的，当两个变量之间有一定的相关关系时，可以解释为这两个变量反映此课题的信息有一定的重叠。主成分分析（principal component analysis，PCA）是通过正交变换将一组可能存在相关性的变量转换为一组线性不相关的变量，转换后的这组变量叫主成分。换句话说，主成分分析对于原先提出的所有变量，将重复的变量（关系紧密的变量）删去，建立尽可能少的新变量，使这些新变量是两两不相关的，而且这些新变量在反映课题的信息方面尽可能保持原有的信息。

为了更明确试点区政策实施带来的影响，运用主成分分析的方法来深入探究。首先计算公因子方差，结果如表 5-16 所示，除了“提供了教育、科研的场所”“是政府的事情，居民没有得到太多实惠”之外，其他影响项目的提取度都在 51%—83%，整体上可以认为这几个提取出的主成分对各个变量的解释能力比较强。再计算解释总方差得到各因素的方差贡献率和累计贡献率（表 5-17），选择特征根大于 1 的主成分，共得到 4 个主成分，第一个主成分的方差占所有主成分方差的 33.569%，大约占 1/3，而这四个主成分未旋转载荷方差累计贡献率为 63.540%，即这四个主成分能够解释 63.54% 的原始变量。

表 5-16　公因子方差

政策影响	代码	初始	提取
增加了工作及创业的机会	X_1	1.000	0.590
带动旅游业发展，增加了收入	X_2	1.000	0.737
增强环保意识，改变了居民传统的生活方式，引导绿色生活	X_3	1.000	0.549
改善了当地基础设施建设	X_4	1.000	0.510
吸引社会投资，促进开化县的社会经济发展	X_5	1.000	0.597
保护本地传统文化，促进当地文化的对外宣传和传播	X_6	1.000	0.691
提高了本地知名度	X_7	1.000	0.714
促进本地历史古迹和文化保护	X_8	1.000	0.722
更好地保护了钱江源和当地生态系统	X_9	1.000	0.705
促进本地社区环境的美化	X_{10}	1.000	0.685
提供了教育、科研的场所	X_{11}	1.000	0.301
吸引了更多游客，造成车辆和人口拥挤、更多生活垃圾	X_{12}	1.000	0.796
吸引了更多游客，打扰居民日常生活节奏	X_{13}	1.000	0.825
是政府的事情，居民没有得到太多实惠	X_{14}	1.000	0.339
占用更多集体土地资源，耕地减少	X_{15}	1.000	0.600
有关的补助补偿不足，损害居民利益	X_{16}	1.000	0.720
禁止采伐木材禁止打猎等，造成收入减少	X_{17}	1.000	0.691
野生动物肇事增多，居民损失增加	X_{18}	1.000	0.666

表 5-17　总方差解释

成分	初始特征值			提取载荷平方和			旋转载荷平方和		
	总计	方差百分比	累积/%	总计	方差百分比	累积/%	总计	方差百分比	累积/%
1	6. 042	33. 569	33. 569	6. 042	33. 569	33. 569	5. 760	31. 999	31. 999
2	2. 376	13. 198	46. 767	2. 376	13. 198	46. 767	2. 449	13. 605	45. 604
3	1. 859	10. 329	57. 096	1. 859	10. 329	57. 096	1. 879	10. 438	56. 042
4	1. 160	6. 444	63. 540	1. 160	6. 444	63. 540	1. 350	7. 498	63. 540
5	0. 967	5. 371	68. 911						
6	0. 845	4. 696	73. 607						
7	0. 797	4. 425	78. 032						
8	0. 636	3. 532	81. 564						
9	0. 589	3. 270	84. 833						
10	0. 486	2. 700	87. 534						
11	0. 441	2. 452	89. 986						
12	0. 353	1. 962	91. 948						
13	0. 300	1. 669	93. 617						
14	0. 269	1. 492	95. 109						
15	0. 265	1. 474	96. 583						
16	0. 243	1. 348	97. 931						
17	0. 214	1. 189	99. 120						
18	0. 158	0. 880	100. 000						

利用得到的主成分系数矩阵，可以得到各主成分在各变量上的载荷，同时由于通过主成分矩阵得到的主成分表达式中的各变量是标准化后的变量，再除以各自特征根的平方根换算得到各主成分的原始数值，最终得到四个主成分的计算式如下。

$$F_1=(0.645X_1+0.636X_2+0.736X_3+0.683X_4+0.704X_5+0.805X_6+0.817X_7+0.830X_8+0.747X_9+0.683X_{10}+0.520X_{11}+0.138X_{12}-0.011X_{13}-0.284X_{14}-0.111X_{15}-0.145X_{16}+0.054X_{17}-0.053X_{18})/\sqrt{6.042}$$

$$F_2=(-0.263X_1-0.296X_2-0.087X_3-0.092X_4-0.165X_5-0.104X_6-0.043X_7-0.086X_8+0.117X_9-0.081X_{10}-0.109X_{11}+0.081X_{12}+0.112X_{13}+0.442X_{14}+0.737X_{15}+0.832X_{16}+0.805X_{17}+0.312X_{18})/\sqrt{2.376}$$

$$F_3=(0.135X_1+0.177X_2+0.021X_3-0.132X_4+0.132X_5+0.154X_6+0.093X_7+0.059X_8-0.17X_9-0.223X_{10}-0.031X_{11}+0.878X_{12}+0.896X_{13}+0.25X_{14}-0.196X_{15}-0.038X_{16}-0.037X_{17}+0.028X_{18})/\sqrt{1.859}$$

$$F_4=(0.293X_1+0.461X_2+0.10X_3+0.134X_4+0.24X_5-0.09X_6-0.191X_7-0.15X_8-0.324X_9-0.404X_{10}+0.134X_{11}+0.003X_{12}+0.097X_{13}+0.002X_{14}+0.074X_{15}-0.076X_{16}+194X_{17}+0.752X_{18})/\sqrt{1.16}$$

第一主成分 F_1 中，变量 X_1 到 X_{11} 的系数都较大，都是试点区国家公园建立实施政策的正向的积极影响，可看作政策正影响的综合指标，包括就业增加、收入提高、文化保护、环境提升改善；第二主成分 F_2 中，则以土地资源减少、补偿不足、收入减少等政府主动行为导致失去居民一些资源被动的减少等变量系数较大，可以看作是资源减少的综合指标；第三主成分 F_3 中，以“游客”增加所带来的消极影响的系数较大，可以看作是游客负影响的综合指标；在第四主成分 F_4 中，只有“野生动物肇事”引起的损失的系数最大，可看作是野生动物肇事指标。即四个主成分分别表示正影响、资源减少、游客负影响、野生动物肇事来反映社区居民对建立国家公园的政策供给影响的评价和态度。

三、国家公园体制试点区政策支持意愿分析

（一）居民政策认知及态度

从整体来看，对试点区的社区宣传还存在不足，存在部分居民仍不知道自己居住所在地被划入试点区，更不用说被划到试点区的哪个功能区。约 7 成受访者表示对国家公园的功能有一定的了解，但非常了解的很少。具体如表 5-18 所示，被访者中 91.7% 的受访者表示自己知道自己生活所在地被划为钱江源国家公园体制试点区，但仍有 8.3% 的表示不知道。即使在知道的受访者中，认为自己了解（比较了解、非常了解）试点区功能的占 42.5%，表示非常了解的仅 14 人，比较了解的有 122 人，分别占样本总量的 4.0% 和 35.0%，分别占“知道”的 4.4% 和 38.1%。表示非常不了解的有 12 人，占“知道”的 3.8%，不太了解的有 63 人，占“知道”的 19.7%，表示了解程度一般的有 109 人，占“知道”的 34.0%。

表 5-18 “您知道您生活所在的区域被划为国家公园试点区吗?”与“您了解试点区的功能吗?”交叉表

项目			您了解试点区的功能吗?					总计
			非常不了解	不太了解	一般	比较了解	非常了解	
您知道您生活所在的区域被划为国家公园试点区吗?	知道	计数	12	63	109	122	14	320
		行占比/%	3.8	19.7	34.0	38.1	4.4	100.0
		列占比/%	50.0	80.8	98.2	100.0	100.0	91.7
		总计占比/%	3.4	18.1	31.2	35.0	4.0	91.7
您知道您生活所在的区域被划为国家公园试点区吗?	不知道	计数	12	15	2	0	0	29
		行占比/%	41.4	51.7	6.9	0.0	0.0	100.0
		列占比/%	50.0	19.2	1.8	0.0	0.0	8.3
		总计占比/%	3.4	4.3	0.6	0.0	0.0	8.3
总计		计数	24	78	111	122	14	349
		行占比/%	6.9	22.3	31.8	35.0	4.0	100.0
		列占比/%	100.0	100.0	100.0	100.0	100.0	100.0
		总计占比/%	6.9	22.3	31.8	35.0	4.0	100.0

不论是试点区建设还是当地发展，“生态保护”与“经济发展”二者应该同时进行、并重发展的支持程度最高。如表 5-19 所示，被问及试点区设立目的，44.7%的人认为建立试点区是为了“生态保护”，40.4%的人认为是为了“生态保护和经济发展”；而对于当地区域的发展，更多的人认为“生态保护”与“经济发展”二者同时进行，共 164 人，占样本总量的 47.0%，这其中认为试点区设立的目的是“生态保护和经济发展”的有 87 人，占 53.0%；认为设立目的是为了“生态保护”的有 66 人，占 40.2%。

表 5-19 “您认为设立试点区是为了？”与“您认为当地区域经济和生态之间的优先关系是？”交叉表

项目			您认为当地区域经济和生态之间的优先关系是？						总计
			经济发展优于生态保护	生态保护优于经济发展	二者同时进行	只需要发展经济	只需要生态保护	不知道/不清楚	
您认为设立试点区是为了？	生态保护	计数	26	58	66	0	2	4	156
		行占比/%	16.7	37.2	42.3	0.0	1.3	2.5	100.0
		列占比/%	44.8	58.6	40.2	0.0	66.7	20.0	44.7
		总计占比/%	7.4	16.6	18.9	0.0	0.6	1.1	44.7
	经济发展	计数	8	1	6	1	0	0	16
		行占比/%	50.0	6.25	37.5	6.25	0.0	0.0	100.0
		列占比/%	13.8	1.0	3.7	20.0	0.0	0.0	4.6
		总计占比/%	2.3	0.3	1.7	0.3	0.0	0.0	4.6
您认为设立试点区是为了？	生态保护和经济发展	计数	18	33	87	1	1	1	141
		行占比/%	12.8	23.4	61.7	0.7	0.7	0.7	100.0
		列占比/%	31.0	33.3	53.0	20.0	33.3	5.0	40.4
		总计占比/%	5.2	9.5	24.9	0.3	0.3	0.3	40.4
	其他	计数	0	0	1	1	0	0	2
		行占比/%	0.0	0.0	50.0	50.0	0.0	0.0	100.0
		列占比/%	0.0	0.0	0.6	20.0	0.0	0.0	0.6
		总计占比/%	0.0	0.0	0.3	0.3	0.0	0.0	0.6
	不知道/没考虑过	计数	6	7	4	2	0	15	34
		行占比/%	17.6	20.6	11.8	5.9	0.0	44.1	100.0
		列占比/%	10.4	7.1	2.4	40.0	0.0	75.0	9.7
		总计占比/%	1.7	2.0	1.1	0.6	0.0	4.3	9.7
总计		计数	58	99	164	5	3	20	349
		行占比/%	16.6	28.4	47.0	1.4	0.9	5.7	100.0
		列占比/%	100.0	100.0	100.0	100.0	100.0	100.0	100.0
		总计占比/%	16.6	28.4	47.0	1.4	0.9	5.7	100.0

多数受访者表示社区与试点区关系融洽，但未来试点区应加大社区、居民关系的重视程度。具体如表5-20所示，237人表示社区与试点区关系融洽（比较融洽173人，占样本总量的49.6%；非常融洽64人，占样本总量的18.3%），有24人表示关系不融洽，占样本总量的6.8%。试点区与社区关系的重视程度方

面，147 人表示重视程度一般，113 人表示比较重视，不重视的共 48 人，占样本总量的 13.7%。认为关系“比较融洽”的受访者中有 78 人认为试点区与社区关系的重视程度一般，有 72 人认为试点区“比较重视”与社区关系，分别占该回答的 45.1% 和 41.6%。

表 5-20 “您认为所在村与试点区的关系如何?”与“您认为目前试点区是否注重与社区居民的关系如何?”交叉表

项目			您认为目前试点区是否注重与社区居民的关系如何?					总计
			非常不重视	不太重视	一般	比较重视	非常重视	
您认为所在村与试点区的关系如何?	非常不融洽	计数	1	1	1	1	1	5
		行占比/%	20.0	20.0	20.0	20.0	20.0	100.0
		列占比/%	14.2	2.4	0.7	0.9	2.4	1.4
		总计占比/%	0.3	0.3	0.3	0.3	0.3	1.4
	不太融洽	计数	3	10	5	1	0	19
		行占比/%	15.8	52.6	26.3	5.3	0.0	100.0
		列占比/%	42.9	24.4	3.4	0.9	0.0	5.4
		总计占比/%	0.9	2.9	1.4	0.3	0.0	5.4
	一般	计数	3	8	57	18	2	88
		行占比/%	3.4	9.1	64.8	20.4	2.3	100.0
		列占比/%	42.9	19.5	38.8	15.9	4.9	25.2
		总计占比/%	0.9	2.3	16.3	5.2	0.6	25.2
	比较融洽	计数	0	19	78	72	4	173
		行占比/%	0.0	11.0	45.1	41.6	2.3	100.0
		列占比/%	0.0	46.3	53.1	63.7	9.8	49.6
		总计占比/%	0.0	5.4	22.3	20.6	1.1	49.6
	非常融洽	计数	0	3	6	21	34	64
		行占比/%	0.0	4.7	9.4	32.8	53.1	100.0
		列占比/%	0.0	7.3	4.1	18.6	82.9	18.3
		总计占比/%	0.0	0.9	1.7	6.0	9.7	18.3
总计		计数	7	41	147	113	41	349
		行占比/%	2.0	11.8	42.1	32.4	11.7	100.0
		列占比/%	100.0	100.0	100.0	100.0	100.0	100.0
		总计占比/%	2.0	11.7	42.1	32.4	11.7	100.0

（二）支持意愿影响因素分析

对试点区政策的社区居民支持医院进行分析，挖掘影响社区居民对试点区政策供给是否支持的关键因素。

1. 理论框架与假设

每个个体特征（比如年龄、家庭、受教育水平等特征）的不同，导致他们对试点区政策会有不一样的感知和态度。如果试点区政策所带来的“好处”与社区居民自身生存发展的需求一致时，他们就会愿意接受、支持该政策，反之则容易产生抵抗情绪。具体到每个个体的特征，可以将其归为内在、外在两方面共同作用对个体的政策接受意愿产生影响。内在人口特质主要为人口特征，包括性别、年龄、健康状况等体现个人自身“特性”的内容，外在环境特质则考虑家里人口数量、所在乡镇、居住地的功能区位、耕地面积等情况。

试点区政策接受意愿影响框架如图 5-1 所示。

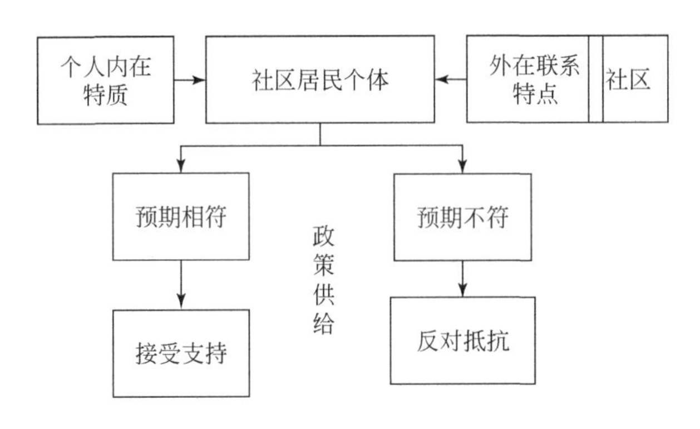

图 5-1　试点区政策接受意愿影响框架

因此，本书提出如下基本假设。

假设 1，社区居民个体人口内在特质影响其对试点区政策的支持。

假设 2，社区居民个体外在环境特质影响其对试点区政策的支持。

假设 3，社区居民个体认知态度特质影响其对试点区政策的支持。

2. 研究模型

这里因变量的选择为社区居民是否支持试点区政策的态度，在“您是否支持钱江源国家公园的设立和发展”的问题下，设有“支持”和“不支持”两个选项，并分别赋值为 1 和 0，即 1 = 支持，0 = 不支持。并由因变量的特点选择了二分类 Logistic 回归模型进行分析。

二分类 Logistic 回归模型通常用来预测某一事件的发生概率，且因变量 Y 仅有两个分类，通常取值 0 和 1，令 $Y=1$ 的总体概率则为 $P(Y=1)$，n 个自变量分别为 x_1，x_2，…，x_n，那么对应的 Logistic 回归模型为

$$P(Y=1)=\frac{\exp(b_0+b_1x_1+b_2x_2+\cdots+b_nx_n)}{1+\exp(b_0+b_1x_1+b_2x_2+\cdots+b_nx_n)} \tag{5.1}$$

$$=\frac{1}{1+\exp[-(b_0+b_1x_1+b_2x_2+\cdots+b_nx_n)]}$$

或

$$\mathrm{logit}P(Y=1)=\ln\left[\frac{P(Y=1)}{1-P(Y=1)}\right]=b_0+b_1x_1+b_2x_2+\cdots+b_nx_n \tag{5.2}$$

式中，b_0 为常数项，度量若自变量全部取值为 0 时，$Y=1$ 与 $Y=0$ 的比率之比的自然对数值；b_i 为对应的自变量的回归系数，度量在其他自变量固定不变的情况下，某一个自变量 x_i 改变一个单位，因变量对应的优势比平均改变 $\exp(b_i)$ 个单位。

3. 指标选择和定义

根据上述的概念框架和提出的假设，本书就居民个体人口内在特质、外在环境特质及认知态度特质选择了可能影响社区居民对试点区的支持接受意愿的指标，具体如表 5-21 所示。

表 5-21　变量选择与定义

变量		代码	变量性质	变量含义
是否支持试点区政策		Y	分类	1=支持，0=不支持
人口内在特质	性别	x_1	分类	1=男，0=女
	年龄	x_2	连续	实际年龄
	健康状况	x_3	分类	1=健康，2=患病但能自理，3=患病无自理能力
	政治面貌	x_4	分类	1=中共党员，否=0
	受教育年限	x_5	连续	实际接受教育年限
	虚拟变量-工作类别：种养业	x_6	分类	1=农林牧渔种养业，0=否
	虚拟变量-工作类别：自营工商业主	x_7	分类	1=自营工商业主，0=否
	虚拟变量-工作类别：外出打工	x_8	分类	1=外出打工，0=否
	虚拟变量-工作类别：兼业	x_9	分类	1=兼业，0=否
	村干部身份	x_{10}	分类	1=是，0=否

续表

变量		代码	变量性质	变量含义
人口内在特质	虚拟变量–工作地点：本村	x_{11}	分类	1＝是，0＝否
	虚拟变量–工作地点：本县	x_{12}	分类	1＝是，0＝否
	虚拟变量–工作地点：本市	x_{13}	分类	1＝是，0＝否
	虚拟变量–工作地点：本省	x_{14}	分类	1＝是，0＝否
	虚拟变量–工作地点：外省	x_{15}	分类	1＝是，0＝否
	家庭人口总数	x_{16}	连续	实际家庭人口总数
	家庭劳动力人口数	x_{17}	连续	家庭具有劳动能力的人口数
	女性人口数	x_{18}	连续	家庭中女性人口数量
	家庭总收入	x_{19}	连续	2017 年家庭实际总收入
	农林业收入占比	x_{20}	连续	2017 年农林业收入/总收入
	耕地面积	x_{21}	连续	2017 年实际经营耕地面积
	粮食作物种植面积	x_{22}	连续	2017 年实际粮食作物种植面积
	林地面积	x_{23}	连续	2017 年实际拥有管理林地面积
外在环境特质	虚拟变量–所在乡镇：长虹	x_{24}	分类	1＝长虹，0＝否
	虚拟变量–所在乡镇：何田	x_{25}	分类	1＝何田，0＝否
	虚拟变量–所在乡镇：齐溪	x_{26}	分类	1＝齐溪，0＝否
	虚拟变量–所在乡镇：苏庄	x_{27}	分类	1＝苏庄，0＝否
	虚拟变量–所在区位：核心保护区	x_{28}	分类	1＝核心保护区，0＝否
	虚拟变量–所在区位：生态保育区	x_{29}	分类	1＝生态保育区，0＝否
	虚拟变量–所在区位：游憩展示区	x_{30}	分类	1＝游憩展示区，0＝否
	虚拟变量–所在区位：传统利用区	x_{31}	分类	1＝传统利用区，0＝否
	虚拟变量–所在区位：试点区区外	x_{32}	分类	1＝试点区区外，0＝否
	居住地离最近县城距离	x_{33}	连续	居住地离最近县城的距离
认知态度特质	所在区域的区划	x_{34}	分类	1＝知道，0＝不知道
	试点区功能了解程度	x_{35}	分类	1＝非常不了解，2＝不太了解，3＝一般，4＝比较了解，5＝非常了解
	试点区设立目的	x_{36}	分类	1＝生态保护，2＝经济发展，3＝二者同时进行，4＝不知道
	所在社区与试点区关系	x_{37}	分类	1＝非常不融洽，2＝不太融洽，3＝一般，4＝比较融洽，5＝非常融洽
	当地发展的重点	x_{38}	分类	1＝经济优先，2＝生态优先，3＝二者同等，4＝只经济，5＝只生态，6＝不知道/不清楚

（三）结果分析

回归结果表明，当模型中只有常数项而无自变量时，正确预测百分率达到75.9%，这时回归系数为1.149，显著性$p=0.000$，Wald卡方值为84.193。进而对单变量进行分析，采用得分检验方法，检验每一自变量与因变量之间有无关系。结果如表5-22所示，在5%的显著水平下，年龄（x_2）、受教育年限（x_5）、虚拟变量-工作类别：种养业（x_6）、工作地点：本村（x_{11}）、虚拟变量-所在乡镇：齐溪镇（x_{26}）、所在区域的区划（x_{34}）、所在社区与试点区关系（x_{37}）和当地发展的重点（x_{38}）8个变量都显著与因变量相关，具有统计学意义。同时，在10%的显著水平下，家庭总收入（x_{19}）、虚拟变量-所在乡镇：长虹（x_{24}）、试点区功能了解程度（x_{35}）3个变量也通过了检验，显示与因变量之间相关，具有统计学意义。

表5-22　自变量得分检验

代码	得分	Sig.	代码	得分	Sig.
x_1	0.137	0.712	x_{20}	0.271	0.603
x_2	6.187	0.013**	x_{21}	0.098	0.755
x_3	0.338	0.561	x_{22}	0.335	0.563
x_4	2.334	0.127	x_{23}	0.075	0.784
x_5	9.231	0.002***	x_{24}	2.72	0.099*
x_6	5.177	0.023**	x_{25}	0.422	0.516
x_7	0.056	0.814	x_{26}	8.773	0.003***
x_8	1.374	0.241	x_{27}	1.371	0.242
x_9	0.119	0.73	x_{28}	0.069	0.793
x_{10}	1.374	0.241	x_{29}	0.074	0.786
x_{11}	4.145	0.042**	x_{30}	0.548	0.459
x_{12}	2.298	0.13	x_{31}	1.335	0.248
x_{13}	0.808	0.369	x_{32}	0.031	0.86
x_{14}	1.827	0.176	x_{33}	0.561	0.454
x_{15}	1.17	0.279	x_{34}	16.743	0.000***
x_{16}	0.296	0.586	x_{35}	3.41	0.065*
x_{17}	0.46	0.497	x_{36}	0.089	0.765
x_{18}	0.737	0.391	x_{37}	6.521	0.011**
x_{19}	3.741	0.053*	x_{38}	4.513	0.034**

*、**、***分别表示在10%、5%、1%的显著水平下显著。

模型系数的全局性检验（omnibus tests）表明，步骤（step）、块（block）和模型（model）的似然比卡方值相等，均为 46.972，$df=11$，$p=0.000<0.05$，即表示将所有变量放入模型，每一步比上一步、每一个块与块 0、上一个模型与当前模型的似然比检验结果相等，说明至少有一个自变量具有统计学意义。同时 Hosmer-Lemeshow 拟合优度检验得到检验 p 值为 0.748，表明由预测概率获得的期望频数与观察频数之间差异无统计学意义，即模型拟合效果较好。

最终具体回归系数结果如表 5-23 所示，知道所在区域的区划的显著性 $p=0.001<0.01$，在 1% 的显著水平下通过检验，估计值 $\exp(B)=0.167$，表示在其他自变量不变的情况下，从不知道到知道，相应的试点区政策支持接受优势比的自然对数值为 0.167，相应的支持接受优势改变 0.167 倍，即知道自己所在区域被划为试点区的人比不知道自己所在区域被划为试点区的人愿意支持接受试点区政策的机会有减少的趋势。所在长虹乡和所在社区与试点区关系的显著性 $p<0.05$，在 5% 的显著水平下通过检验。其中所在长虹乡的系数估计值 $\exp(B)=2.325$，表示在其他自变量不变的情况下，相比较非长虹乡的人，长虹乡的居民对试点区政策支持接受优势比的自然对数值为 2.325，相应的支持接受优势改变 2.325 倍，即长虹乡的人比非长虹乡的人更愿意支持接受试点区设立的政策。所在社区与试点区关系的系数估计值 $\exp(B)=1.439$，表示在其他自变量不变的情况下，所在社区与试点区的关系融洽程度每增加 1 个单位，对试点区政策支持接受优势比的自然对数值为 1.439，相应的支持接受优势改变 1.439 倍，即所在社区与试点区关系越融洽，社区居民越愿意支持接受试点区设立的政策。受教育年限的显著性 $0.05<p=0.074<0.1$，在 10% 的显著水平下通过检验。受教育年限的系数估计值 $\exp(B)=1.077$，表示在其他自变量不变的情况下，每多接受一年教育，对试点区政策支持接受优势比的自然对数值为 1.077，相应的支持接受优势改变 1.077 倍，即受教育程度越高，社区居民越愿意支持接受试点区设立的政策。

表 5-23　二分类 Logistic 回归结果

变量	代码	B	标准误	Wald	Sig.	exp(B)
年龄	x_2	−0.010	0.015	0.408	0.523	0.990
受教育年限	x_5	0.074	0.041	3.185	0.074*	1.077
工作类别-种养业	x_6	0.312	0.374	0.696	0.404	1.366
本村工作	x_{11}	−0.715	0.441	2.631	0.105	0.489
家庭总收入	x_{19}	0.000	0.000	1.313	0.252	1.000
所在乡镇：长虹	x_{24}	0.844	0.392	4.636	0.031**	2.325
所在乡镇：齐溪	x_{26}	−0.485	0.329	2.172	0.141	0.616

续表

变量	代码	B	标准误	Wald	Sig.	exp(B)
知道所在区域的区划	x_{34}	-1.787	0.523	11.665	0.001***	0.167
所在社区与试点区关系	x_{37}	0.364	0.168	4.693	0.030**	1.439
当地发展的重点	x_{38}	-0.117	0.114	1.057	0.304	0.889
试点区功能了解程度	x_{35}	-0.004	0.166	0.001	0.979	0.996
常量	b_0	2.392	1.372	3.038	0.081*	10.935

*、**、***分别表示在10%、5%、1%的显著水平下显著。

通过上述分析，得到以下结论。

1）社区居民个体人口内在特质影响其对试点区政策的支持，主要为受教育年限，未来需要继续加强对社区居民的继续教育。

2）社区居民个体外在环境特质影响其对试点区政策的支持，主要为所在乡镇，反映出地区差异对社区个体的影响。

3）社区居民个体认知态度内在特质影响其对试点区政策的支持，主要为对所在区域的区划了解情况及所在社区与试点区关系的态度，越了解所在区域的情况，对试点区与社区和谐融洽关系的注重，越容易支持试点区的建立和发展。未来需要加强对社区关系和社区情况的普及和宣传教育，提升社区居民的满意度和认同感，解决社区居民的问题，从而获得他们对试点区政策的支持。

四、国家公园体制试点区与社区关系的影响因素分析

（一）研究模型

从社区居民感知的角度来分析试点区与社区关系的影响因素，以询问社区居民“您认为您所在社区与试点区关系是否融洽”的问题，整合分成“不融洽”（非常不融洽、不太融洽）、“一般”和“融洽”（比较融洽、非常融洽）三个分类，所以本书选择了多分类的离散因变量模型，即多分类 Logistic 回归模型。

该方法是在二分类 Logistic 回归模型的基础之上发展而来的，它应用于多分类反应变量即分类数量大于等于 3 的分类变量。二分类 Logistic 回归用来预测某一时间的发生概率，即因变量的值通常“发生/是”或“不发生/否”这两种。再进一步，假设因变量有 j 个水平，即因变量的值有 j 种可能，就是因变量为多（水平）分类。

当实际观测因变量有 j 种水平（$j\geqslant3$）时，并进行取值 $y=1$，$y=2$，$y=3$，…，$y=j$，且各取值之间的关系为

$$(y=1)<(y=2)<(y=3)<\cdots<(y=j)$$

那么共有 $j-1$ 个分界点将各相邻的水平分开，即

$$\begin{cases} y^{*}\leqslant u_1, & y=1 \\ u_1<y^{*}\leqslant u_2, & y=2 \\ \quad\vdots & \\ u_{j-1}<y^{*}, & y=j \end{cases}$$

且 $u_1<u_2<\cdots<u_{j-1}$。

利用回归模型

$$y^{*}=b_0+b_1x_1+b_2x_2+\cdots+b_nx_n+\varepsilon \tag{5.3}$$

式中，y^{*} 表示观测现象内在趋势，它并不能被直接测量；ε 为误差项。

在给定 x 值下，累积概率可以表示为

$$\begin{aligned} P(y\leqslant j\mid x) &= P(y^{*}\leqslant u_j) \\ &= P[(b_0+b_1x_1+b_2x_2+\cdots+b_nx_n+\varepsilon)\leqslant u_j] \\ &= P[\varepsilon\leqslant u_j-(b_0+b_1x_1+b_2x_2+\cdots+b_nx_n)] \\ &= F[u_j-(b_0+b_1x_1+b_2x_2+\cdots+b_nx_n)] \end{aligned}$$

与二分类 Logistic 回归类似，累积 Logistic 回归中 Logistic 是按照因变量的有序水平定义的，即模型的发生比率是通过该发生比率中的事件概率的依次连续累计形成的。累计概率可以通过以下公式进行预测。

$$\begin{aligned} P(y\leqslant j\mid x) &= P(y^{*}\leqslant u_j) \\ &= \frac{e^{(u_j-(b_0+b_1x_1+b_2x_2+\cdots+b_nx_n))}}{1+e^{(u_j-(b_0+b_1x_1+b_2x_2+\cdots+b_nx_n))}} \end{aligned}$$

一旦计算出来累计概率，属于某一特定水平的概率，如 $P(y=1)$，$P(y=2)$，…，$P(y=j)$，便都可以计算出来。

$$\begin{cases} P(y=1)=P(y\leqslant1) \\ P(y=2)=P(y\leqslant2)-P(y\leqslant1) \\ \quad\vdots \\ P(y=j)=1-P(y\leqslant j-1) \end{cases}$$

其中

$$P(y=1)+P(y=2)+\cdots+P(y=j)=1$$

如其中任意第 i 类水平，将概率化为 logit 的话，为

$$\text{logit}\left(\frac{P_i}{1-P_i}\right)=b_{i0}+b_{i1}x_1+b_{i2}x_2+\cdots+b_{in}x_n \tag{5.4}$$

这样对每个模型都将获得一组系数（b_{i0}，b_{i1}，b_{i2}，…，b_{in}）。

以“不融洽”“一般”“融洽”三个水平建立以下两个模型。

1）不融洽对一般或融洽的对数发生比率：

$$\text{logit}\left(\frac{P_{\text{不融洽}}}{1-P_{\text{不融洽}}}\right)=b_{10}+b_{11}x_1+b_{12}x_2+\cdots+b_{1n}x_n \tag{5.5}$$

2）不融洽或一般对融洽的对数发生比率：

$$\text{logit}\left(\frac{P_{\text{不融洽}}+P_{\text{一般}}}{P_{\text{融洽}}}\right)=b_{20}+b_{21}x_1+b_{22}x_2+\cdots+b_{2n}x_n \tag{5.6}$$

得到两组非零系数b_{in}，来解释自变量的变化对发生比率对数的影响。若第 n 个自变量的系数为正，当其发生一个单位的变化时，事件发生的比率的变化值为 $\exp(b_{in})$，意味着事件发生的比率会增加，$\exp(b_{in})$ 的值大于 1；若自变量的系数为负，意味着事件发生的比率会减少，$\exp(b_{in})$ 的值小于 1（王济川和郭志刚，2001）。

而对于多分类 Logistic 回归模型，可以用以下 logit 形式描述：

$$\text{logit}\left(\frac{P(y=i \mid x)}{P(y=j \mid x)}\right)=b_{i0}+b_{i1}x_1+b_{i2}x_2+\cdots+b_{in}x_n \tag{5.7}$$

其中 logit 是由因变量中的不重复的水平（$i\neq j$）的概率的对比所形成的。本书中共有“不融洽”、“一般”、“融洽”三个水平，所以共建立两个 logit 模型。与累积 Logistic 回归模型不同的是，多分类 Logistic 模型中不仅有 $j-1$ 个截距，而且有 $j-1$ 套斜率系数估计对应于同一套自变量（王济川和郭志刚，2001）。

本书最终选择以“融洽”作为参照类，建立两个 logit 模型为

1）一般对比融洽的对数发生比率：

$$\text{logit}\left(\frac{P(y=\text{一般} \mid x)}{P(y=\text{融洽} \mid x)}\right)=b_{10}+b_{11}x_1+b_{12}x_2+\cdots+b_{1n}x_n \tag{5.8}$$

2）不融洽对比融洽的对数发生比率：

$$\text{logit}\left(\frac{P(y=\text{融洽} \mid x)}{P(y=\text{不融洽} \mid x)}\right)=b_{20}+b_{21}x_1+b_{22}x_2+\cdots+b_{2n}x_n \tag{5.9}$$

得到的系数含义为在控制其他自变量的条件下，某一自变量一个单位的变化对某一水平相对参照类的对数发生比的影响。

（二）指标选择和定义

本书就居民个体人口内在特质、外在环境特质及认知态度特质选择了可能影响社区居民对试点区域所在社区关系的指标。基本与上述指标相同，只增加了社区居民对试点区产生的影响程度的要素，如表 5-24 所示。

表 5-24　指标选择与定义

变量		代码	变量性质	变量含义
试点区与社区关系融洽程度		Y	分类	1＝不融洽，2＝一般，3＝融洽
人口内在特质	性别	x_1	分类	1＝男，0＝女
	年龄	x_2	连续	实际年龄
	健康状况	x_3	分类	1＝健康，2＝患病但能自理，3＝患病无自理能力
	政治面貌	x_4	分类	1＝中共党员，0＝否
	受教育年限	x_5	连续	实际接受教育年限
	虚拟变量-工作类别：种养业	x_6	分类	1＝农林牧渔种养业，0＝否
	虚拟变量-工作类别：自营工商业主	x_7	分类	1＝自营工商业主，0＝否
	虚拟变量-工作类别：外出打工	x_8	分类	1＝外出打工，0＝否
	虚拟变量-工作类别：兼业	x_9	分类	1＝兼业，0＝否
	村干部身份	x_{10}	分类	1＝是，0＝否
	虚拟变量-工作地点：本村	x_{11}	分类	1＝是，0＝否
	虚拟变量-工作地点：本县	x_{12}	分类	1＝是，0＝否
	虚拟变量-工作地点：本市	x_{13}	分类	1＝是，0＝否
	虚拟变量-工作地点：本省	x_{14}	分类	1＝是，0＝否
	虚拟变量-工作地点：外省	x_{15}	分类	1＝是，0＝否
	家庭人口总数	x_{16}	连续	实际家庭人口总数
	家庭劳动力人口数	x_{17}	连续	家庭具有劳动能力的人口数
	家庭总收入	x_{18}	连续	2017 年家庭实际总收入
	农林业收入占比	x_{19}	连续	2017 年农林业收入/总收入
	耕地面积	x_{20}	连续	2017 年实际经营耕地面积
	粮食作物种植面积	x_{21}	连续	2017 年实际粮食作物种植面积
	林地面积	x_{22}	连续	2017 年实际拥有管理林地面积
外在环境特质	虚拟变量-所在乡镇：长虹	x_{23}	分类	1＝长虹，0＝否
	虚拟变量-所在乡镇：何田	x_{24}	分类	1＝何田，0＝否
	虚拟变量-所在乡镇：齐溪	x_{25}	分类	1＝齐溪，0＝否
	虚拟变量-所在乡镇：苏庄	x_{26}	分类	1＝苏庄，0＝否
	虚拟变量-所在区位：核心保护区	x_{27}	分类	1＝核心保护区，0＝否
	虚拟变量-所在区位：生态保育区	x_{28}	分类	1＝生态保育区，0＝否

续表

	变量	代码	变量性质	变量含义
外在环境特质	虚拟变量-所在区位：游憩展示区	x_{29}	分类	1＝游憩展示区，0＝否
	虚拟变量-所在区位：传统利用区	x_{30}	分类	1＝传统利用区，0＝否
	虚拟变量-所在区位：试点区区外	x_{31}	分类	1＝试点区区外，0＝否
	居住地离最近县城距离	x_{32}	连续	居住地离最近县城的距离
认知态度特质	所在区域的区划了解	x_{33}	分类	1＝知道，0＝不知道
	试点区设立目的	x_{34}	分类	1＝生态保护，2＝经济发展，3＝二者同时进行，4＝不知道，5＝其他
	是否自愿减少资源的利用	x_{35}	分类	1＝愿意，0＝不愿意
	影响-增加了工作及创业的机会	x_{36}	分类	1＝非常不同意，2＝不太同意，3＝一般，4＝比较同意，5＝非常同意
	影响-带动旅游业发展，增加了收入	x_{37}	分类	1＝非常不同意，2＝不太同意，3＝一般，4＝比较同意，5＝非常同意
	影响-增强环保意识，改变了居民传统的生活方式，引导绿色生活	x_{38}	分类	1＝非常不同意，2＝不太同意，3＝一般，4＝比较同意，5＝非常同意
	影响-改善了当地基础设施建设	x_{39}	分类	1＝非常不同意，2＝不太同意，3＝一般，4＝比较同意，5＝非常同意
	影响-吸引社会投资，促进开化县的社会经济发展	x_{40}	分类	1＝非常不同意，2＝不太同意，3＝一般，4＝比较同意，5＝非常同意
	影响-保护了本地传统文化，促进当地文化的对外宣传和传播	x_{41}	分类	1＝非常不同意，2＝不太同意，3＝一般，4＝比较同意，5＝非常同意
	影响-提高了本地知名度	x_{42}	分类	1＝非常不同意，2＝不太同意，3＝一般，4＝比较同意，5＝非常同意
	影响-促进本地历史古迹和文化保护	x_{43}	分类	1＝非常不同意，2＝不太同意，3＝一般，4＝比较同意，5＝非常同意
	影响-更好地保护了钱江源和当地生态系统	x_{44}	分类	1＝非常不同意，2＝不太同意，3＝一般，4＝比较同意，5＝非常同意
	影响-促进本地社区环境的美化	x_{45}	分类	1＝非常不同意，2＝不太同意，3＝一般，4＝比较同意，5＝非常同意
	影响-提供了教育、科研场所	x_{46}	分类	1＝非常不同意，2＝不太同意，3＝一般，4＝比较同意，5＝非常同意

续表

	变量	代码	变量性质	变量含义
认知态度特质	影响-吸引了更多的游客，造成车辆与人口的拥挤、更多的生活垃圾	x_{47}	分类	1=非常不同意，2=不太同意，3=一般，4=比较同意，5=非常同意
	影响-吸引了更多的游客，打扰居民的日常生活节奏	x_{48}	分类	1=非常不同意，2=不太同意，3=一般，4=比较同意，5=非常同意
	影响-是政府的事情，居民没有得到太多实惠	x_{49}	分类	1=非常不同意，2=不太同意，3=一般，4=比较同意，5=非常同意
	影响-占用更多集体土地资源，耕地减少	x_{50}	分类	1=非常不同意，2=不太同意，3=一般，4=比较同意，5=非常同意
	影响-有关的补助补偿太低，损害居民利益	x_{51}	分类	1=非常不同意，2=不太同意，3=一般，4=比较同意，5=非常同意
	影响-禁止采伐木材禁止打猎等，造成收入减少	x_{52}	分类	1=非常不同意，2=不太同意，3=一般，4=比较同意，5=非常同意
	影响-野生动物肇事增多，居民损失增加	x_{53}	分类	1=非常不同意，2=不太同意，3=一般，4=比较同意，5=非常同意

（三）结果分析

对于有序多分类 Logistic 回归模型，需要先进行成比例假设的检验，因为累积 Logistic 回归模型默认为各分类之间的差距是相等的。经过检验，发现本书数据的 $p=0.00$，不能接受原假设（原假设为成比例），即表明本书数据不适合有序多分类 Logistic 模型的累积 Logistic 回归模型，只能采用多分类 Logistic 回归模型。

模型拟合结果得到-2 对数似然为 138.959，卡方值为 556.291，显著性 $p=0.000$。对单变量进行似然比检验，检验每一自变量与因变量之间有无关系。结果如表 5-25 所示，在 1% 的显著水平下，受教育年限（x_5）、林地面积（x_{22}）、所在区域的区划了解（x_{33}）、试点区的态度及影响认知（x_{35}、x_{37}、x_{43}、x_{47}、x_{48}、x_{50}、x_{53}）等变量显著性 p 均小于 0.01，表明这些变量与因变量有关系，具有统计学意义。在 5% 的显著水平下，性别（x_1）、政治面貌（x_4）、农林业收入占比（x_{19}）、粮食作物种植面积（x_{21}）、居住地离最近县城距离（x_{32}）以及试点区影响（x_{36}、x_{39}、x_{41}、x_{42}、x_{44}）都显著与因变量相关，具有统计学意义。同时，在 10% 的显著水平下，家庭劳动力人口数（x_{17}）显示与因变量之间相关，具有统计学意义。

表 5-25 单变量似然比检验

变量	变量代码	似然比检验			
		简化模型的-2 对数似然	卡方	自由度	显著性
截距	C	138.959	0	0	
性别	x_1	146.062	7.103	2	0.029 **
年龄	x_2	142.200	3.241	2	0.198
健康状况	x_3	139.214	0.255	2	0.88
政治面貌	x_4	148.087	9.128	2	0.010 **
受教育年限	x_5	154.486	15.528	2	0.000 ***
种养业	x_6	142.648	3.69	2	0.158
自营工商业主	x_7	139.430	0.471	2	0.79
外出打工	x_8	139.029	0.07	2	0.966
兼业	x_9	140.355	1.396	2	0.498
村干部身份	x_{10}	142.755	3.796	2	0.15
本村工作	x_{11}	138.959	0	0	
本县工作	x_{12}	138.959	0	0	
本市工作	x_{13}	138.959	0	0	
本省工作	x_{14}	138.959	0	0	
外省工作	x_{15}	138.959	0	0	
家庭人口数	x_{16}	139.360	0.401	2	0.818
劳动力人口数	x_{17}	143.688	4.73	2	0.094 *
家庭总收入	x_{18}	139.284	0.325	2	0.85
农林业收入占比	x_{19}	146.464	7.506	2	0.023 **
耕地面积	x_{20}	139.377	0.419	2	0.811
粮食作物种植面积	x_{21}	145.481	6.522	2	0.038 **
林地面积	x_{22}	150.057	11.098	2	0.004 ***
所在乡镇-长虹	x_{23}	138.959	0	0	
所在乡镇-何田	x_{24}	138.959	0	0	
所在乡镇-齐溪	x_{25}	138.959	0	0	
所在乡镇-苏庄	x_{26}	138.959	0	0	
所在核心保护区	x_{27}	138.959	0	0	
所在生态保育区	x_{28}	138.959	0	0	
所在游憩展示区	x_{29}	138.959	0	0	

续表

变量	变量代码	似然比检验			
		简化模型的-2 对数似然	卡方	自由度	显著性
所在传统利用区	x_{30}	138.959	0	0	
试点区区外	x_{31}	138.959	0	0	
居住地离最近县城的距离	x_{32}	146.053	7.095	2	0.029**
所在区域的区划了解	x_{33}	173.306	34.347	2	0.000***
试点区设立目的	x_{34}	141.701	2.742	8	0.949
是否自愿减少资源的利用	x_{35}	159.865	20.906	2	0.000***
影响-增加了工作及创业的机会	x_{36}	156.945	17.986	8	0.021**
影响-带动旅游业发展，增加了收入	x_{37}	169.771	30.812	8	0.000***
影响-增强环保意识，改变了居民传统的生活方式，引导绿色生活	x_{38}	144.839	5.88	6	0.437
影响-改善了当地基础设施建设	x_{39}	155.337	16.378	6	0.012**
影响-吸引社会投资，促进开化县的社会经济发展	x_{40}	143.211	4.253	6	0.643
影响-保护了本地传统文化，促进当地文化的对外宣传和传播	x_{41}	153.732	14.773	6	0.022**
影响-提高了本地知名度	x_{42}	153.493	14.535	6	0.024**
影响-促进本地历史古迹和文化保护	x_{43}	165.352	26.394	6	0.000***
影响-更好地保护了钱江源和当地生态系统	x_{44}	142.174	3.215	8	0.92
影响-促进本地社区环境的美化	x_{45}	156.902	17.944	8	0.022**
影响-提供了教育、科研场所	x_{46}	145.181	6.222	8	0.622
影响-吸引了更多的游客，造成车辆与人口拥挤、更多的生活垃圾	x_{47}	164.364	25.405	8	0.001***
影响-吸引了更多的游客，打扰居民的日常生活节奏	x_{48}	168.690	29.731	8	0.000***
影响-是政府的事情，居民没有得到太多实惠	x_{49}	144.769	5.81	8	0.668
影响-占用更多集体土地资源，耕地减少	x_{50}	166.023	27.065	8	0.001***
影响-有关的补助补偿太低，损害居民利益	x_{51}	142.879	3.92	8	0.864

续表

变量	变量代码	似然比检验			
		简化模型的-2 对数似然	卡方	自由度	显著性
影响-禁止采伐木材禁止打猎等，造成收入减少	x_{52}	160.688	21.729	8	0.005***
影响-野生动物肇事增多，居民损失增加	x_{53}	181.033	42.075	8	0.000***

*、**、***分别表示在10%、5%、1%的显著水平下显著。

为了更好地理解模型系数的关系，这里引入了“发生比”的概念。发生比指事件的发生频数与不发生频数的比。本书中，认为关系“一般”的频数为88，而“非一般”（即融洽、不融洽）的频数为261，因此，“一般”与“非一般”的发生比为88/261=0.34，同样“融洽”的频数为237，而“非融洽”（即一般、不融洽）的频数是112，则“融洽”与“非融洽”的发生比为237/112=2.12，整体“融洽”与“非融洽”影响的发生比大于1，说明“融洽”更可能发生，而“非一般”影响的可能性约是“一般”影响的4倍。进而利用SPSS软件对上述通过似然比检验的变量构建模型，结果如表5-26和表5-27所示。

（1）“不融洽”比“融洽”的多分类Logistic回归模型

在5%显著性水平上显著的变量有个体内在特质：受教育年限（x_5）、粮食作物种植面积（x_{21}）；外在环境特质：居住地离最近县城距离（x_{32}）；认知态度特质：是否自愿减少资源利用（x_{35}）、试点区政策影响的“改善了当地基础设施建设”（x_{39}）和“野生动物肇事增多，居民损失增加”（x_{53}）；在10%的显著性水平下显著的还有试点区政策的“增加了工作及创业的机会”（x_{36}）。以上变量对于试点区与社区关系是否融洽具有显著的影响，而其他未通过显著性检验的变量表明它们对试点区与社区关系是否融洽选择“不融洽”还是“融洽”的影响不大。

A. 个体内在特质

受教育年限（x_5）：系数为-0.182，exp(*B*)为0.833，即“不融洽”与“融洽”的发生比是总平均发生比的0.833倍，表明受教育的时间越长，认为试点区与社区关系越不融洽的发生比将改变0.833倍，也就是说，对于接受过更长教育时间的社区居民来说，他们越倾向于所在社区与试点区的关系是“融洽”的。受教育时间越长，社区职工对社区环境及试点区政策的认识会越清晰、越理智，而接受教育时间较短的人，往往将一些纠纷小事放大或者对短期利益的追求而忽视对试点区和社区关系的理智判断。

表 5-26 “不融洽”比“融洽”的多分类 Logistic 回归模型估计结果

代码	变量		B	标准误	Wald	显著性	exp(B)	95% 置信区间	
								下限	上限
C	截距		-14.815	2 502.715	0.000	0.995			
x_1	性别	女	0.640	0.849	0.568	0.451	1.897	0.359	10.020
x_4	政治面貌	非党员	0.153	1.005	0.023	0.879	1.166	0.163	8.356
x_5	受教育年限		-0.182	0.083	4.887	0.027**	0.833	0.709	0.980
x_{17}	劳动力人口数		-0.039	0.268	0.021	0.884	0.962	0.569	1.626
x_{19}	农林收入占比		-1.348	1.442	0.874	0.350	0.260	0.015	4.385
x_{21}	粮食作物种植面积		0.798	0.314	6.467	0.011**	2.221	1.201	4.108
x_{22}	林地面积		-0.006	0.008	0.508	0.476	0.994	0.978	1.010
x_{32}	居住地离最近县城距离		-0.093	0.041	5.133	0.023**	0.911	0.841	0.988
x_{33}	所在区域的区划了解	不知道	-1.225	1.185	1.069	0.301	0.294	0.029	2.995
x_{35}	是否自愿减少资源的利用	是	-2.392	0.713	11.269	0.001***	0.091	0.023	0.370
x_{36}	影响-增加了工作及创业的机会	非常不同意	5.120	2.767	3.422	0.064*	167.259	0.738	37 932.438
		不太同意	1.891	1.591	1.413	0.234	6.629	0.293	149.868
		一般	-0.596	1.495	0.159	0.690	0.551	0.029	10.318
		比较同意	-0.052	1.504	0.001	0.972	0.949	0.050	18.079
x_{37}	影响-带动旅游业发展，增加了收入	非常不同意	-5.689	8.901	0.409	0.523	0.003	8.963×10^{-11}	127 643.7
		不太同意	-1.027	1.499	0.469	0.493	0.358	0.019	6.761
		一般	0.360	1.400	0.066	0.797	1.433	0.092	22.294
		比较同意	-0.668	1.269	0.277	0.599	0.513	0.043	6.169

续表

代码	变量		B	标准误	Wald	显著性	exp(B)	95%置信区间	
								下限	上限
x_{39}	影响-改善了当地基础设施建设	非常不同意	0.606	6.601	0.000	0.999	1.833	0.000	.[c]
		不太同意	1.220	1.415	0.743	0.389	3.388	0.211	54.261
		一般	-2.631	1.220	4.656	0.031**	0.072	0.007	0.786
		比较同意	-2.004	0.872	5.284	0.022**	0.135	0.024	0.744
x_{41}	影响-保护了本地传统文化，促进当地文化的对外宣传和传播	非常不同意	-1.340	1.778	0.568	0.451	0.262	0.008	8.540
		不太同意	1.342	2.510	0.286	0.593	3.825	0.028	523.963
		一般	2.599	1.748	2.211	0.137	13.449	0.438	413.431
		比较同意	2.159	1.546	1.951	0.163	8.666	0.419	179.424
x_{42}	影响-提高了本地知名度	非常不同意	11.685	40 052.841	0.000	1.000	59 874	0.000	.[c]
		不太同意	-1.813	2.676	0.459	0.498	0.163	0.001	30.948
		一般	-0.474	1.334	0.126	0.722	0.623	0.046	8.500
		比较同意	0.030	1.039	0.001	0.977	1.030	0.135	7.889
x_{43}	影响-促进本地历史古迹和文化保护	非常不同意	-1.337	1.637	0.667	0.414	0.263	0.011	6.499
		不太同意	3.882	2.691	2.081	0.149	48.530	0.249	9476.255
		一般	-0.483	1.616	0.089	0.765	0.617	0.026	14.664
		比较同意	-0.197	1.243	0.025	0.874	0.821	0.072	9.394
x_{45}	影响-促进本地社区环境的美化	非常不同意	-34.719	0.000			8.347×10^{-16}	8.347×10^{-16}	8.347×10^{-16}
		不太同意	-1.003	1.676	0.358	0.550	0.367	0.014	9.801
		一般	-0.195	1.150	0.029	0.865	0.822	0.086	7.833
		比较同意	0.831	0.817	1.036	0.309	2.297	0.463	11.387

续表

代码	变量		B	标准误	Wald	显著性	exp(B)	95%置信区间	
								下限	上限
x_{47}	影响-吸引了更多的游客，造成车辆与人口的拥挤、更多的生活垃圾	非常不同意	1.364	1971.599	0.000	0.991	3.912	0.000	
		不太同意	8.801	1 540.193	0.000	0.995	6 643.767	0.000	
		一般	9.382	1 540.193	0.000	0.995	11 871.965	0.000	
		比较同意	9.375	1 540.193	0.000	0.995	11 787.352	0.000	
x_{48}	影响-吸引了更多的游客，打扰居民日常生活节奏	非常不同意	-1.076	1 730.719	0.000	1.000	0.341	0.000	
		不太同意	2.331	2 110.321	0.000	0.995	10.288	0.000	
		一般	12.473	2 110.321	0.000	0.995	261 189.114	0.000	
		比较同意	11.067	2 110.321	0.000	0.996	64 043.170	0.000	
x_{50}	影响-占用更多集体土地资源，耕地减少	非常不同意	8.456	4 494.736	0.000	0.996	4 704.207	0.000	
		不太同意	0.539	1.397	0.149	0.700	1.714	0.111	26.502
		一般	-18.490	651.453	0.001	0.977	9.327×10^{-9}	0.000	.[c]
		比较同意	-0.363	1.221	0.089	0.766	0.695	0.064	7.606
x_{52}	影响-禁止采伐木材禁止打猎等，造成收入减少	非常不同意	0.799	2.633	0.092	0.762	2.223	0.013	387.011
		不太同意	0.485	1.078	0.202	0.653	1.624	0.196	13.448
		一般	1.622	1.045	2.410	0.121	5.062	0.653	39.225
		比较同意	0.447	1.021	0.192	0.661	1.563	0.212	11.555
x_{53}	影响-野生动物肇事增多，居民损失增加	非常不同意	-3.926	1.593	6.072	0.014**	0.020	0.001	0.448
		不太同意	-3.000	1.008	8.858	0.003***	0.050	0.007	0.359
		一般	-4.881	1.375	12.610	0.000***	0.008	0.001	0.112
		比较同意	-0.882	0.849	1.080	0.299	0.414	0.078	2.186

注：.[c] 表明在置信区间内，估计的系数不显著。

* $p<0.1$；** $p<0.05$；*** $p<0.01$。

表 5-27 “一般”比“融洽”的多分类 Logistic 回归模型估计结果

代码	变量		B	标准误	Wald	显著性	exp(B)	95%置信区间	
								下限	上限
C	截距		4.426	1.998	4.906	0.027			
x_1	性别	女	-0.238	0.554	0.184	0.668	0.789	0.266	2.334
x_4	政治面貌	非党员	-0.601	0.536	1.259	0.262	0.548	0.192	1.567
x_5	受教育年限		-0.100	0.050	3.955	0.047**	0.905	0.820	0.999
x_{17}	劳动力人口数		-0.337	0.170	3.944	0.0478**	0.714	0.512	0.996
x_{19}	农林收入占比		-3.003	1.326	5.129	0.024**	0.050	0.004	0.668
x_{21}	粮食作物种植面积		0.433	0.208	4.340	0.037**	1.542	1.026	2.317
x_{22}	林地面积		0.007	0.005	1.840	0.175	1.007	0.997	1.016
x_{32}	居住地离最近县城距离		-0.015	0.025	0.354	0.552	0.985	0.938	1.035
x_{33}	所在区域的区划	不知道	-3.129	0.783	15.970	0.000***	0.044	0.009	0.203
x_{35}	是否自愿减少资源的利用	是	-2.001	0.457	19.190	0.000***	0.135	0.055	0.331
x_{36}	影响-增加了工作及创业的机会	非常不同意	3.226	1.536	4.412	0.036**	25.187	1.241	511.221
		不太同意	4.043	1.099	13.534	0.000***	56.998	6.613	491.249
		一般	3.015	0.982	9.433	0.002***	20.384	2.977	139.576
		比较同意	3.353	1.054	10.111	0.001***	28.588	3.619	225.819
x_{37}	影响-带动旅游业发展，增加了收入	非常不同意	-14.812	4 100.229	0.000	0.997	3.691×10^{-7}	0.000	.[c]
		不太同意	1.099	0.979	1.260	0.262	3.000	0.441	20.435
		一般	2.533	0.938	7.288	0.007***	12.594	2.002	79.236
		比较同意	0.259	0.824	0.099	0.753	1.296	0.258	6.516

续表

代码	变量		B	标准误	Wald	显著性	exp(B)	95%置信区间	
								下限	上限
x_{39}	影响-改善了当地基础设施建设	非常不同意	2.785	54 957.936	0.000	1.000	16.196	0.000	.[c]
		不太同意	1.462	1.189	1.512	0.219	4.314	0.420	44.328
		一般	-0.914	0.754	1.466	0.226	0.401	0.091	1.760
		比较同意	-0.859	0.623	1.904	0.168	0.423	0.125	1.435
x_{41}	影响-保护了本地传统文化,促进当地文化的对外宣传和传播	非常不同意	-3.082	1.429	4.650	0.021**	0.878	0.786	0.981
		不太同意	-4.255	1.595	7.115	0.008***	0.014	0.001	0.324
		一般	-2.247	0.929	5.848	0.0168**	0.106	0.017	0.653
		比较同意	-1.985	0.765	6.738	0.009***	0.137	0.031	0.615
x_{42}	影响-提高了本地知名度	非常不同意	12.472	61 276.372	0.000	1.000	260 816.323	0.000	
		不太同意	0.000	1.723	0.000	1.000	1.000	0.034	29.294
		一般	-1.118	0.890	1.579	0.209	0.327	0.057	1.871
		比较同意	-1.198	0.706	2.877	0.090*	0.302	0.076	1.205
x_{43}	影响-促进本地历史古迹和文化保护	非常不同意	8.701	3.852	5.102	0.024**	6 009.499	3.161	11 425 120
		不太同意	6.527	2.244	8.460	0.004***	683.348	8.404	55 566.202
		一般	2.407	0.983	5.995	0.014**	11.100	1.617	76.222
		比较同意	3.226	0.831	15.076	0.000***	25.172	4.940	128.258
x_{45}	影响-促进本地社区环境的美化	非常不同意	21.231	26 354.097	0.000	0.999	1 660 739 545.103	0.000	.[c]
		不太同意	-1.559	1.147	1.848	0.174	0.210	0.022	1.990
		一般	0.404	0.804	0.252	0.615	1.497	0.310	7.235
		比较同意	0.659	0.567	1.352	0.245	1.933	0.637	5.870

续表

代码	变量		B	标准误	Wald	显著性	exp(B)	95%置信区间	
								下限	上限
x_{47}	影响-吸引了更多的游客,造成车辆与人口的拥挤、更多的生活垃圾	非常不同意	-8.132	2.764	8.654	0.003***	0.000	1.303×10^{-6}	0.066
		不太同意	-8.534	2.432	12.310	0.000***	0.000	1.671×10^{-6}	0.023
		一般	-8.587	2.396	12.843	0.000***	0.000	1.703×10^{-6}	0.020
		比较同意	-8.137	2.319	12.314	0.000***	0.000	3.105×10^{-6}	0.028
x_{48}	影响-吸引了更多的游客,打扰居民日常生活节奏	非常不同意	5.350	2.630	4.140	0.042**	210.657	1.217	36 459.632
		不太同意	7.396	2.576	8.243	0.004***	1 628.961	10.454	253 825.578
		一般	7.907	2.517	9.866	0.002***	2 717.013	19.556	377 479.453
		比较同意	6.287	2.458	6.539	0.011**	537.287	4.341	66 498.511
x_{50}	影响-占用更多集体土地资源,耕地减少	非常不同意	19.344	4 494.736	0.000	0.997	251 871 060.356	0.000	
		不太同意	-0.128	1.143	0.013	0.911	0.880	0.094	8.265
		一般	-0.492	1.048	0.220	0.639	0.611	0.078	4.771
		比较同意	-0.634	1.036	0.374	0.541	0.531	0.070	4.039
x_{52}	影响-禁止采伐木材禁止打猎等,造成收入减少	非常不同意	1.548	1.522	1.035	0.309	4.703	0.238	92.863
		不太同意	-0.493	0.806	0.375	0.540	0.611	0.126	2.961
		一般	-0.567	0.770	0.541	0.462	0.567	0.125	2.568
		比较同意	0.926	0.667	1.927	0.165	2.524	0.683	9.331
x_{53}	影响-野生动物肇事增多,居民损失增加	非常不同意	-4.224	1.344	9.881	0.002***	0.015	0.001	0.204
		不太同意	-1.837	0.747	6.045	0.014**	0.159	0.037	0.689
		一般	-0.290	0.643	0.204	0.652	0.748	0.212	2.639
		比较同意	-0.315	0.520	0.367	0.544	0.730	0.264	2.021

注:.[c] 表明在置信区间内,估计的系数不显著。

* $p<0.1$; ** $p<0.05$; *** $p<0.01$。

粮食作物种植面积（x_{21}）：系数为0.798，exp(B）为2.221，该系数说明粮食作物种植面积越大的社区居民，认为试点区与社区关系越不融洽的发生比将改变2.221倍，即试点区与社区的关系会越不融洽。试点区的建设发展不可避免地对社区居民的土地资源产生影响，尤其是大量的土地征占用，导致社区居民实际可经营土地资源减少，造成社区居民与试点区之间的矛盾，影响二者之间的关系。

B. 外在环境特质

居住地离最近县城距离（x_{32}）：系数为-0.093，exp(B）为0.911，即“不融洽”与“融洽”的发生比是总平均发生比的0.911倍，表明受访者居住地离最近县城的距离越远，认为试点区与社区关系越不融洽的发生比将改变0.911倍，也就是说，对于居住地离县城越远的社区居民来说，他们越趋于居住于试点区的中心位置，与试点区的关系越紧密，越倾向于对他们所生活的区域的认可，认为所在社区与试点区的关系是“融洽”的。

C. 认知态度特质

是否自愿减少资源利用（x_{35}）：系数为-2.392，exp(B）为0.091，即“不融洽”与“融洽”的发生比是总平均发生比的0.091倍，表明被访者由不愿意到愿意资源减少试点区内土地、林木、水等资源的利用，认为试点区与社区关系越不融洽的发生比将改变0.091倍，也就是说，社区居民越愿意减少对试点区资源的利用，他们的环保意识也更强，越能接受试点区，认为所在社区与试点区的关系会越融洽。

影响-增加了工作及创业的机会（x_{36}）：与非常同意试点区的建设发展会增加工作及创业机会来说，认为“非常不同意”该政策影响的系数为5.120，exp(B）为167.259，即“不融洽”与“融洽”的发生比是总平均发生比的167.259倍，他们更趋向于认为所在社区与试点区的关系不融洽。

影响-改善了当地基础设施建设（x_{39}）：与非常同意试点区的建设发展会改善基础设施建设来说，表示“一般”和“比较同意”该影响的系数分别为-2.631和-2.004，exp(B）分别为0.072和0.135，即“不融洽”与“融洽”的发生比分别是总平均发生比的0.072倍和0.135倍，即越认可试点区政策能够改善当地基础设施建设的受访者，越认为所在社区和试点区的关系会融洽。

影响-野生动物肇事增多，居民损失增加（x_{53}）：认为“非常不同意”“不太同意”“一般”该政策影响的系数分别为-3.926、-3.000、-4.881，exp(B）分别为0.020、0.050、0.008，则所在社区与试点区关系“不融洽”对“融洽”的发生比分别是总平均发生比的0.020倍、0.050倍和0.008倍，即越不认可试点区政策能够造成野生动物肇事增多，损失增加的受访者，越认为所在社区和试点区的关系会融洽。

（2）“一般”比“融洽”的多分类Logistic回归模型

在5%显著性水平上显著的变量有个体内在特质：受教育年限（x_5）、劳动力人口数（x_{17}）、农林收入占比（x_{19}）、粮食作物种植面积（x_{21}）；认知态度特质：所在区域的区划了解（x_{33}）、是否自愿减少资源利用（x_{35}）；试点区政策的“增加了工作及创业的机会”（x_{36}）、“带动旅游业发展，增加了收入”（x_{37}）、“保护了本地传统文化，促进当地文化的对外宣传和传播”（x_{41}）、“促进本地历史古迹和文化保护”（x_{43}）、“吸引了更多的游客，造成车辆与人口的拥挤、更多的生活垃圾”（x_{47}）、“吸引了更多的游客，打扰居民日常生活节奏”（x_{48}）、“野生动物肇事增多，居民损失增加”（x_{53}）；在10%的显著性水平下显著的还有试点区政策的“提高了本地知名度”（x_{42}）。以上变量对试点区与社区关系是否融洽具有显著的影响，而其他未通过显著性检验的变量表明它们对试点区与社区关系是否融洽选择“一般”还是“融洽”的影响不大。

与“不融洽”对“融洽”的模型结果相比较，增加了劳动力人口数、农林收入占比、所在区域区划的了解、试点区政策的“带动旅游业发展，增加了收入”“保护了本地传统文化，促进当地文化的对外宣传和传播”“促进本地历史古迹和文化的保护”“吸引了更多的游客，造成车辆与人口的拥挤、更多的生活垃圾”“吸引了更多的游客，打扰居民日常生活节奏”“提高了本地知名度”的认知和态度等变量；而外在环境特质则没有通过显著性检验的变量。

A. 个体内在特质

劳动力人口数（x_{17}）：系数为-0.337，exp(B)为0.714，该系数说明家庭劳动力人口数越多，相比较“融洽”，认为试点区与社区关系越一般的发生比将改变0.714倍，即认为试点区与社区的关系会越融洽。长久以来，试点区周边市县以外出打工居多，赚钱的机会更大，家庭劳动力人口数越多意味着可能赚钱的可能性越大，同时，该地旅游资源比较成熟，促进旅游业的日益成长，对农家乐、客栈等多元化的经营成为富余劳动力的生产生活新方向，因此他们认为与试点区关系更融洽。

农林收入占比（x_{19}）：系数为-3.003，exp(B)为0.050，该系数说明家庭农林收入占比越多，相比较“融洽”，认为试点区与社区关系越一般的发生比将改变0.050倍，即认为试点区与社区的关系会越融洽。农林收入占比高，意味着社区居民对农业和林业的依赖程度高，他们与试点区的关系更密切，与土地、林木资源的接触更多，越趋于和谐、融洽的相处。

B. 认知态度特质

所在区域的区划了解（x_{33}）：“不知道”所在区域的区划情况的系数为-3.129，exp(B)为0.044，即“一般”与“融洽”的发生比是总平均发生比的0.044倍，表明不知道自己所在区域区划情况的受访者，会越趋于认为试点区与社区关系越融洽，他们对试点区没有明确的概念，所以发生心理及行为冲突抵触的可能性低，也就是说因为“不知道”所以更融洽。

影响–带动旅游业发展，增加了收入（x_{37}）：一般同意试点区的带动旅游发展，增加收入的政策影响的系数为2.533，exp(*B*) 为12.594，“一般”与“融洽”的发生比是总平均发生比的12.594倍，相比“非常同意”该政策影响的人，一般同意的人也更趋向于认为所在社区与试点区的关系一般。

影响–保护了本地传统文化，促进当地文化的对外宣传和传播（x_{41}）：认为“非常不同意”“不太同意”“一般”该政策影响的系数分别为–3.082、–4.255、–2.247，exp(*B*) 分别为0.878、0.014、0.106，则所在社区与试点区关系“一般”与“融洽”的发生比分别是总平均发生比的0.878倍、0.014倍和0.106倍，即相比较“非常同意”，越不认可试点区政策能够保护和传播传统文化的受访者，越认为所在社区和试点区的关系会融洽，该结果值得进一步探究，可能部分受访者认为试点区与传统文化的关联不大。

影响–促进本地历史古迹和文化保护（x_{43}）：认为“不太同意”“一般”“比较同意”该政策影响的系数分别为6.527、2.407、3.226，exp(*B*) 分别为683.348、11.100和25.172，则所在社区与试点区关系“一般”对“融洽”的发生比分别是总平均发生比的683.348倍、11.100倍和25.172倍，即相比较“非常同意”试点区政策能够促进古迹保护的受访者，对该项政策持较为保守的态度的人会越认为所在社区和试点区的关系会一般。

影响–吸引了更多的游客，造成车辆与人口的拥挤、更多的生活垃圾（x_{47}）：认为“非常不同意”“不太同意”“一般”“比较同意”该政策影响的系数分别为–8.132、–8.534、–8.587、–8.137，exp(*B*) 均趋于0，则所在社区与试点区关系“一般”与“融洽”的发生比分别趋于总平均发生比的0倍，即相比较“非常同意”，越不认可试点区政策虽然吸引游客但能造成拥挤和混乱的受访者，越认为所在社区和试点区的关系会融洽。

影响–吸引了更多的游客，打扰居民日常生活节奏（x_{48}）：认为“非常不同意”“不太同意”“一般”“比较同意”该政策影响的系数分别为5.350、7.396、7.907、6.287，exp(*B*)分别为210.657、1628.961、2717.013、527.287，则所在社区与试点区关系“一般”与“融洽”的发生比分别是总平均发生比的210.657倍、1628.961倍、2717.013倍、527.287倍，即相比较“非常同意”试点区由于吸引游客而能打扰社区居民生活，对该项政策持较为保守的态度的人会越认为所在社区和试点区的关系会一般。

影响–提高了本地知名度（x_{42}）：与非常同意试点区的建设发展会提高本地知名度来说，表示“比较同意”该影响的系数分别为–1.198，exp(*B*) 为0.302，即“一般”与“融洽”的发生比分别是总平均发生比的0.302倍，即相比“非常同意”该项政策影响的人，比较同意该政策影响的受访者越认为所在社区和试点区的关系会融洽，可能相对于他们对试点区存在能够实现的可接受期望。

通过上述分析，得到以下结论。

1）社区居民个体人口内在特质影响其对试点区与社区关系的认同，主要为受教育年限、粮食种植面积影响社区居民对社区与试点区关系“不融洽”与“融洽”的认同；而家庭劳动力人口数、农林收入占比还影响社区居民对社区与试点区关系“一般”与“融洽”的认同。

2）社区居民个体外在环境特质影响其对试点区政策的支持，主要为居住地离最近县城的距离，影响社区居民对社区与试点区关系“不融洽”与“融洽”的认同。

3）社区居民个体认知态度内在特质影响其对试点区政策的支持，主要为所在区域的区划了解情况及试点区政策的“增加了工作及创业的机会”“改善了当地基础设施建设”“野生动物肇事增多，居民损失增加”等影响的认知和态度影响对社区与试点区关系“不融洽”与“融洽”的认同。而所在区域的区划了解、是否自愿减少资源利用、试点区政策的“增加了工作及创业的机会”“带动旅游业发展，增加了收入”“保护本地传统文化，促进当地文化的对外宣传和传播”“促进本地历史古迹和文化保护”“吸引了更多的游客，造成车辆和人口的拥挤、更多的生活垃圾”“吸引了更多的游客，打扰居民日常生活节奏”和“野生动物肇事增多，居民损失增加”“提高了本地知名度”影响对社区与试点区关系“一般”与“融洽”的认同。

未来需要加强对社区居民的宣传教育，提升他们对社区及试点区的了解度和支持度，切实解决社区与试点区之间存在的问题，建立互助互赢、和谐融洽的两区关系。

五、国家公园体制试点区多利益主体行为响应

（一）利益相关者理论

利益相关者（stakeholder）主要指与企业相互作用的、在企业中有着某种“权益”或既得权益的个人或者群体。人们认识到企业不仅是为了股东服务，还涉及其他影响企业生存发展的个人或群体，需要重视他们才能得到良好的发展。因此，利益相关者理论（stakeholder theory）开始不断被认可和发展，如20世纪70年代美国一些大学陆续开设课程并将其运用在企业管理中帮助理解企业与环境、社会的关系。该理论被引入学术界后也引起了学者兴趣。Clarkson在1993年、1994年召开了两次关于利益相关者理论的专题会议。1994年，Näsi在芬兰

举行了一个利益相关者的思想专题讨论会。1997 年，Wheeler 和 Sillanpää 提出了“利益相关者公司”的理论模型。2001 年，Walker 和 Marr 在 *Stakeholder Power* 书中提倡培养利益相关者的忠诚度来推动公司的发展（Carroll and Buchholtz，2004）。从总体来看，利益相关者理论的不断丰富使其获得在战略及企业管理领域的广泛应用。

由于不同利益相关者对决策的影响以及被影响的程度都是不一样的，可以从多个角度进行细分（陈宏辉，2003），整体看利益相关者基本锁定在以下对象/身份：股东、普通员工、政府、环境、媒体、公众、其他市场参与者（供应商、分销商等）（Clarkson，1995；Mitchell et al.，1997；Wheeler and Sillanpää，1997；1998）。该理论对于识别试点区主要利益相关者身份具有重要作用。

经济学中“经济人假设”表明对于每个个体来说，追求自身利益最大化是其进行实践活动的最终目标。那么涉及试点区相关经营管理活动中的不同身份的人，也是出于自身利益最大化的目标，进而对试点区带去正面或负面的影响。因此识别试点区的利益相关者、他们的需求以及二者之间的“博弈”关系十分有意义。实际上，试点区是他们实现自身需求、追求利益最大化的载体，试点区必须考虑尽可能利用这种“利益驱动”将各利益相关者的正面影响最大化，负面影响最小化，从而使不同的利益相关者获得不同层次、不同程度的双赢。识别、细分这些不同的“人”的身份，了解他们的需求，可以明确试点区建设与管理的方向和重点，也能更好地发挥试点区的社会地位和作用。

（二）主要利益相关者识别及诉求分析

按照“社会性紧密程度”（Wheeler and Sillanpää，1997；1998），主要识别了试点区的社会利益相关者，是指与试点区之间存在社会性活动且与具体的人发生关系的社会群体。主要包括政府（中央政府、地方政府）、管理局、周边社区及居民、普通群众（消费者）等。

由于不同利益相关者的身份和作用存在差异，他们的利益诉求和利益目标同样也存在明显的差异，同时由于信息不对称的问题，存在发生危害保护行为的不确定性。因此，有必要对试点区利益相关者进行深入分析。首先，识别不同利益相关者的身份、需求、权责及可能的变化（表 5-28），推动利益相关者协作与互动机制，统筹考虑多元利益相关者需求与权责，解决利益纠纷，完善相对弱势群体的利益保障和补偿机制。未来考虑到跨区建设管理，还需要浙、赣、皖三省相关地方政府的合作。

表 5-28　试点区主要利益相关者诉求

利益相关者	责任	主要利益诉求	利益目标	可能的不确定性
政府	中央：制定法律制度、政策等；进行财政支持；指导、监督和惩处。地方：协同试点区管委会的对外宣传、监督与管理等；对涉及自然资源利用的行为进行审批和管理；对社区居民行使管理权限，提供社会服务；制定、指导规划实施	中央：加强生态保护，发挥生态效益；维护公共利益，促进社会经济发展；减少公共财政支出；增加税收。地方：增加地方财政收入；减少环境破坏；减少财政支出；协调地方居民生产生活和发展需求，促进社会经济发展；地区知名度	中央：生态保护；经济发展；社会稳定。地方：政绩优先、最大化	中央：政策改变；地方：地区的开发、建设，影响国家公园规划实施或过度开发国家公园破坏生态
国家公园管委会	承接古田山自然保护区管理局、钱江源国家森林公园管委会、钱江源省级风景名胜区管委会保护职责，对试点区自然生态环境及资源进行保护，并进行日常事务管理	管理国家公园；提高职工收入，维护职工合法利益；扩大国家公园影响	保护效果最大化	不开展保护管理活动，违规发展或建设
周边社区居民	参与试点区资源生态保护工作制度制定，行使决策、监督等权利；参与试点区特许经营等项目提升个人技能、拓展就业渠道，参与试点区生态补偿及利益分配	增加收入来源，提高收入；提升生活质量；满足基本的烧柴、种植等生活生产需要；保障基本生活及生计可持续发展	家庭收益最大化	违法违规行为（如偷伐、偷猎等）、不拆迁等
普通公众（消费者）	以公平合理的价格进入试点区；影响制约政府的施政行为；生态友好的旅游行为以及生态环保理念的传播	获得各种知识、休闲游憩、亲近自然的愉悦和满足感	个人效益最大化	破坏环境或自然；影响当地正常生活

1. 政府诉求

政府利益诉求包括政策支持、地区的知名度等政治利益，居民收入提高、外来投资等经济收入，就业机会增加、基础设施建设提升、生态环境改善等社会和生态利益，以及文化的交流传播等文化利益。但地方政府为了自身的政绩最大化，较注重追求经济效益。对地方政府而言，若试点区与地方发展发生了冲突，可能会做出危害其发展的行为选择。如一些矿产的开采、道路的建设对于试点区内部野生动植物资源的保护具有重要影响；一些旅游业对于试点区的森林防火工作也具有重大安全隐患；等等。中央政府既希望地方政府经济快速发展，又希望生态和环境也得以保护和维持，希望试点区的自然资源数量和质量都能够不断提升，生态环境得到有效保护，而这又能造成地方对试点区内自然资源利用的部分福利的损失，这就使地方政府与中央政府之间也存在博弈。

2. 管理局诉求

管理局是最主要、最直接的试点区管理部门，受命于政府，重中之重是完成上级安排的工作任务，并直接向政府汇报试点区经营管理成效。目前试点区管理局由开化县整合设立，作为衢州市委、市政府派出机构，与开化县委、县政府实行“两块牌子，一套班子”的管理体制；并设置了钱江源国家森林公园、古田山国家级自然保护区、钱江源省级风景名胜区等保护地及相应的管理机构，与所在乡镇党委政府合署办公，实行“区政合一”的管理体制，统一领导乡镇和产业功能区的经济社会工作。主要下设生态资源保护中心、办公室及5个派出保护站，其中生态资源保护中心内设5个部门：综合保障部、资源管理部、规划建设部、社区发展部和科研合作交流部，是自然资源管理的主要部门。从整体来看，试点区将原来3个保护地机构、编制进行整合。管理局既追求生态环境保护的生态利益也追求自身职工权益保障、提升试点区知名度的社会利益等。

3. 周边社区诉求

试点区与周边社区毗邻，许多世代居住于此的村民依赖自然资源进行生活和生产。一方面，他们可能因为禁用或限用自然资源造成福利损失从而不支持试点区相关政策，如由于林权、林地纠纷或野猪等野生动物肇事造成的粮食、房屋、人畜伤亡等情况产生更大的矛盾等，影响试点区与周边社区、村镇关系；另一方面，他们也希望依托试点区的建设和发展改善其生活水平，比如提升社区基础设施建设、提供就业用工等，并能够保障良好的关系，促进社区安全、健康的发展。但同时也要认识到，部分居民表示旅游消费者的到来造成了车多人多的拥挤、垃圾的增加，影响了他们的正常生活，造成对试点区进一步开发利用的矛盾。周边社区居民主要追求生态补偿、就业机会及收入的增加、生活水平的提高等经济利益，也追求周边基础设施建设、生存生态环境的改善等生态和社会利益。

4. 普通公众（消费者）诉求

消费者是市场参与者之一，希望可以消费安全、健康、无害、性价比高的产品和服务。他们追求自身利益最大化，通过公平合理的获取试点区生态系统服务，获得各种知识、休闲游憩、亲近自然的愉悦和满足感。同时他们也是生态环保理念的传播者和践行者，对生态服务有知情权，希望生态服务多样性。但若生态服务不能满足他们的需求，他们可能进行反面宣传，甚至劝阻他人购买等，从而影响产品或服务的销售。普通公众（消费者）整体追求价格合理的经济利益，追求消费安全、产品和服务质量优质的社会利益，以及能够体验当地文化、增长知识的文化利益，获得身心的愉悦和提升。

（三）主要利益相关者利益诉求共生分析

虽然不同利益相关者之间存在相互矛盾的利益诉求，但是他们也是围绕试点区共存共生的群体，还存在着共同的利益诉求，这些相同的利益诉求形成了他们之间的共生关系的基础，如图 5-2 所示。

1）对于政府来说，他们希望当地居民能接受并遵守相关法律法规，支持试点区的建设与发展，保护好当地的特色文化和生态环境，能让来这里旅游的游客体验到高质量的旅游体验；又希望当地居民能够提高收入，提升生活水平。对于居民来说，他们最希望能够提高收入、增加就业从而改善生活条件，其他的文化交流、保护环境等需求居于后面。二者的共生需要周边社区居民配合政府对试点区的建设和发展政策，让出林地、林权甚至实行生态搬迁等，从而支持试点区建设发展；当地政府则进行相应的生态补偿、补贴，以弥补周边社区居民的福利损失，改善其生活条件。

2）周边社区居民及普通公众（消费者）都对试点区的生态系统服务和文化交流具有需求，他们之间还有人可能会利用试点区进行特许经营，比如提供当地特产、住宿、餐饮等服务，这些居民和普通公众成为劳动力或原材料的提供者，这个过程中他们通过经营活动也增加了自己的收入。此外，外来的普通公众（消费者）也能与当地社区发生文化交流，通过感受不同的文化、体验不同的生活方式获得不一样的感官体验，互相产生一些思想、行为上的影响。

3）政府为保障试点区的建设和发展，成立管理局，通过对管理局经营管理活动的支持和监督，充分发挥管理局的职能，起到促进试点区建设发展的作用。同时，管理局是直接管理试点区的单位，受命于政府，直接保护管理自然生态环境及资源，并最终直接向政府报告反馈经营管理活动及成效。

4）管理局的行政管理工作也能为社会提供就业机会，并通过宣传教育加强周边社区居民及普通公众（消费者）的生态环保意识和认知，为试点区长远建设发展提供保障。

5）政府及管理局为普通公众（消费者）及周边社区居民提供便利的交通、人身安全保障及其他各项基础设施等全方位的利益保障。普通公众（消费者）及周边社区居民通过体验和感知向政府及管理局提供反馈意见，从而促进试点区的建设和发展。

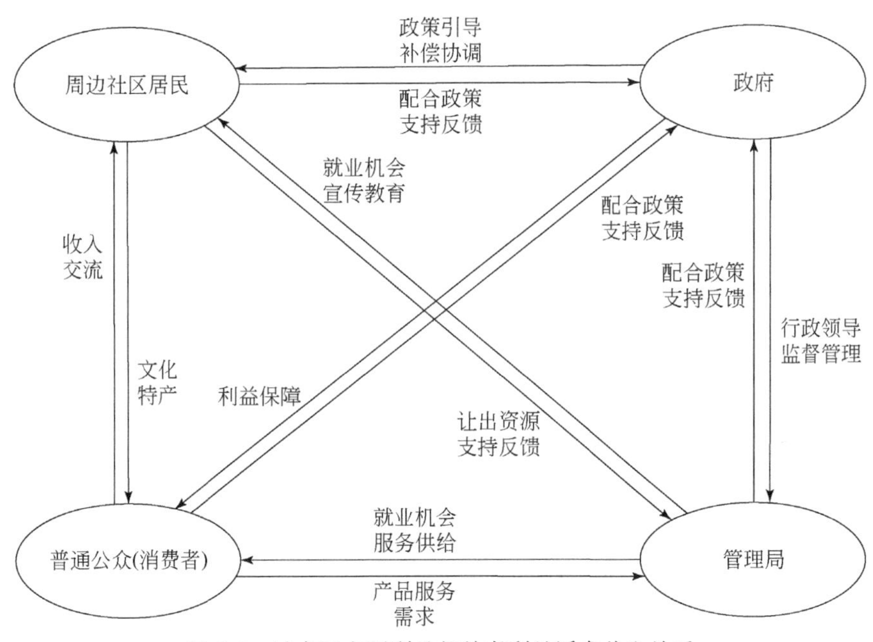

图 5-2　试点区主要利益相关者利益诉求共生关系

（四）主要利益相关者的行为分析

上述对主要利益相关者之间的利益诉求及他们之间可能的共生关系进行了分析，要有效解决他们之间的利益诉求矛盾并保持稳定、持续的共生关系，需要进行主要利益相关者的行为博弈分析，探索其能够实现自身利益诉求的社会经济行为。

1. 政府部门的调控监督行为

政府为了实现多重利益诉求，为试点区“保驾护航”，从根本上制定相关政策和规章制度，不断完善注入改善基础设施、宣传推广、环境治理等服务职能，并行使自然资源监督管理权，以营造试点区良好的发展环境，促进试点区自然资源能够得到有效保护。从长远来看，政府部门在试点区建设发展中，需要充分发挥宏观调控、服务监督的作用，将制定与完善相关政策制度放在最重要位置，形成良好的政策环境以促进试点区建设发展有章可循、有法可依。

2. 管理局的经营管理行为

管理局实际参与试点区的经营管理，需要具备试点区自然资源及生态环境的相关专业知识和业务技能，才能促进试点区自然资源和生态系统的保护和可持续发展。因此，管理局需要结合自身业务长处和技术优势，充分发挥经营管理的主体作用，挖掘试点区的生态特点，丰富试点区生态建设内涵，开发试点区特色的生态系统服务产品和服务，提升试点区的知名度。

3. 周边社区居民的参与受益行为

试点区内依然生活着大量的居民，他们是这片土地的主人，世世代代与试点区紧密相关，没有比他们更熟悉试点区特点的人了，他们有权利也有义务参与到试点区的建设发展中。依靠试点区自然资源和生态系统的地理空间特点，转化成特色的区域生态系统产品和服务，从而提供给消费者并从中获取利益，因而他们也必须在保护试点区自然资源、改善生态环境、提升试点区形象等方面发挥受益者的作用。

4. 普通公众（消费者）的消费体验行为

普通公众（消费者）来到试点区进行消费体验，参与了试点区的旅游经济活动，消费了试点区所提供的生态系统产品或服务，获得了身心感官的满足。实际上，消费者的需求是试点区未来生态系统产品和服务开发的前提，决定了试点区未来生态系统产品和服务的市场前景。因此，必须重视普通公众（消费者）的消费体验身份，他们是生态系统产品和服务的最终使用者。

上述政府部门的调控监督、管理局的直接经营管理、周边社区的参与受益及普通公众（消费者）的消费体验等之间的行为博弈，将随着各自的身份在所参与的社会经济活动中不断演化，动态调节他们之间利益的分配。如果一个利益相关者长期不能得到应有的利益分配，那么就会导致该利益相关者丧失与其他利益相关者合作的兴趣，甚至丧失继续与其他利益相关者互利共生的能力。未来发展需要政府通过制定法规、政策，依托人力物力财力资源，营造试点区利益相关者共生发展的大环境，促使试点区自然资源和生态环境得到保护、生态系统服务数量和质量得到提升、当地特色文化得到传承、社区生活条件水平得到提高，最终实现各利益相关者满意和谐。

第六章　国家公园规模化建设及综合管理体系研究

国家公园是以保护具有典型性、代表性和稀有性的生态系统、自然与文化遗迹或景观为目的，为公众提供教育、科研、游憩机会，由国家依法划定并统一保护与管理的区域。基于我国自然生态保护地存在空间界限不清、交叉重叠、政出多门、管理效率低等问题，党的十八届三中全会通过的《中共中央关于全面深化改革若干重大问题的决定》明确提出要“建立国家公园体制”，这是党中央、国务院统筹推进“五位一体”总体布局的重大战略决策，是落实“创新、协调、绿色、开放、共享”发展理念的重要举措，是实现人与自然和谐共生的具体实践，对于促进中国特色的重要生态保护地体系的形成，加强国家自然生态保护，构建生态文明制度体系，维护国家生态安全具有重要意义。

为落实上述国家战略，探索国家公园体制建设路径与模式，2015 年上半年国家发展和改革委员会等 13 个部门联合启动了国家公园体制试点区试点工作，在全国选定 12 个省市开展国家公园体制试点，浙江钱江源区域被确定为试点区之一。随后，浙江省、衢州市及开化县相关部门积极开展相关工作，为国家公园体制试点区试点工作的开展创造条件。2015 年 12 月，国家发展和改革委员会组织专家评审通过了《钱江源国家公园体制试点区试点实施方案》，2016 年 6 月，国家发展和改革委员会正式批复了该方案。该方案明确提出要以建立统一规范高效管理体制、增强全民公益性为目标，强化生态保护、实现人与自然和谐共生，整合碎片化区域、实现统一管理，鼓励社会参与、实现运行管理模式创新。

钱江源国家公园体制试点区管理权同经营权分离，明确管理者、经营者各自的职能和权责范围；明确经营方向及内容，实行特许经营制度，对经营行为实行严格监管。设置经营者的特许经营权限，保证管理机构对试点区经营内容、发展方向等的调控能力。

在资金机制方面，重点为筹资机制中的财政渠道和市场渠道，财政渠道的建设可以通过事权划分来加强和规范。为此，钱江源国家公园体制试点区的管理事务分为资源保护和环境修复活动、保护性基础设施建设、公益性利用基础设施和公共服务经营性利用基础设施建设四个方面，根据财政学外部性范围、信息对称、激励相容三原则进行事权划分，市场渠道的建设更为复杂。考虑到中国国家公园建设中的“人、地”约束，提出主要用于社区且管理机构也能获利的绿色发展机制，这个机制的技术路线是将资源环境的优势转化为产品品质的优势，并通过品牌平台固化推广体现为价格优势和销量优势，最终在保护地友好和社区友好的情况下实现单位产品价值的明显提升，这样的转化需要依托钱江源国家公园产品品牌增值体系来实现，具体包括产品和产业发展指导体系、产品质量标准体系、产品认证体系、品牌管理推广体系（包括知识产权保护）、品牌增值检测和保护情况评估体系。

考虑到钱江源国家公园体制机制的构建是一个动态的、发展的过程，并且管理单位体制的权力在体制机制的重点领域（资源管理体制和资金机制中）都有所涉及，因此明确不同层面的国家公园管理机构对应的权力清单和运行方式尤为重要，本章共分4部分，梳理分析了不同国家国家公园的特征，针对钱江源国家公园体系建设和管理现状、存在的问题及其成因，提出了钱江源国家公园管理体制改革思路和建立国家公园体制的总体建议。

一、国家公园体制建设思路和总体框架

2013年11月，中共中央十八届三中全会通过的《中共中央关于全面深化改革若干重大问题的决定》（以下简称《决定》）中首次提出“坚定不移实施主体功能区制度，建立国土空间开发保护制度，严格按照主体功能区定位推动发展，建立国家公园体制”。2015年5月发布的《中共中央国务院关于加快推进生态文明建设的意见》也明文提出“建立国家公园体制，实行分级，统一管理，保护自然生态和自然文化遗产原真性，完整性”。同年9月发布的《生态文明体制改革总体方案》明确提出“（十二）建立国家公园体制。加强对重要生态系统的保护和永续利用，改革各部门分头设置自然保护区、风景名胜区、文化自然遗产、地质公园、森林公园等的体制，对上述保护地进行功能重组，合理界定国家公园范围。国家公园实行更严格保护，除不损害生态系统的原住民生活生产设施改造和自然观光科研教育旅游外，禁止其他开发建设，保护自然生态和自然文化遗产原真性，完整性。加强对国家公园试点的指导，在试点基础上研究制定建立国家公园体制总体方案，构建保护珍稀野生动植物的长效机制”。

为了贯彻落实《决定》精神，环境保护部于2014年3月批准浙江省开化、仙居开展国家公园试点工作，并明确“国家公园是以自然生态保护为主要目标，是一种科学处理生态环境保护与资源开发利用关系的保护管理发展模式。在保护生态系统完整性和生态系统服务功能的前提下，可以适度开展科研，教育，旅游活动，禁止与保护目标相抵触的一切开发利用方式。试点县应在国家公园建设试

点过程中，不断借鉴政府主导，多方参与，区域统筹，分区管理，管经分离，特许经营”等国际先进经验，始终把握国家公园“既不同于严格的自然保护区，也不同于一般的旅游景区的本质特点，协调处理好环境与发展，保护与利用，经济与社会等方面的关系，将国家公园建设好，管理好”。

2015 年 1 月，国家发展和改革委员会、机构编制委员会办公室、财政部、国土资源部、环境保护部、住房和城乡建设部、水利部、农业部、国家林业局、国家旅游局、国家文物局、国家海洋局、国务院法制办 13 个部委签发《建立国家公园体制试点方案》，明确了北京、青海、云南等 12 个国家公园体制试点省(市)，选择了三江源、神农架、武夷山、钱江源、南山长城、香格里拉、普达措、大熊猫和东北虎豹 9 个国家公园体制试点区。试点期限为 3 年，2017 年底前结束。试点工作重点为加强生态保护，统一规范管理，明晰资源权属。创新经营管理，促进社区发展等方面开展试点创新，形成统一规范高效的管理体制和资金保障机制，统筹保护和利用取得重要成效，形成可复制，可推广的保护管理模式。

2015 年 10 月发布的《中共中央关于制定国民经济和社会发展第十三个五年规划的建议》更明确提出在“十三五”期间“建立国家公园体制，整合设立一批国家公园”，说明在“十三五”期间完成国家公园体制试点工作，并产生一批真正的国家公园。

从生态文明建设的角度和高度看，国家公园是中国生态文明建设的重要物质基础，是生态文明制度建设的先行先试区和生态文明八项基础制度因地制宜的创新实践区；而国家公园体制建设是国家公园事业的基础，国家公园体制建设试点是中国推进国家公园事业起步的重要工作。为此，应有以下两方面考虑：①国家公园体制试点和建设必须与“五个发展”理念《生态文明体制改革总体方案》(以下简称《生态文明方案》)、《建立国家公园体制总体方案》（以下简称《总体方案》）等中央的顶层设计紧密结合，必须按照中央的相关文件要求进行部署，只有这样才可能确保这项工作朝着正确的方向有序推进，即国家公园体制建设必须是目标导向的；②中国已经存在多种保护地类型，在保护地管理问题繁多且保护地优化管理存在多方面约束的情况下，国家公园体制试点和建设更需要找到针对问题的且与当前各类保护地体制衔接的改革路径，只有这样才可能形成中国国情下“统一、规范、高效”的国家公园体制，即国家公园体制建设还应是问题导向。

目前，“国家公园”在中国得到了前所未有的关注度，从国家和各地方政府、研究人员、公司企业、非政府组织等社会各界都广泛关注。一系列的指导性文件也助推了国家公园体制的建设，中国国家公园已进入了快速发展的新阶段。

(一) 国家公园体制建设的主要目标和思路

国家公园的划建由国家主导，开展顶层设计，采用自上而下的方式进行建设。同时考虑参与国家公园建设的积极性，对本地自然资源熟识、利益相关等因素，也要与地方政府和社区居民沟通协调，结合自下而上的方式。

中央相关文件中所提出的国家体制建设的目标与试点建设的思路见表 6-1。

表 6-1　国家公园体制建设相关中央文件

文件名称或会议名称	文件或会议中的相关内容	主要内容
十八届三中全会《中共中央关于全面深化改革若干重大问题的决定》(2013 年 11 月)	建立国家公园体制	严格按照主体功能区定位推动发展
《关于开展生态文明先行示范区建设的通知》(2014 年 6 月)	安徽省黄山市等 7 个首批先行示范区“探索建立国家公园体制”	将国家公园体制作为生态文明先行示范区改革的重要制度建设工作
国家发展和改革委员会等十三个部委《建立国家公园体制试点方案》(2015 年 1 月)	确定 9 个试点区；试点目标：保护为主，全民公益性优先；体制改革方向：统一规范，高效。规定了体制机制的具体内容：管理体制建构方案（包括管理单位体制，资源管理体制资金机制和规划机制），运行机制建构方案（包括日常管理机制，社会发展机制，经营机制和社会参与机制）	国家公园体制试点的总体指导文件，详尽说明了各试点工作
国家发展和改革委员会办公厅《国家公园体制试点区试点方案大纲》(2015 年 3 月)		
《中共中央国务院关于加快推进生态文明建设的意见》(2015 年 4 月)	建立国家公园体制，实行分级、统一管理，保护自然生态和自然文化遗产的原真性和完整性	建立国家公园体制的目的是保护自然生态和自然文化遗产
国务院批转国家发展和改革委员会《关于 2015 年深化经济体制改革重点工作意见的通知》(2015 年 5 月)	在 9 个省市开展国家公园体制试点	作为生态文明制度改革的重要内容，与经济体制改革有关
《生态文明体制改革总体方案》(2015 年 9 月)	（十二）建立国家公园体制。加强对重要生态系统的保护和永续利用……国家公园实行更严格保护，除不损害生态系统的原住民生活生产设施改造和自然观光科研教育旅游外，禁止其他开发建设……加强对国家公园试点的指导，在试点基础上研究制定建立国家公园体制总体方案	此方案是从制度角度对生态文明建设的顶层设计，包括八项基础制度，其中三处提及国家公园

续表

文件名称或会议名称	文件或会议中的相关内容	主要内容
国家发展和改革委员会与美国国家公园管理局签署《关于开展国家公园体制建设合作的谅解备忘录》（2015 年 9 月）	双方在国家公园立法、资金保障、商业设施、生态保护，以及文化和自然遗产保护、促进地方社区发展和公园管理创新等方面开展共同研究；双方在国家公园管理体制的角色定位国家公园与其他类型保护地的关系、各类保护地的设立标准以及分类体系的建立等方面开展深入探讨	作为习近平主席访问美国期间的外交成果，旨在深化中美双方国家公园体制建设合作
中央“十三五”规划建议（2015 年 10 月）	整合设立一批国家公园……设立统一、规范的国家生态文明试验区	“十三五”期间正式设立国家公园
中央全面深化改革领导小组第十九次会议（2015 年 12 月）	在青海三江源地区选择典型和代表区域开展国家公园体制试点，实现三江源地区重要自然资源国家所有、全民共享、世代传承……要坚持保护优先、自然修复为主，突出保护修复生态，创新生态保护管理体制机制，建立资金保障长效机制，有序扩大社会参与	《中国三江源国家公园体制试点方案》直接由中央全面深化改革委员会办公室通过评审
中央财经领导小组第十二次会议（2016 年 1 月）	要着力建设国家公园，保护自然生态系统的原真性和完整性，给子孙后代留下一些自然遗产。要整合设立国家公园，更好保护珍稀濒危动物。至此，形成了这个阶段中央发展国家公园的路径：建立国家公园体制—国家公园体制试点—整合设立一批国家公园（“十三五”）—着力建设国家公园	国家公园相关工作进入“着力建设”期
中央全面深化改革领导小组第二十一次会议（2016 年 2 月）	开化被国家发展和改革委员会、国土资源部、环境保护部、住房和城乡建设部四部委确定为全国 28 个“多规合一”试点市县之一，并作为代表向中央汇报“多规合一”改革工作	联动开展国家公园体制、国家主体功能区建设、“多规合一”等 5 项国家试点
《“十三五”规划纲要》（2016 年 3 月）	建立国家公园体制，整合设立一批国家公园	将国家公园体制进一步规范
国务院批转国家发展和改革委员会《关于 2016 年深化经济体制改革重点工作意见的通知》（2016 年 3 月）	抓紧推进三江源等 9 个国家公园体制试点	以试点公园为重点，加强试点区域体制改革

续表

文件名称或会议名称	文件或会议中的相关内容	主要内容
中共中央办公厅，国务院办公厅印发了《关于设立统一规范的国家生态文明试验区的意见》及《国家生态文明试验区（福建）实施方案》（2016 年 8 月）	设立由福建省政府垂直管理的武夷山国家公园管理局，对区内自然生态空间进行统一确权登记保护和管理。到 2017 年，形成突出生态保护统一规范管理、明晰资源权属，创新经营方式的国家公园保护管理模式。建立归属清晰，权责明确、监管有效的自然资源资产产权制度，健全自然资源资产管理体制，建立统一高效，联防联控、终身追责的生态环境监管机制；建立健全体现生态环境价值，让保护者受益的资源有偿使用和生态保护补偿机制等。建立为企业群众提供生态产品，绿色产品的制度，探索建立生态保护与修复投入和科技支撑保障机制，建立先进科学技术研究应用和推广机制等	整合试点示范。将已经部署开展的福建省生态文明先行示范区……武夷山国家公园体制试点等各类专项生态文明试点示范，统一纳入国家生态文明试验区平台集中推进，各部门按照职责分工继续指导推动
中央全面深化改革领导小组第三十次会议审议通过《大熊猫国家公园体制试点方案》《东北虎豹国家公园体制试点方案》（2016 年 12 月）	有利于增强大熊猫、东北虎豹栖息地的联通性、协调性、完整性，推动整体保护、系统修复，实现种群稳定繁衍。要统筹生态保护和经济社会发展、国家公园建设和保护地体系完善，在统一规范管理、建立财政保障、明确产权归属、完善法律制度等方面取得实质性突破	完整保护旗舰物种的栖息地，实现空间整合和体制整合
全国发展和改革工作会议（2016 年 12 月）	加快提升绿色循环低碳发展水平。深化生态文明体制改革，发布省级地区绿色发展指数；推进落实主体功能区规划，制定《建立国家公园体制总体方案》	明确 2017 年工作的重点是《建立国家公园体制总体方案》
中央全面深化改革领导小组第三十六次会议（2017 年 6 月）审议通过《祁连山国家公园体制试点方案》	开展祁连山国家公园体制试点。突出生态系统整体保护和系统修复，以探索解决跨地区、跨部门体制性问题为着力点，按照山水林田湖是一个生命共同体的理念，在系统保护和综合治理，生态保护和民生改善协调发展，健全资源开发管控和有序退出等方面积极作为，依法实行更加严格的保护。要抓紧清理关停违法违规项目，强化对开发利用活动的监管	国家公园应实行最严格保护

续表

文件名称或会议名称	文件或会议中的相关内容	主要内容
中央全面深化改革领导小组第三十七次会议（2017 年 7 月）审议通过《建立国家公园体制总体方案》，9 月 19 日印发	建立国家公园体制，在总结试点经验基础上，坚持生态保护第一，具有国家代表性，全民公益性的国家公园理念，坚持山水林田湖草是一个生命共同体，对相关自然保护地进行功能重组，理顺管理体制，创新运营机制，健全法律保障，强化监督管理，构建以国家公园为代表的自然保护地体系	部署未来的国家公园工作，从试点期正式进入第一批国家公园创建期，提出国家公园建设总体框架
2017 年10 月 18 日的十九大报告	国家公园体制试点积极推进，建立以国家公园为主体的自然保护地体系	中央表达了主动性，并明确了国家公园在自然保护地体系中的地位

从表 6-1 中可以总结出，国家公园体制试点意图通过建立“统一、规范、高效”的国家公园体制，实现“保护为主，全民公益性优先”的终极目标。中央建立国家公园体制，不仅在于加强生态保护，而且将国家公园体制建设作为生态文明制度建设的重要内容，作为体现全民公益性、促进发展方式转变的手段。即国家公园就是生态文明建设的特区，要在制度设计、考核指标、奖惩措施、行政资源调配等方面均体现出特殊性，以彻底转变试点区的发展方式。《关于设立统一规范的国家生态文明试验区的意见》及《国家生态文明试验区（福建）实施方案》对此进行了详细的表述。

然而，这些目标的具体体现形式，能否实现、实现的具体方式，归根结底取决于中国保护地的现存问题和解块这些问题的制度约束。中国国家公园体制建设，必须首先明晰中国保护地体系的管理问题和制度约束。

（二）中国保护地体系管理体制和管理机制现状

与美国等发达国家不同，中国的国家公园体制建设是在各类保护地已经广泛建立，且相当数量的保护地空间交叉重叠，一地多牌，管理机构权责不清的背景下提出的，旨在以国家公园体制建设带动保护地体系的完善，加强保护并凸显全民公益性。因此，中国建立国家公园，必须先对各类已有保护地的管理状况做一梳理，明确中国保护地体系的管理体制、机制和管理体系现状。

管理体制和机制主要是指组织系统的权力划分（职能配置）组织结构运行机制等的关系模式。而管理体系形成的标志是该类资源的管理者有明确的机构职能、人员队伍、资金来源、发展目标、管理规则。以某一类保护地为例，其管理体系包括设置分级标准、管理办法和管理部门等，且大多数已被纳入管理体系，即由独立的专职机构按照法律法规或部门管理办法进行日常管理。管理体制和机制共同决定了权力划分和行政资源（人、财、物）配置状况。而权力的划分决定职能的配置，职能配置进而左右组织的结构，影响范围和运行方式。这些最终都将直接影响管理体制对应的管理单位体制（管理体制说明某项事业遵循什么理念，按什么方式来组织，管理单位体制说明这项事业的具体承担机构按什么组织形式和权责来运行）。

对中国的国家公园体制建设来说，既需要从理念层面（终极目标）和特征层面确定管理体制（前者是保护为主，全民公益性优先；后者是统一、规范、高效），更需要确定管理单位体制，这样才能保证管理体制的理念和特征能被具体的国家公园管理机构体现，才能保证管理机构处理好与地方政府的关系。

（三）国家公园体制建设总体框架

基于中国保护地体系的实情和保护地管理体制的建设难点，提出的国家公园体制建设总体框架可从以下方面概述。

1. 目标导向和问题导向

主观因素和客观因素既是国家公园体制机制改革的背景又是其动因，分别对应于目标导向和问题导向。

主观因素主要是指中央的相关改革要求，包括生态文明体制改革及具体的国家公园体制试点方案，也包括与国家公园管理相关的财税体制、大部制和事业单位体制改革等。《“十三五”规划纲要》指出，要“建立国家公园体制，整合设立一批国家公园”。关于国家公园体制，《建立国家公园体制试点方案》中提出了国家公园体制试点的体制机制要点，而《生态文明体制改革总体方案》实际上为《建立国家公园体制试点方案》提出的体制机制提供了上位依据和构建了底层制度，其具体目标可以从生态文明八项基础制度中发现（如“归属清晰、权责明确、监管有效”的自然资源资产产权制度）；国家公园目标的关键词则是整合：2016 年 1 月习近平总书记在中央财经领导小组第十二次会议上指出，要着力建设国家公园，保护自然生态系统的原真性和完整性，给子孙后代留下一些自然遗产；要整合设立国家公园，更好保护珍稀濒危动物”（新华社，2016）。

客观因素是指中国的保护地体系存在诸多问题，导致保护地既没有保护好，也没有充分发挥全民公益性。“没有保护好”，主要是指：各类遗产管理体系交叉，条块分割；“一地多牌”现象凸出，管理目标混乱；同时碎片化问题严重，生态系统的完整性和原真性难以得到有效保护。“没有服务好”，主要是指没有充分发挥保护地的服务功能，忽视对服务质量的改进，忽视教育、科研和环保教育等功能，并且没有惠及全民。“没有经营好”，是指经营中忽视原住民和普通消费者的利益，大部分保护地的可利用资源或者沦为机构商业经营的对象，或者由原住民无序经营。另外，即便是已经开展国家公园体制试点的区域，仍然有若干问题难以解决。确定完整生态系统并统一纳入试点区，受到本底调查缺失，居民点既有产业和原有管理体制的限制，对国家公园试点区未来边界调整的动态计划和跨区域管理基本没有形成具有可操作性的方案；在管理单位体制整合和土地等关键自然资源管理体制上，存在实施路径简化和对当前问题的回避；缺乏对事权的清晰划分和对资金机制的设计。概括起来，空间整合和体制整合不完备是几乎所有试点区的共性问题。建立国家公园体制和设立国家公园，就是为了有针对性地解决这些问题，理顺保护地体系，以加强保护为基础全面发挥保护地的功能。

2. 目标和制度基础

国家公园以“保护为主，全民公益性优先”为终极目标，以完整配套的生态文明体制为支撑。国家公园以保护为首要任务已经成为全球共识，而中国有着特殊的国情（人口多，地权杂），国家公园的建设不能照搬美国等发达国家的垂直管理模式，而需要更多地关注周边社区的发展，更多地依靠宏丽的生态文明体制。即中国国家公园加强保护的约束较多，自身承担的功能也多，其不同于自然保护区之处在于要更体现全民公益性，能带动社区发展。也正因如此，国家公园应被视为生态文明建设的重要物质基础和先行先试区，国家公园体制建设必须依托于生态文明八项基础制度配套建设，国家公园体制的框架内容，各项体制机制的改革方向和操作方案应与《生态文明体制改革总体方案》相衔接、协调并细化。

以通过空间整合体制整合、解决碎片化管理问题为基础目标。保护不力的重要原因是现有的各类保护地不以完整的生态系统作为管理目标，而仅关注生态系统的某个片段或要素，导致其建设不成体系，一地多牌多主交叉重叠、权责不清的现象普遍存在，以致保护难以形成合力反而为不当开发留下漏洞。因此，国家公园体制建设要实现“保护为主”的目标，就必须抓住碎片化管理这一基础性问题，重点关注同一生态系统内多种保护地类型重复建设，多头管理的现象，打破部门和地域的限制，强调从一个生态系统的视角来整合各类保护地，以达到有效保护重点生态功能区的目的。

二、典型国家的国家公园管理体制比较

（一）国家公园法律体系比较

在法律体系方面，发达国家大多出台了自己的国家公园管理专项法规，如美国的《国家公园基本法》、加拿大的《加拿大国家公园法》、德国的《联邦自然保护法》、英国1949年颁布的《国家公园与乡村进入法》、瑞典的《国家公园法》、澳大利亚的《国家公园法》、新西兰的《国家公园法》、南非的《国家公园环境管理法》、韩国的《自然公园法》、日本的《自然公园法》等，对其国家公园的合理建设和管理产生了重要引导和监管作用。与此同时，不少国家还结合自身实际出台了一系列相关法律法规，形成了较为完善的法律体系，如美国就颁布了《原野法》《原生自然与风景河流法》《国家风景与历史游路法》等单行法；加拿大也颁布了《国家公园通用法规》《国家公园建筑物法规》《国家公园别墅建筑法规》《国家公园墓地法规》《国家公园家畜法规》《国家公园钓鱼法规》《国家公园垃圾法规》《国家公园租约和营业执照法规》《国家公园野生动物法规》《国家历史遗迹公园通用法规》《国家历史遗迹公园野生动物及家畜管理法规》《加拿大国家公园管理局法》《加拿大遗产部法》等多部相关法规；澳大利亚也颁布了《国家公园和野生动植物保护法案》《澳大利亚遗产委员会法案》；日本则颁布了《自然公园法施行令》《自然公园法施行规则》《国立公园及国定公园候选地确定方法》《国立公园及国定公园调查要领》《国立公园规划制订要领》《鸟兽保护及狩猎正当化相关法》等诸多相关法规，对其国家公园的有效管理产生了十分重要的积极意义。此外，各典型国家均颁布了不少有关环境保护、文化遗迹保护方面的相关法律，也对其国家公园的有效管理具有重要的促进作用。

典型国家的国家公园管理法规体系如表6-2所示。

表6-2　典型国家的国家公园管理法规体系

国家或地区	专项法规	其他相关法规
美国	《国家公园基本法》	《原野法》《原生自然与风景河流法》《国家风景与历史游路法》《国家环境政策法》《清洁空气法》《清洁水资源法》《濒危物种法》《国家史迹保护法》及部门规章等

续表

国家或地区	专项法规	其他相关法规
加拿大	《加拿大国家公园法》	《国家公园法案实施细则》《野生动物法》《濒危物种保护法》《狩猎法》《防火法》《放牧法》《国家公园通用法规》《国家公园建筑物法规》《国家公园别墅建筑法规》《国家公园墓地法规》《国家公园家畜法规》《国家公园钓鱼法规》《国家公园垃圾法规》《国家公园租约和营业执照法规》《国家公园野生动物法规》《国家历史遗迹公园通用法规》《国家历史遗迹公园野生动物及家畜管理法规》《加拿大国家公园管理局法》《加拿大遗产部法》及省立公园法等
德国	《联邦自然保护法》	《联邦森林法》《联邦环境保护法》《联邦狩猎法》《联邦土壤保护法》及"一区一法"（即各州根据自己的实际情况制定了自然保护方面的专门法律）等
英国	《国家公园与乡村进入法》（1949年）、苏格兰《国家公园法》	《当地政府法》《环境法》《野生动物和乡村法案1981》《灌木树篱条例1997》《乡村和路权法案2000》《水环境条例（英格兰和威尔士）2003》《自然环境和乡村社区法案2006》《环境破坏（预防和补救）条例（威尔士）2009》《〈海洋和沿海进入法案2009〉修正案》（2011年）等
瑞典	《自然保护法》和《国家公园法》	《森林法》《林业法》《环境法典》等
澳大利亚	《国家公园法》	《环境保护法》《国家公园和野生动植物保护法案》《澳大利亚遗产委员会法案》《鲸类保护法》《世界遗产财产保护法》《濒危物种保护法》《环境保护和生物多样性保护法》《环境保护与生物多样性保育条例》等。此外，澳大利亚各州也根据自身情况颁布了多部国家公园方面的法律法规
新西兰	《国家公园法》	《资源管理法》《野生动物控制法》《海洋保护区法》《野生动物法》《自然保护区法》等
南非	《国家公园环境管理法》	《保护区域法律》《国家保护区域政策》《海洋生物资源法》《生物多样性法令》《环境保护法令》《湖泊发展法令》《世界遗产公约法令》《国家森林法令》《山地集水区域法令》《保护与可持续利用南非生态资源多样性白皮书》等
韩国	《自然公园法》	《山林文化遗产保护法》《山林法》《建筑法》《道路法》《沼泽地保护法》《自然环境保存法》等

续表

国家或地区	专项法规	其他相关法规
日本	《自然公园法》	《自然公园法施行令》《自然公园法施行规则》《国立公园及国定公园候选地确定方法》《国立公园及国定公园调查要领》《国立公园规划制订要领》《鸟兽保护及狩猎正当化相关法》及施行令与施行规则，《自然环境保全法》及施行令与施行规则，《自然环境保全基本方针》《自然再生推进法》《濒危野生动植物保护法》及施行令与施行规则，《国内特定物种事业申报相关部委令》《国际特定物种事业申报相关部委令》《特定未来物种生态系统危害防止相关法》及施行令与施行规则

（二）国家公园管理机制比较

在管理机制上，典型国家形成了几种典型的管理体系。

一是自上而下的垂直管理体制。采取该管理体制的国家较多，包括美国、英国、新西兰、瑞典、澳大利亚和韩国，不同国家在实践工作中形成了不同的管理体系，如表 6-3 所示。

表 6-3　主要国家和地区的垂直管理体系

国家或地区	管理体系	具体内容
美国、英国、新西兰、瑞典、澳大利亚、南非	"国家-地区-公园"型管理体系	其最高行政机构为内务部下属的国家公园管理局，负责全国国家公园的管理、监督、政策制定等。在总局的领导下，再分设跨州的地区局作为国家公园的地区管理机构，并以州界为标准来划分具体的管理范围。每座公园则实行园长负责制，并由其具体负责公园的综合管理事务
韩国	"国家-地方"型管理体系	国立公园管理机构由国立公园管理公团本部和地方机构组成。地方管理事务所包括 18 个国立公园管理事务所（下辖 7 个支所和 33 个分所）和自然生态研究所航空队，他们大部分受国立公园管理公团的直接管理，仅有庆州，汉拿山国立公园受地方政府管理

二是自上而下与地方自治相结合的管理机制。典型的国家是加拿大和日本。在加拿大，其国家公园是由一个联邦政府、十个省政府、两个地区政府以及几个委员会和有关当局的管理保护区共同管理的，且联邦政府设立的国家公园和省立国家公园的管理体制不同。联邦政府设立的国家级国家公园实行垂直管理体制，省立国家公园由各省政府自己管理，其管理机构并不接受联邦国家公园管理局的指导，也不接受其管理，且各省的管理机构名称也不一样。在日本，国立公园由国家环境省直接管理，环境省按地区设立相应的环境事务所，负责对辖区内的国立公园进行管理，国定公园、都道府县立自然公园则由都道府县进行管理。

三是地方自治型管理机制。代表性国家是德国，其自然保护工作的具体开展和执行、公园的建立、管理机构的设置、管理目标的制定等一系列事务都由地区或州政府决定，联邦政府仅为开展此项工作制定宏观政策、框架性规定和相关法规。

同时，大部分典型国家都设立了专门的国家公园管理机构，如美国的国家公园管理局、加拿大的国家公园管理局、新西兰的保护部、澳大利亚的环境水资源部下的公园管理署、韩国的国立公园管理公团本部、日本的国家环境省等，这些管理机构专局专职，有效地协调好了管理机构与其他相关部门的利益关系，避免了多头管理、相互扯皮，“各吹各的号、各唱各的调”等问题。

（三）国家公园资金机制比较

在国家公园的资金来源方面，大部分典型国家的资金主要来自国家财政拨款，包括美国、加拿大、英国、瑞典、澳大利亚、新西兰、韩国和日本。除此以外，德国国家公园资金的主要来源渠道为州政府，其运营开支被纳入州公共财政进行统一安排，主要用于国家公园的设施建设和其他保护管理事务；南非国家公园的运行采取商业运营战略，政府的角色只有在市场运营出现危机时，起到一个调控和支配的作用。总体上，除南非外，其他典型国家的国家公园主要资金均来自政府投资，这在很大程度上为公园建设提供了资金保障。

同时，成立基金也是各国家公园建设资金的重要来源之一，如英国、瑞典、新西兰、日本等国家的相关基金均是其国家公园保护管理经费的重要组成部分。此外，公园有形无形资源的合理利用所带来的收入及社会捐赠也是许多国家和地区国家公园保护管理资金的重要来源（表6-4）。这些，对我们完善国家公园资金机制具有一定的借鉴意义。

表 6-4 典型国家资金来源状况一览表

国家	资金来源	主要资金来源
美国	联邦政府拨款；门票及其他收入；社会捐赠；特许经营收入	联邦财政拨款
加拿大	联邦政府拨款；门票及其他收入；社会捐赠；特许经营收入	联邦财政拨款
德国	联邦政府拨款；门票及其他收入；社会捐赠；特许经营收入	州政府
英国	中央政府资助；地方当局的预算；国家公园自身的收入；一些特殊的基金；银行利息，专项或者一般的储备以及垃圾填埋税；国家彩票	中央政府资助
瑞典	国家财政全额拨款；由中央政府、地方政府、社区共同出资成立的基金	国家财政全额拨款
澳大利亚	联邦政府专项拨款；各地动植物保护组织的募捐	联邦政府专项拨款
新西兰	政府财政；基金；通过与国外自然保护区广泛开展国际合作的方式来筹集资金	政府财政
南非	商业化运营	商业化运营获得的资金
韩国	国家补助；门票收入；停车场收入；设施使用费等	国家补助
日本	财政拨款；自筹、贷款、引资等，比如自然公园内商业经营者上缴的管理费或利税，通过基金会形式向社会募集的资金，地方财团的投资等	财政拨款

（四）国家公园经营管理机制比较

在经营管理机制上，不少国家实施管理与经营相分离的制度，如美国、澳大利亚、日本等。为实现管理权与经营权的分离，这些国家的国家公园均不搞营利性创收，工作重点是抓好国家公园的保护和管理工作，公园内的相关经营项目则通过特许经营的办法委托给企业或个人经营，这种经营模式有利于保护好公园内的自然文化遗产和动植物资源，保护国家公园的生态系统。此外，新西兰、日本等国家也实行特许经营制度，对推动国家公园管理权与经营权的分离也产生了重要意义。还有一部分国家强化社区共建和利益相关者共同管理，带动当地经济发展，如德国强化社区共建，其公园与相关机构、周边村、旅游公司、公交公司等建立了良好的协调发展关系和合作机制，有效地带动了周边地区的发展；南非的国家公园与当地附近社区以合同方式达成某些服务的委托，带动了当地经济发展。

在收费机制上，各典型国家的收费制度不尽相同，如美国等国家的国家公园收费较少，门票价相当低廉；加拿大不收门票或按游人所乘车辆车型收取少量门票；英国、瑞典等则实施免费开放政策，不收取门票；韩国等国家则为维护公园的正常运营，规定公园管理厅可以对进入自然公园的人征收入园费，可以对使用公园管理厅所设置设施的人征收使用费。在经营理念上，各典型国家在经营过程中均较重视生态环境的保护，采取了不同的措施推动了经营过程中生态环境的保护。如美国将自然保护列为国家公园成立的首要目的；加拿大强化保持国家公园的生态完整性，其法律禁止在国家公园内进行诸如采矿、林业、石油、天然气和水电开发，以娱乐为目的狩猎等各种形式的资源开采；澳大利亚实施特许经营的目的就是保护好公园内的动植物资源和环境资源；英国通过强制性或经济补偿的形式保护乡村的景观风貌；新西兰对每家特许经营店都设立了严格的生态保护考评体系，从微观层面将生态保护落实到日常的管理工作中；瑞典制定了长期的规划承诺保护、管理和展示国家公园这些自然区域；日本将使国民享受到保护较好的遗产资源和舒适游憩环境视为国家公园的发展理念。

三、钱江源国家公园体制试点区管理体制现状及问题

（一）钱江源国家公园体制试点区管理体制现状

1. 管理目标

钱江源国家公园体制试点区发展可梳理为战略调整期和战略突破期两个发展阶段，2016—2020 年重在管理体制、经营机制的调整优化，到 2021—2025 年力争在管理水平、管理效能和体制创新上取得实质性突破，基本建成能有效保护我国具有典型意义自然生态系统，为国民提供高质量公共游憩体验机会，且管理体制顺畅、组织功能健全、资源利用可持续的国家公园体制机制示范区。

（1）战略调整期（2016—2020 年）

1）管理体制更加顺畅。改革试点区多部门分头管理体制，坚持整合优化的原则，组建具有明确主体管理职能和更强管理效能的权威机构，对试点区自然资

源、资产实施统一管理。

2）机构功能得到优化。严循钱江源国家公园的保护与管理目标，整合相关职能机构，围绕资源保护、利用、科学研究等专业职能设置核心管理部门，切实提高国家公园的专业保护与管理能力。

3）特许经营有序落地。坚持管理权与经营权分离的原则，出台并实施特许经营管理办法、实施计划，有序推进特许经营项目的落地。

4）人才配置更加合理。根据减员增效的原则，在不增加人员编制的原则下，优化人员内部结构，全面提升人员工作能力，增强机构管理效能。

5）制度保障更加完善。坚持依法治园的原则，出台并实施标准规范和规章制度，确保国家公园建设目标的实现，杜绝一切违背国家公园管理目标的行为。

（2）战略突破期（2021—2025 年）

1）管理效能迈上新台阶。管理机构实现管理专业化的结构转型、政令统一的效率升级，科研、科普和游憩发展质量显著提高，国家公园生态保护与游憩发展的国家意义得到普遍认同。

2）体制改革实现新突破。整合毗邻的安徽休宁县岭南省级自然保护区和江西省婺源国家级森林鸟类自然保护区的部分区域，探索建设维护跨区域生态安全、打通生态廊道、遏制生态破碎化的跨省界国家公园。

2. 管理与运行模式

（1）管理模式

战略调整期：组建浙江省政府垂直管理机构“钱江源国家公园管理局”（后简称“管理局”），通过委托或法律授权，赋予管理局行使资源所有权，试点区内全民所有的自然资源资产统一交由管理局负责保护和运营管理，依法实行更严格的保护。各有关部门继续依法行使自然资源监管权。地方政府行使辖区内（包括试点区）经济社会发展综合协调、公共服务、社会管理和市场监管等职能。

战略突破期：联合毗邻的安徽休宁县岭南省级自然保护区和江西省婺源国家级森林鸟类自然保护区的部分区域，成立跨省界国家公园，组建全国国家公园归口机构垂直管理的管理机构。

（2）特许经营

推动自然资源资产管理权与经营权的分离、保证全民公益性，国家公园管理局不参与任何商业服务项目的经营。根据《生态文明体制改革总体方案》，由管理局负责全民所有的水流、森林、山岭等各类自然资源的出让，确定项目实施特许经营模式。

1）有限特许，明确特许项目类目。特许经营范围应主要集中在餐饮、住宿、生态旅游、交通方式、商品销售5个商业业态的19种特许项目（表6-5），对于符合国家公园建设目标的经营活动，通过租赁、活动授权、一般许可等特许方式实现严格的合同管理，对特许项目数量实施严格管控，禁止出现资源“整体转让、垄断经营”及“上市”等与国家公园性质相违背的经营性质。

表6-5　钱江源国家公园体制试点区特许经营类型表

大类	试点期特许项目基本类型
A. 餐饮	AA. 大众餐饮点；AB. 特色农（渔）家乐餐饮
B. 住宿	BA. 民宿；BB. 营地；BC. 酒店
C. 生态旅游	CA. 农业观光项目；CB. 农业体验项目；CC. 特色村旅游项目；CD. 滨水活动项目（如垂钓点）；CE. 水上活动项目；CF. 山地运动；CG. 公园生态导览服务项目；CH. 其他不影响自然生态环境可持续性的生态旅游活动
D. 交通方式	DA. 园区自行车；DB. 园区电瓶车；DC. 其他园内必要且对资源环境不造成负面影响的交通工具租赁项目
E. 商品销售	EA. 旅游商店（经营范围主要限定为土特产品、民间工艺品、旅游图书及音像制品等旅游纪念品）；EB. 旅游补给站（经营范围主要限定为生活用品、食品、饮料、户外用品等）；EC. 综合旅游商店（含以上两类经营范围）

2）依法特许，出台特许经营政策。根据《国家公园特许经营管理办法》，结合钱江源国家公园体制试点区管理目标，依法制定出台《钱江源国家公园体制试点区特许经营操作规程》等规章制度，明确特许经营的范围、数量、质量要求和操作规范。

3）公平特许，成立特许管理机构。由管理局代表与相关领域专家组成评标委员会，其中相关专家不少于评标委员成员总数的三分之一。

4）有序特许，严格特许经营程序。根据《招标投标法》《招标投标法实施条例》等法律法规和《国家公园特许经营管理办法》《国家公园特许经营收入管理和使用办法》等，由管理局依法制定《钱江源国家公园体制试点区特许经营项目计划》，提出招标项目，明确项目资金来源。试点区内的特许经营项目均应采取公开招标方式，实施严格程序管理，由管理局报请上级主管部门批准与委托，提前1个月在报纸、试点区及上级主管部门官方网站等媒介发布招标公告，招标公告应载明特许经营招标项目的性质、数量、实施地点和时间等事项和评标标准，评标标准需明确保护措施、服务价格、服务质量、业绩背景、特许费等方面的要求。由管理局对潜在投标人进行资格审查，由评标委员会根据招标文件规定的评标标准和方法，科学选择指定项目的最佳受让人，及时在网站上公布中标情况予以公示，并提交上级主管部门备案，明确特许经营的社区扶持导向，在不影响特许经营项目质量的情况下，鼓励本地资本参与。

钱江源国家公园体制试点区特许经营项目指向如表 6-6 所示。

表 6-6　钱江源国家公园体制试点区特许经营项目指向

序号	重点特许项目	所在乡镇	所属功能区	特许范围指向
1	钱江源头第一村（里秧田村）	齐溪镇	生态保育区	农业观光项目、农业体验项目、特色村旅游项目、旅游商店
2	苏庄生态旅游驿站	苏庄镇	生态保育区	旅游补给站、公园生态导览服务项目、园区自行车、园区电瓶车
3	古田山露营地	苏庄镇	生态保育区	露营地、旅游补给站
4	茶溪谷	齐溪镇	生态保育区	农业观光项目、农业体验项目、特色农家乐餐饮、旅游商店
5	九曲十八滩	齐溪镇	生态保育区	农业观光项目、农业体验项目、旅游商店
6	后山湾生态村	齐溪镇	生态保育区	特色村旅游项目、旅游商店
7	平坑村	苏庄镇	生态保育区	特色农家乐餐饮、农业观光项目、农业体验项目、旅游商店
8	唐头民俗文化村	苏庄镇	生态保育区	特色农家乐餐饮、特色村旅游项目、旅游商店
9	苏庄休闲茶园	苏庄镇	生态保育区	农业观光项目、农业体验项目、特色农（渔）家乐餐饮、旅游商店
10	余村乡土农园	苏庄镇	生态保育区	特色农家乐餐饮、营地、农业观光项目、农业体验项目、旅游商店
11	横中农家休闲庭院	苏庄镇	生态保育区	特色农家乐餐饮、旅游商店
12	溪西生态艺术客栈群	苏庄镇	生态保育区	民宿、大众餐饮点、旅游商店
13	苏庄生态文化购物街区	苏庄镇	生态保育区	大众餐饮点、旅游商店/综合旅游商店
14	平坑口旅游集散中心	苏庄镇	生态保育区	大众餐饮点、旅游商店/综合旅游商店、园区自行车、园区电瓶车

续表

序号	重点特许项目	所在乡镇	所属功能区	特许范围指向
15	桃源村	长虹乡	游憩展示区	特色农家乐餐饮、农业观光项目、农业体验项目、特色村旅游项目、旅游商店等
16	大横村	何田乡	游憩展示区	特色农家乐餐饮、民宿、旅游商店
17	陆联村	何田乡	游憩展示区	特色农家乐餐饮、旅游商店
18	上田岭高山蔬菜园	何田乡	游憩展示区	特色农家乐餐饮、农业观光项目、农业体验项目、旅游商店
19	霞川碧家河水库	长虹乡	游憩展示区	滨水活动项目、旅游补给站
20	霞川红色旅游基地	长虹乡	游憩展示区	特色农家乐餐饮、旅游商店
21	左溪村游客集散中心	齐溪镇	游憩展示区	大众餐饮点、旅游商店/综合旅游商店、园区自行车、园区电瓶车
22	西坑渔家乐（真子坑）	长虹乡	传统利用区	特色渔家乐餐饮、民宿、旅游商店
23	高坑山地风情村	何田乡	传统利用区	特色农家乐餐饮、民宿、旅游商店
24	里秧田村	齐溪镇	传统利用区	民宿、旅游商店
25	高田古村（真子坑）	长虹乡	传统利用区	特色农家乐餐饮、民宿、旅游商店
26	库坑野外拓展训练基地	长虹乡	传统利用区	营地、旅游补给站
27	龙坑乡村文化中心	何田乡	传统利用区	特色农家乐餐饮、民宿、旅游商店
28	高升毛竹观赏园	何田乡	传统利用区	农业观光项目、农业体验项目、旅游商店
29	高升高山蔬菜园	何田乡	传统利用区	农业观光项目、农业体验项目、旅游商店
30	仁宗坑高山养生谷	齐溪镇	传统利用区	营地、旅游商店
31	钱江源游客服务中心	齐溪镇	传统利用区	大众餐饮点、游客接待中心、园区自行车、园区电瓶车、旅游商店/综合旅游商店

续表

序号	重点特许项目	所在乡镇	所属功能区	特许范围指向
32	钱江源生态旅游驿站	齐溪镇	传统利用区	旅游补给站、公园生态导览服务项目、园区自行车、园区电瓶车
33	齐溪生态文化购物街区	齐溪镇	传统利用区	旅游商店/综合旅游商店

注：此表所列主要为依托固定资产的住宿、餐饮、交通、销售类项目，需在租赁基础上特许；国家公园内的自然解说、户外拓展等生态导览服务项目需通过活动授权实现特许；在公园内开展拍摄、节庆活动等一次性活动，需通过获得一次性许可。

5）透明特许，健全特许监管机制。管理局依据相关制度规定，定期对经营项目的经营规模、经营性质、经营质量、价格水平、环保、卫生、安全等方面进行严格检查，及时取缔对环境资源有破坏、私自扩大经营规模以及与公园核心发展理念无关的经营服务。对私自进行经营范围扩大，但又符合国家公园总体规划和特许经营项目计划需要的经营项目，经营扩大部分按协议特许经营费标准加倍收取。通过《钱江源国家公园体制试点区保护与发展年度评估报告》向社会公开。

3. 管理机构

（1）机构设置

1）机构调整、挂牌运营（2016—2018 年）。提升国家公园实体管理机构管理能力和效率，将 2014 年成立的衢州市委、市政府派出机构——中共开化国家公园工作委员会更名为“中共钱江源国家公园工作委员会”、开化国家公园管理委员会更名为“钱江源国家公园管理委员会”（简称“管委会”）。整合开化古田山国家级自然保护区管理局、开化钱江源省级风景名胜区管理委员会，管委会领导成员由地方政府、上级政府职能部门、试点区原住民等代表构成。设立钱江源国家公园生态资源保护中心，该中心为钱江源国家公园管理委员会下属事业单位。开化国家公园党工委管委会办公室更名为钱江源国家公园管理委员会综合办公室，不再与开化县委办公室、县政府办公室合署办公。

2）职能优化、理顺关系（2019—2020 年）。加快提升钱江源国家公园生态资源保护中心的保护管理和科研服务能力。进一步提高国家公园管理的专业化水平和管理效率，将资源利用建设、财务管理等职能调整至管委会相关内设部门。理顺国家公园与地方关系，推动管委会与县直部门、乡镇政府的协同治理，设置苏庄、齐溪、长虹、何田、国有林场保护站，管理试点区内居民卫生、教育、文化、农林生产、交通、通信等社会经济事务。2019 年 4 月整合“中共钱江源国家公园工作委员会”“钱江源国家公园管理委员会”，组建钱江源国家公园管理局，由省政府垂直管理，省林业局代管，为省一级财政预算单位，局机关设办公室和社区发展与建设处，规格均为正科级，不再保留“中共钱江源国家公园工作委员会”和“钱江源国家公园管理委员会”，将钱江源国家公园生态资源保护中心调整为钱江源国家公园综合行政执法队，设法制科、巡查科、执法科、科研监测中心（挂国家公园研究院牌子）和苏庄执法所、齐溪执法所、何田执法所、长虹执法所、林场执法所，规格均为正科级。

3）多省联建、国家直管（2021—2025 年）。整合休宁、婺源的相关保护管理机构的职能进入钱江源国家公园管理局，管理局由全国国家公园归口部门直管，相关领导由三省地方政府、上级政府职能部门、公园原住民等代表构成。

（2）机构主要职责

1）贯彻落实国家公园体制试点的方针政策和决策部署，负责制定各项管理制度①。

2）编制国家公园总体规划及专项规划。

3）履行国家公园范围内的生态保护、自然资源资产管理，依法对区域内水流、森林、山岭、荒地等所有自然生态空间统一进行确权登记。

4）组织开展有关资源调查并建立档案，负责生态环境监测，引导社区居民合理利用自然资源。

5）组织开展游憩、科普宣教、科研合作和科学研究工作。

6）组织实施特许经营，提出试点区门票价格制定的政策建议。

7）负责保护、建设、科研、生态补偿、社会捐赠等各项经费管理，落实收支项目的信息公开工作。

8）负责协调与当地政府及周边社区关系。

9）承担国家公园范围内资源环境综合行政执法职责。

10）负责管理护林员、解说员、志愿者队伍。

11）组织开展公益宣传、网络建设、业务培训、资源信息统计等。

12）承担浙江省政府交办的其他事项。

4. 人力资源管理

用 5—10 年时间，建设一支数量充足、素质优良、结构优化、布局合理的

① 详细职责参考浙江省《省委编委关于调整钱江源国家公园管理体制的通知》（2019）。

生态环保人才队伍，使人才队伍总体建设与生态环保事业发展的总体要求相一致。

（1）减员：逐步精简管理队伍

试点区相关机构现有人员编制70名，包括中共开化国家公园党工委管委会办公室4人编、古田山国家级自然保护区管理局28人编、钱江源森林公园（开化县林场齐溪分场）27人编、钱江源省级风景名胜区11人编。

试点区在现有相关人员编制基础上，按照财政供养人员只减不增的要求，统筹管理工作力量。落实力量下沉要求，优化管理人员结构，逐步精简管理队伍。

整合后的钱江源国家公园管理局书记由省林业局副局长兼任，局长由开化县县长兼任，设副局长2名，其中1名常务副局长（正处长级），负责日常工作，钱江源国家公园综合行政执法队设队长1名、副队长3名，钱江源国家公园管理局机关中层领导职数4名（正、副科长级各2名），钱江源国家公园综合行政执法队中层领导职数18名（正、副科长级各9名）。

（2）优岗：优化工作岗位配置

1）按需设岗，优化岗位类型结构。根据国家公园建设的生态环境保护与管理实际需要和《浙江省事业单位岗位设置管理实施办法（试行）》（2009年），坚持管理局的社会公益服务属性，实施岗位聘任制度。构建以专业技术岗位为主体的国家公园管委会人力资源格局（表6-7），战略突破期专业技术岗位不低于70%；保障生态巡护、工程技术、后勤服务等工勤技能人员比例，其中专职护林员配置标准不低于3000亩/人[①]。

表6-7　钱江源国家公园体制试点区管理局的岗位配置调整目标

岗位类型	2016—2020年目标比例/%	2021—2025年目标比例/%
管理岗位	20	10
专业技术岗位	50	70
工勤技能岗位	30	20

注：战略突破期的目标比例参考《浙江省事业单位岗位设置管理实施办法（试行）》（2009年），以专业技术提供社会公益服务的事业单位，应保证专业技术岗位占主体，一般不低于单位岗位总量的70%，专业技术高级、中级、初级岗位之间的结构比例，省属事业单位为3∶4∶3。

① 参考《浙江省公益林护林员管理办法》（浙江省林业厅，2013）。

2）专业化导向，改善岗位技术结构。战略调整期重点引进保护监测、生态环境监察与执法、信息与宣教、游憩旅游管理等领域专业人才，以弥补现阶段管理专业化水平较低的缺陷，中高级技术岗位比例达到70%；战略突破期重点引进生态保护研究、国际交流等相关专业领域人才，进一步提高管理的专业化、国际化水平。

3）柔性引进，提升人员层次结构。广拓人才补充渠道，设置名誉领导（名誉园长、名誉研究院院长）、客座研究员、特聘专家等柔性工作岗位，通过合作研究、聘用兼职、人才派遣、考察讲学、担任顾问等多种途径，吸引在全球生态环境保护等领域卓有影响力的高层次人才，提升公园人力资源队伍的层次结构。

（3）提能：提升人员能力

1）行政管理人员能力建设。对国家公园管委会主任、研究院院长等关键岗位职务实施全国公开招聘；建立和完善从基层一线选拔部门干部制度；通过培训教育、选拔任用、实践交流等措施，逐步培养造就一支思想政治素质高、依法行政能力强、业务知识丰富、善于推动科学发展的国家公园生态环保党政管理人才队伍。加强对生态环境监察执法和守法保障人才的教育培训，大力提高人员学历层次、专业人员比例、执法人员培训率和执证上岗率，国家公园生态环境执法能力与水平达到国家一级标准①。

2）专业技术人员能力建设。加强科研、监测、解说、信息宣教人员队伍的建设，探索建立首席科学家、首席专家、首席研究员等高端人才选拔使用制度；多渠道培养中青年优秀人才，实施学历提升计划和监测人员执证上岗制度；重视解说队伍的建设，探索建立解说员等级评聘制度；将教育培训、科研经历、职业资格、专业奖励纳入职称聘任的考核范围，引导建立专业技术人员的终身学习体系。

3）工勤技能人员能力建设。加强对基层环保人才的教育培训，通过技能竞赛、业务培训等多途径，提高生态巡护、工程技术、后勤服务人员的工作能力和业务素质。

（4）增效：增强组织效能

1）推进分类考核机制。建立由品德、知识、能力等要素构成国家公园人员考核评价体系，对行政管理人员、专业技术人员、管护人员、工勤人员进行分类考核制度。干部的绩效考评综合考虑民意满意度、岗位责任、工作业绩；专业技术人员和工勤人员的绩效考评根据专业技术和技能等级进行分级考核。将人员教育培训经历作为干部培养、选拔、使用和专业技术职务评聘的重要依据。设立钱

① 参照《全国环境监察标准化建设标准》（国家环境保护总局，2006）。

江源国家公园优秀服务成就奖。

2）强化分配激励机制。逐步建立重公平、重实绩、重贡献，向优秀人才、关键岗位和基层人才倾斜的分配激励机制；对不同人员实施高层次人才、高技能人才年薪制、协议工资制、项目工资制等多种分配形式，刺激各类人才的工作积极性。

5. 风险管理

（1）风险管理目标

针对钱江源国家公园复合生态系统发展过程中可能出现的自然风险、运营风险和社会风险，全面推进国家公园的生态环境风险管理，增强风险评估能力和风险防控水平，明确风险响应责任机制，为国家公园的建设保驾护航。

（2）风险评估

根据钱江源国家公园体制试点区保护目标和风险类型，科学分析国家公园存在的主要风险源（表6-8），探索建立风险评价模型及其评价点，识别各类风险影响，确定风险级别，由国家公园研究院负责定期向管委会提交风险评估报告。

表6-8　钱江源国家公园体制试点区的潜在风险类型

风险类型		主要风险源
自然风险	生态组分风险	钱江源生态安全、低海拔亚热带常绿阔叶林生物多样性、外来物种进入、森林火灾、污染等问题
	景观价值风险	钱江源水域风光景观、古田山地文景观、南方红豆杉、白颈长尾雉、黑麂等栖息地生物景观及浙赣皖边区文化景观价值折损问题
社会风险	公信力风险	国家公园相关法律法规、规划、管理制度的落实问题
	社会保障风险	国家公园建设对原居民养老、医疗、失业和最低生活的基本保障问题
运营风险	寻租风险	国家公园规划建设、特许经营等项目的民主性、公开性、公平性问题
	游憩风险	国家公园游览安全事故、卫生事故、疾病传播等问题
	经营风险	国家公园内发生的非法牟利、经营效益等问题

（3）风险预警

1）架设高敏感度预警管控网络。根据风险类型及其特征科学设置高覆盖率监测管控网络，加强基层保护站预警能力建设。对信息获取、报告、通报等提出具体要求，提高预警信息发布质量。建立面向公众的风险发现机制，实现防控中心与参观者的动态交流沟通，发挥国家公园的生态环境风险教育价值。

2）健全日常应急预警机制。坚持划片管理原则，针对潜在风险源，制定分类事件分级应急处理方案，并明确分级责任响应主体和惩处机制；加强舆论引导，通过各种渠道增加宣传频次，控制事件苗头、避险减灾。

3）建立三级应急响应机制。根据突发事件的严重程度和发展态势，设定Ⅰ级、Ⅱ级和Ⅲ级三个应急响应等级。初判发生特别重大、重大突发环境事件，分别启动Ⅰ级、Ⅱ级应急响应，由省政府主持应对工作；初判发生较大突发环境事件，启动Ⅲ级应急响应，国家公园管理局、开化县人民政府负责应对工作。

4）加强事件善后管理能力。制定事件损害评估办法，规定突发事件应急响应终止后的损害评估和社会公布程序，评估结论作为事件调查处理、损害赔偿、生态环境恢复、重建的重要依据。事后应组织开展事件调查，查明事件原因和性质，提出整改防范措施和处理建议，接受社会监督。

（4）风险控制

根据各类险情工作需要，采取现场处理、转移安置、医学救援、市场监管调控等风险控制对策。

1）以科学保护为依据，控制自然风险。根据突发自然风险事件的种类、性质以及当地自然、社会环境等现状，开展风险源的动态监测，科学确定监测布点和频次，以此为依据建立高效的应急监测设备、车辆调配机制，提升自然风险控制能力。

2）以提升社会效益为根本，控制社会风险。完善原住民利益诉求机制，确保利益分配向公园原住民群体适度倾斜。维护社会稳定，做好受影响人员、单位、地方人民政府及有关部门矛盾纠纷化解和法律服务工作，防止出现群体性事件。规范信息发布和舆论引导，通过政府授权发布、发新闻稿、接受记者采访、举行新闻发布会、组织专家解读等方式，主动、及时、准确、客观向社会发布突发事件和应对工作信息，回应社会关切，澄清不实信息。信息发布内容包括事件原因、影响范围、应对措施和事件调查处理进展情况等。

3）以利益保障为目标，控制经济风险。针对发生的危害国家公园全民公益性和社区发展机会的经营行为，及时处置的同时加强市场监管、调控，保障园区社会生活与经济活动的正常运行。提升国家公园紧急救援能力，针对突发的游览安全、医疗事故等事故，采取现场处理、转移安置、医学救援相结合的方式，建立现场警戒区、交通管制区域和重点防护区域，有组织、有秩序地及时疏散转移受威胁人员和可能受影响地区居民。加强转移人员安置点、救灾物资存放点等重点地区治安管控，严厉打击借机传播谣言制造社会恐慌、哄抢救灾物资等违法犯罪行为。

（5）风险对策

1）加强组织保障。建立风险防控中心，为生态资源保护中心下设机构，全面负责国家公园体制试点区风险管理工作。建立国家公园医疗救助中心，在苏庄、齐溪、长虹、何田保护站设置总站和分站，提供基本救助设施和医药物资。

2）制定专项计划。吸收国际经验，研究制定钱江源国家公园的生物多样性保护风险、森林火险、游憩风险三个专项风险管理专项计划，提高风险管理水准水平。

3）实施全程监督。建立独立于风险防控中心的监督反馈机构，对于事前评估、预警的科学性、及时性，事中的现场处理、转移安置、医学救援、市场监管调控，事后事件处置的问责程序、结果等接受社会监督。

6. 自然资源管理

（1）资源管理目标

通过深化改革，努力打造世界一流且具中国特色，既能与社会主义市场经济体制、国家治理能力和治理体系现代化建设相匹配，又能满足国家生态文明建设需要，充分体现全民所有自然资源资产所有者权益，进而确保国家资源安全及国家安全的现代化资源资产管理体制。在这一管理体制下，所有权与管理权实现分离，实现国家公园管理行为和过程法制化、规范化、标准化；资产管理理念深入人心，管理职能日趋完备，职责划分更趋科学，管理手段逐步多元化、连续化、系统化，信息系统逐步完善，管理可问责性和有效性增强，管理效率日益提升，自然资源科学合理利用水平得到提高，实现国家公园全民所有与保护目标。

（2）自然资产统一确权登记

自然资产确权颁证是保障试点区自然生态空间的土地所有权、建筑用地使用权、土地承包经营权、林权和房屋所有权的有效措施。根据《自然资源统一确权登记办法（试行）》，由登记机构会同钱江源国家公园体制试点区管理局或行业主管部门制定工作方案，依据土地利用现状调查（自然资源调查）成果、国家公园审批资料划定登记单元界线，收集整理用途管制、生态保护红线、公共管制及特殊保护规定或政策性文件，并开展登记单元内各类自然资源的调查，通过确权登记明确各类自然资源的种类、面积和所有权性质。

1）自然资源基础情况调查。

以自然资源调查为抓手，全面调查试点区各类自然资源要素的自然地理要素，统计森林、山岭、草地、河流、荒地、滩涂，以及河湖水域及水利工程设施的规模数量、空间分布和范围等特征，利用信息化手段进行自然资源要素属性数据采集，建立自然资源资产产权管理数据库，为试点区建设提供基础信息支撑和服务保障。

2）自然生态空间统一确权登记。

按照“摸底调查—权属勘界—信息建库与管理审核—结果公示—确权颁证”的工作方法，对森林、山岭、水流、草地、荒地、滩涂等自然生态空间进行统一的确权登记，逐步建立和完善自然生态空间统一确权登记的制度体系。

完成权属登记成果的整理、立卷、归档和数据汇总。总结自然生态空间确权登记发证工作流程、技术规范和实施经验，形成“资源调查—权属调查—补偿方案—登记发证—权属确定—争议调处”的系统性技术方法，为未来其他国家公园建设提供技术支持和政策参照。

3）自然资源资产产权信息管理。

建设试点区自然资源资产产权信息管理系统平台，对自然资源资产进行统一、动态管理。建立自然资源资产产权综合信息库，包含资源特征、使用限制、使用单位、用途等信息。对平台数据进行实时更新，并建立快速检索查询、统计分析和咨询管理方式，以对自然资源使用进行分析评价、动态监测和空间决策。

（二）土地流转与补偿

1. 流转方式

积极妥善处理好土地资源权属关系。按照《建设国家公园体制试点方案》相关要求，对钱江源国家公园体制试点区集体所有土地及其附属资源，通过征收、租赁和协议等流转方式调整权属管理、经营关系，使试点区的国有土地、林地面积达到一定比例，明确用途。近期尽量缩小征收、协议出让范围，通过提高生态公益林补偿标准、鼓励农民以生产要素入股等，降低投入成本，让农民分享建设成果。鉴于钱江源国家公园体制试点区的实际情况，试点期主要采用租赁、协议、股份合作三种流转方式，征收方式进行试点探索。

（1）征收

国家公园体制试点区的核心保护区完全体现国家生态建设的公益性，为了确保完整的保护，应依照法律规定的程序和权限对区内所有土地、林业、文化遗产等资产全部征收，转化为国有财产，并给予被征收的农村集体经济组织和个人进行合理补偿和拓展安置。方案期将征收古田山核心区的林地，剩余部分待钱江源国家公园正式批复实施时逐步征收。

（2）租赁

对于核心保护区、生态保育区和传统利用区的土地和林地，结合实际需要和居民意愿，由试点区管理局进行租赁、分类补偿，集中进行森林生态系统保护和生态保育工作，保证核心区的绝对保护和外围生态系统的自然演替。租赁补偿参照浙江省生态公益林补偿标准予以支付。

（3）协议

按照有关法律法规和国家有关政策的规定，经协商一致转让农村土地承包经营权。在不影响生态系统保护的前提下，坚持规范管理，加强合同管理，吸引社会资本在国家公园传统利用区、游憩展示区及个别生态保育区中开展规定数量、类型的特许经营活动。

（4）股份合作

探索建立集体建设用地使用、调换、互换等体制机制，开展农村土地承包经营权的确权登记颁证工作，支持引导农户采取入股方式流转土地承包经营权，支持土地向农村特色优势产业流转，带动土地利用向规模、集约、高效方向发展，做强特色优势产业。

建立健全集体林权制度改革长效机制，探索建立林权流转管理服务新机制，大力推进农民林业专业合作社建设，探索林下经济发展的政策和模式，全面落实林木采伐、林权流转、森林保险、投资融资、产业扶持等配套政策，保护林业资源，促进林农增收、林业增效。

2. 补偿办法

采取分区、分类补偿原则，补偿标准结合生态公益林、地方居民生活标准确定。主要补偿对象为核心保护区和生态保育区的集体林地资源。补偿标准参照浙江省和国家相关条例办法执行。

（三）未来征收方式的设计

国家公园充分体现全民公益性，当前时期综合采用征收、租赁、协议、股份合作等流转方式进行土地资源管理。其中核心保护区完全是生态系统、生物栖息地的保护，保护工作迫在眉睫，应在近期予以征收。生态保育区是核心保护区外围的延伸过渡区，可在中期条件成熟时进行征收。远期将根据国家公园建设需要，对游憩展示区和传统利用区的土地予以征收。最终实现国家公园土地的国有化。

钱江源国家公园管理试点区土地征收时序安排如表 6-9 所示。

表 6-9 钱江源国家公园管理试点区土地征收时序安排

功能区名称	面积/平方千米	占比/%	主要功能	征收时间
核心保护区	72.33	28.66	生态系统、生物栖息地保护	近期征收
生态保育区	135.80	53.81	生态系统恢复、科研	中期征收
游憩展示区	8.12	3.22	游憩利用、社区发展	远期征收
传统利用区	36.13	14.31	传统农林业经济发展	远期征收
合计	252.38	100		

（四）自然资源管理方式和制度保障

健全自然资源资产产权制度和用途管制，健全国家公园体制试点区自然资源资产管理体制，通过自然资源制度建设，保护钱江源国家公园体制试点区系统内的自然资源、自然过程、自然系统和价值，使其得到完整、有效保护。

1. 管理原则

（1）资源利用的可持续性

严格执行保护政策，充分发挥国家公园在生态建设中的积极作用，国家公园内的国有林地和林木资源资产不得出让。对确需经营利用的森林资源资产，应确定有偿使用的范围、期限、条件、程序和方式。

（2）保护资源传统利用方式

把握对林业资源、水域资源生产性利用的阈值，保证利用方式利于资源持续存在与利用。

（3）维护生态系统的多样性

强调生态系统的服务功能，维护生物多样性这一主要目标，保持文化景观的原生态性。

（4）保护生态系统的完整性

保护具有代表性和典型性的国家公园体制试点区的整体功能，在规划和管理过程中都应保证公园系统的完整性。

2. 管理方式

实施“自然资源一体化”管理。钱江源国家公园体制试点区管理局统一行使自然资源资产所有者职责。

实施“机构一体化”管理。将古田山国家级自然保护区、钱江源国家森林公园的资源保护部门调整至试点区管理局之下，同时将该区域自然资源的所有权从开化县国土资源局、林业局、水利局等相关部门中剥离出来，归口到试点区管委会所有并直接管理，重点推进土地、森林、水流、草原等各类资源管理的协调，增进自然资源管理的系统性和有效性，从根本上改变自然资源管理分散和割裂的局面，提高自然资源的总体功能。相关部门协助后续的资源监管工作和技术支持。

实施管理局监管与地方部门技术支持的合作管理方式。明确试点区自然资源资产管理和资源监管部门的职责分工，即管理部门主要负责监管自然资源资产的数量、范围和用途，监管部门主要负责自然资源的保护与修复，保障自然资源使用者的权益，确保生态功能得到严格保护。针对国家公园边界地区的影响性活动，通过与各级政府、企业个人、土地所有者之间的有效沟通，合作保护国家公园自然资源。

健全自然资源管理和监护的社会机制。对试点区自然资源利用引入社会参与机制，通过特许经营的方式进行自然资源的有效利用。在资金投入机制和资源权属界定管理上建立统一和垂直管理的、有法律保障的国有资产管理体系，为保护地提供稳定的资金来源和管理标准。

3. 管理措施

(1) 科学评估自然资源影响，保护和恢复自然生态系统

采用调查、监测、研究、评估等科研手段，收集和整理有关自然资源和文化资源信息，建立自然资源信息数据库，按照专业的、国家公园体制试点区管理的规定和标准存档。公布敏感性自然资源的特点和分布情况，特别是濒危受威胁或珍稀的物种以及具有商业价值的资源。编制环境评估和环境影响保护规划，限制国家公园体制试点区外部的影响。

对于国家公园体制试点区自然资源和价值受到的破坏、丧失和损害，应采取措施保护和恢复自然资源及其环境效益。确定对自然资源造成的危害，评估和监测相应的危害；确定恢复的所有与责任相关的成本，评估自然损害的成本，包括责任、恢复和监测活动的直接成本。

(2) 编制资源管理规划，完善自然资源管理体系

试点区法律体系建设上突出自然资源保护重点，实行资产产权确定和用途管理、功能区管理，建立生态环境补偿、环境承载力监测预警、污染物排放量控制、环境损害赔偿等制度。编制自然资源资产负债表，实行生态审计制度。

编制和定期修改（一般 10—20 年）自然资源综合管理措施规划，实现国

家公园体制试点区自然资源的综合管理。结合先进的科学技术手段，描述公园调查、研究、监测、恢复、保护、教育和资源使用管理，以及文化资源项目和游客利用情况。建立长期的研究和监测计划，监测自然系统以及人类活动的动态变化。对影响自然资源经营、管理规划要以科学的信息、数据、影响评估为依据。

（3）培养自然资源管理人才与培训管理技能

通过继续教育、研究生课程、研讨会、培训、授课、专业会议、专业或学术机构主办的其他项目来提高资源管理人员的专业水平。确定利用最新知识、技术和方法合理保护、保存、对待和解释资源属性，确保对提出的经营和资源管理的成本及效果进行全面、公开的评估。通过管理部门、公共机构、集体、个人、企业等主体的合作，改善试点区内部和周围地区的自然资源管理效果。

（4）完善自然资源保护资金政策

深化行政审批、土地和林权等制度改革，建立与国家公园建设相适应的体制机制，率先建立重点生态功能区和国家公园建设指标体系。根据试点区建设需要，指导测算搬迁、移民、退耕还林等各类土地面积，相应调整土地利用规划。针对试点区补偿机制，加大国家财政转移支付力度，省里出台配套政策，用于生态补偿、生态移民、生态修复及企业搬迁等方面。

（五）钱江源国家公园体制试点区管理体制存在的问题

1. 省份发达与区域薄弱的差异加大管理难度

浙江省属于我国整体经济发达地区，但是钱江源国家公园体制试点区所处的开化县是浙江省 12 个特别欠发达山区县（市、区）之一，地区生产总值与财政总收入位列全省最后梯队，城镇居民人均可支配收入和农民人均纯收入都不到浙江省平均水平的 2/3。另外，钱江源国家公园体制试点区内地势较高，易发地质灾害，属于开化县主体功能区中的禁止开发区，因此区内农业产业化程度较低，经济基础较为薄弱，试点区内还有较大规模的社区人口生活在高山、远山区域，尽管居民的下山迁移意愿较高，但后续生活保障存在隐患。如钱江源风景区内，上村、左溪村一带居民外迁至中心村或县城后，在就业层次、就业环境和生活质量水平方面面临诸多压力，特别是城乡二元户籍制度障碍，使得农村转移人口在享受教育、医疗等市民化待遇上还有困难，这些因素加大了钱江源国家公园体制试点区的管理难度。

2. 体制试点区用地不足与空间需求的矛盾

由于钱江源国家公园体制试点区内实际可利用土地有限，难以满足社区居民拓展生活和生产空间的需要，目前在生活空间方面，大部分居民在住房原址上翻修或新建房屋，并且除少数古民居外，大多数房屋保护不足，与乡村自然景观和整体风貌很不协调。在生产空间方面，居民的山林采伐和更新、无序拓耕种植苗木等行为打破了生产和生态空间平衡的关系，甚至部分区域出现了水土流失的情况。由于试点区内古田山保护区核心区和缓冲区内仍有居民居住，且外围实验区涉及 7 个行政村，人口数量压力较大，另外，社区居民祖辈相传的农耕生产和日常生活方式都对保护区生态建设和管理造成了很大压力，钱江源风景区也有相似遭遇，社区居民在其一级水源保护地范围内的水产养殖行为对水体造成了一定影响。总体而言，体制试点区用地不足与空间需求的矛盾造成管理工作执行力度较为薄弱。

3. 缺乏多元化资金投入机制

国务院《关于推进中央与地方财政事权和支出责任划分的指导意见》明确提出，将全国性战略自然资源使用和保护等基本公共服务划定为中央财政事权。《总体方案》也提出要建立财政投入为主的多元化资金保障机制，鉴于目前中央财政投入还十分有限，没有形成稳定持续的投入机制。尽管民间资本和社会公益资金有较强的介入意愿，但由于尚未建立相应的机制，也缺乏相关的法律保障，地方政府不敢贸然探索社会投入和保护机制。目前钱江源国家公园体制试点区开展集体土地赎买和租赁、企业退出、生态移民等任务需要大量资金，远超地方政府承受能力，多元化资金投入机制建设迫在眉睫。

4. 尚未建立成熟规范的特许经营和协议保护制度

特许经营在我国旅游业的发展中已经得到了实践，既为当前国家公园试点建设积累了经验，也遗留了需要规范和改进的空间。钱江源国家公园体制试点区内对特许经营和协议保护制度的探索大多处于起步或转型阶段，尚未形成成熟规范的制度模式。主要存在两方面问题：一是经营主体不明确。政府和保护地管理者直接或间接参与经营，导致政府管理职能和企业经营活动混淆，难以发挥政府的监督和执法职能。二是特许经营和保护程序模糊。缺乏规范的管理指南，流程缺乏公开公正，存在忽视社区利益的垄断经营；缺乏对经营项目规范而导致开发不当；缺乏对保护管理目标的重视使得不必要的基础设施建设影响生物多样性等问题发生。

5. 缺乏国家公园相关管理人才

国家公园体制建设在我国是一项全新的工作，前期的研究积累和理论、知识储备不足，体制试点面临着严重的人才、能力、科技支撑方面的制约。钱江源国家公园体制试点区由于专业性人才缺乏，对各项改革任务存在理解不透、执行上有偏差等问题，使其主动开展体制机制方面的创新面临众多困难，影响了体制改革进程。另外，国家公园体制试点区范围内的管理现状，与专业化、差别化、精细化的管理措施存在明显差距。保护地管理普遍面临自然资源本底不清楚、管理目标不明确、管理方法不规范，以及缺乏现代化的监测管理设备、科学合理的年度管理计划以及专业化管理人员等问题，制约了钱江源国家公园体制试点区管理质量和效率。

6. 保护与开发利用的矛盾未完全解决

当前钱江源国家公园体制试点区内各类自然保护地均依据不同的法律或部门规章进行管理，管理目标和管理要求不一致，缺乏对国家公园区域内自然资源进行统一规划，缺乏统筹管理土地空间的分功能使用。此外，由于受到经济社会发展的驱动，在“重开发，轻保护”的思想下，将国家公园内自然资源作为商品进行企业化运作，且在缺乏统一规划的情况下，无序开发和过度建设，忽视了区域生态环境和自然资源的保护和可持续利用，尚未实现生态、社会、经济三大效益综合有效发挥。

四、国家公园管理体系建设的总体方向及建议

（一）整合优化管理体制机制

1. 国家层面整合相关职能，建立国家公园管理部门

以钱江源国家公园体制试点区为例，国家公园的管理与国家层面分不开，因此国家层面的国家公园管理部门与全国自然资源资产管理体制改革相衔接，实行自然资源用途管制制度，重点考虑生态环境和自然资源保护的特殊性和专业性，按照自然资源资产所有者和监管者分离，以及一件事情由一个部门负责的原则，整合国土、环保、住建、林业、农业等部门相关职能和人员，组建国家公园管理部门，统一负责国家公园，自然保护区和其他保护地监管工作。将林业、环保、住建、文物、国土、水利、农业、海洋、旅游等相关部门与自然保护区、风景名胜区、森林公园、地质公园、湿地公园、海洋特别保护区（含海洋公园）、水利

风景区、矿山公园、种质资源保护区、沙化土地封禁保护区、国家公园（试点）和沙漠公园等各类自然保护地建设和管理职能划归国家公园管理部门。将相关部门组织、指导、协调、监督野生动植物（包括水生野生动植物）保护和合理开发利用职能划入国家公园管理部门；将指导、监督植物资源迁地保护职能划入钱江源国家公园管理部门。

钱江源国家公园管理部门职责如下。

（1）制定钱江源国家公园和自然保护区发展规划

结合全国主体功能区规划，国土空间生态格局和生态红线划定，综合考虑生态系统完整性、区域资源禀赋、生态保护目标和自然保护地布局，尤其重点关注自然保护地交叉重叠，多头管理，割裂生态系统完整性，碎片化比较严重的区域，编制钱江源国家公园和自然保护区发展规划，科学规划国家公园，自然保护区空间布局。

（2）拟定钱江源国家公园政策、法规、标准和技术规范

在资源条件、适应性条件、可行性条件等方面研究基础上，研究制定环境评价、用地管理、资源分类、分区规划、经营管理和可持续利用等方面的标准和规范。

（3）组织钱江源国家公园用地整合、新建和调整

根据全国国家公园发展规划，结合全国国土战略规划，提出国家公园用地建设、调整和整合建议，负责国家公园新建，调整和整合信息公布，向社会公告，接受公众监督。

（4）组织开展钱江源国家公园基础资源调查

定期组织开展生态环境、自然资源和生物多样性调查，为钱江源国家公园规划修正完善提供意见，指导钱江源国家公园建设和管理更好改进，调查周期为10年。

（5）组织钱江源国家公园建设管理评估

定期组织钱江源国家公园建设管理评估，对钱江源国家公园的机构与人员设置、范围界线、土地权属、基础设施、资金保障、规划制定与实施、资源本底调查、动态监测、主要保护对象变化、社区发展和人类活动影响等进行评估。对钱江源国家公园派出管理机构责任人实行离任审计，对违反相关法律和政策要求的违法行为追究责任。

2. 国家公园管理局统一负责国家公园保护、管理和运营

单一的国家公园由中央国家公园管理部门派出机构（国家公园管理局）直

接管理，以中央财政预算投入为主。国家公园管理局负责钱江源国家公园日常保护、管理和运营。具体职责如下。

（1）组织资源调查与监测

定期开展生态、资源、环境等方面系统的科学考察和监测，了解并掌握钱江源国家公园自然地理、生物多样性和人文资源等情况。

（2）编制发展规划

根据国家区域社会经济可持续发展要求，编制发展规划，明确管理目标和主要任务。根据自然资源的重要价值及保护对象的分布情况，确定不同区域自然资源保护的管理目标及严格程度，划分科学合理的功能区。对钱江源国家公园自然资源情况，对保护、科研宣教资源利用及管理等在时间上、空间上进行综合部署，作为钱江源国家公园发展的蓝图。

（3）促进社区协同发展

负责培训钱江源国家公园社区居民的生态管护、生态监测、导游讲解、文化传播、餐饮服务等职业技能，使其能够满足钱江源国家公园有关岗位需求，提高社区居民收入。调动社区居民参与钱江源国家公园的保护与建设，充分发挥传统文化和知识对钱江源国家公园保护的作用，实现钱江源国家公园与社区协同发展。

（4）监督管理特许经营

国家公园管理局不直接参与钱江源国家公园范围内的经营活动，仅负责对特许经营项目进行监督管理。具体包括对钱江源国家公园除公共服务类活动外的餐饮、住宿、购物、交通等营利性项目实行特许经营制度，负责特许经营权公开招标和授予。特许收入作为国有资产经营收入，通过“收支两条线”纳入财政预算。

3. 完善法律法规，实行“一园一法”

按照依法管理的准则，完善法律体系，出台国家公园专门法律，对钱江源国家公园保护和管理做出原则性的规定。结合各国家公园自然资源特征制定相应的管理规章，实行“一园一法”，明确国家公园生态保护责任、资产权属、管理权限、运营机制、监督机制、资金投入及分配、社区权责、执法规范等，控制国家公园开发利用强度和人类活动强度。

（1）建立审批制度，规范建设程序

根据全国国家公园发展规划，按照国家公园建设标准，重点考虑现行自发向多元交叉重叠，多头管理，自然生态系统人为切割，碎片化比较严重，保护地核心的区域，经过综合评估和科学论证，提出钱江源国家公园建设意见，由国家公园评审专家进行评审和协调，提出审批建议，由国务院批准。

(2) 加强资源保护，建立长效机制

国家公园应在明确保护对象和管理目标的情况下，制定自然资源的保护机制，定期开展生态、资源、环境等方面系统的科学考察，并建立和完善生态监测体系；在生态监测的基础上，建立国家公园管理评估制度，评估国家公园自然资源管理成效；建立监督考核机制，对国家公园管理机构责任人实行离任审计，对违反国家公园相关法律和政策要求的违法行为追究责任。

(3) 规范特许经营，促进社区发展

制定国家公园社区发展和特许经营等运营管理机制，规范特许经营运行。国家公园建设要协调处理好与社区之间关系，加强社区居民的生态管护、生态监测、导游讲解、文化传播、食区服务等职业技能培训，调动社区居民参与国家公园的保护与建设的积极性。

(二) 建立土地权属统一的管理制度

资源管理体制是钱江源国家公园体制机制设计的重要方面，也是自然资源资产产权制度、国土开发空间保护制度、以及资源有偿使用和生态补偿制度在国家公园范围内落地的举措之一。其中，土地资源的管理是体制机制建设的重点和难点。因此，钱江源国家公园资源管理体制应以土地权属制度的调整和创新为重点。

1. 明确保护对象及其需求

钱江源国家公园首先要加强保护。有效的保护必须建立在明确保护对象、设定保护目标并细化保护需求的基础上。保护需求的细化是建立适当的土地利用方式的前提，也是设计相应制度保障的科学依据。具体土地利用在空间上的实施，需要借助诸如地役权这样的制度落实，而涉及具体空间和管控方式的地役权，又需要借助政府事权，在不同的空间根据不同的保护需求和现实约束，使保护需求和合理利用等事务成为高级别的明确的政府事权，以推动地役权制度的实现。因此，在管理体制上，必须明确钱江源国家公园管理机构的事务范围并进行中央和地方政府的事权划分；在管理机制上，体现资金机制的核心地位并进行测算；在管理目标上，明确空间上的保护需求和相应的管理方式，最终将资金用到实处。而在保护需求上，则要在空间上明确保护需求和利用方式的强度，避免封闭式保护的不合理性，并将不同的保护和利用需求与政府事权对应，以明确包括生态补偿等在内的资金需求和保障渠道。

从技术角度而言，这种可降低保护成本，兼顾各方需求的制度创新需要细化保护需求。如前所述，一套合理的空间规划需要针对具体特定的保护对象，明确为保持其现有状态，或对其进行改良，或避免其恶化，需要采取哪些保护方式以达到保护目标，即梳理具体的保护需求，形成一套在空间上可以示范的行为准则，并将其与现有的土地权属和利用方式进行比较，提出土地利用的空间管制程度和方法，并针对保护需求划定管理功能区域。达到保护对象的保护目标所需要的行为，往往与生物因子和非生物因子都有关系，也正是通过对它们的量化，才能看到保护需求的空间分布。保护对象目标和需求的确定，需要建立在细致的本底调查和专家打分基础之上。

保护目标则要针对具体的保护对象设定，要依据长期观测中所定义的“正常”状态来确定，要有一个可参照的标准。因此，保护目标要描述保护结果，要具体，要适合量化，要有意义，并能被良好地传达。相应地，保护需求是描述达到保护目标的行动，或维持和优化以达到目标，或禁止和减轻以达到目标，即保护需求体现为两方面：①空间划界，鼓励行为及相关的机构建设和资金配套等；②限制或禁止行为清单，以及具体的监测和处理办法。只有采取这样的措施，才能保证保护需求落地并有行政力量支持，并与前述事权划分和资金测算相结合。

关于保护需求和空间管制实现的技术路线如图 6-1 和图 6-2 所示。

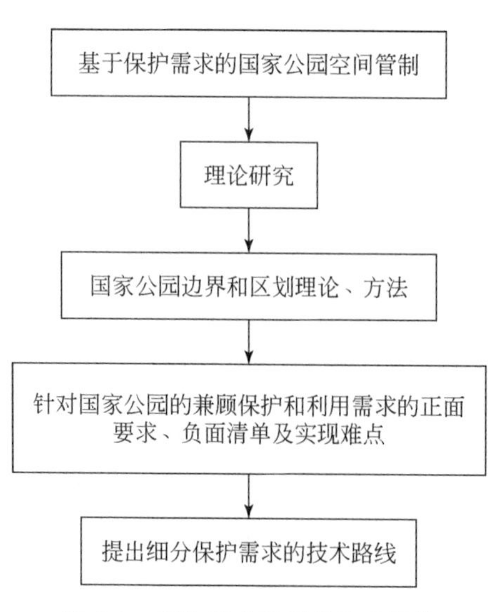

图 6-1　保护需求实现的技术路线

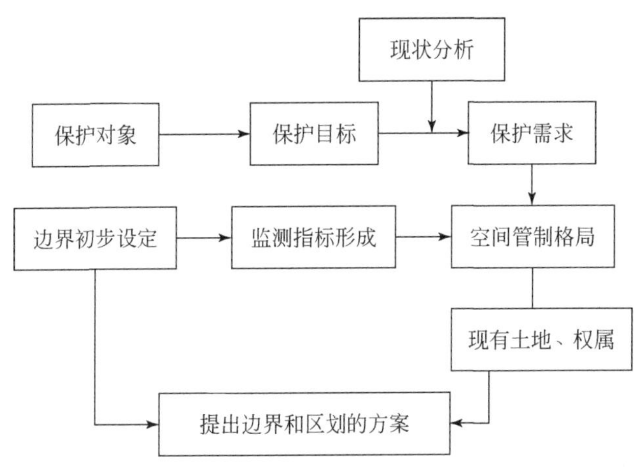

图 6-2　空间管制实现的技术路线

2. 充分利用地役权改革手段

在关于“权”的制度中，土地权属制度是难点（也直接关系到空间整合），尤其在目前的土地权属下，“地”的约束尤显突出。从进行国家公园试点的具体困难和生物多样性保护的需求出发，对相关事务的事权划分要和空间（包括边界）结合起来。如何在不改变土地权属的情况下，让彰显“保护为主，全民公益性优先”的管理体制落地，这需要通过地役权的形式来实现。这是因为细化保护需求的行为靠地役权落实，地役权本身就是在不改变土地权属的情况下实现土地资源统一管理以加强保护的低成本形式，其在中国，需要借助政府的事权，在不同的空间根据不同的保护需求和现实约束，让部分地役权成为高级别政府的事权，只有这样，才可能推动地役权及其配套制度的构建。

（三）多措并举广拓资金渠道

资金渠道主要是为了解决“钱”的问题。从梳理各类保护地人手，整理其不同的筹资和用资渠道，其中，重点是筹资渠道中的财政渠道和市场渠道。重点设计筹资渠道的主渠道——财政渠道。根据财政学原理，给出事权划分的依据，结合钱江源国家公园以及周边社区的具体管理需求，对事权进行细分，并在此基础上测算钱江源国家公园资金需求以及中央政府和地方政府分别承担的比例。设计筹资渠道中的市场渠道，给出符合保护要求并能体现全民公益性的钱江源国家公园产品品牌增值体系，既使其成为财政渠道的补充渠道，也使钱江源国家公园能带动周边区域实现绿色发展。

1. 制定《钱江源国家公园产品品牌管理办法》

《钱江源国家公园产品品牌管理办法》是品牌体系建立、管理和运行的法律保障，也是不同的体制机制的文本化形式。具体而言，它既应包括管理单位体制和资源管理体制的执行方案，也应包括保障品牌增值体系良好运行的政策机制（如资金机制、日常管理机制、社会发展机制、特许经营机制、社会参与机制和合作监督机制）。品牌相关的制度建设是《钱江源国家公园产品品牌管理办法》的重点，包括产业发展指导办法、品牌质量标准和管理办法、品牌认证标准、品牌推广管理办法、产品抽查和检测办法、品牌清退制度、第三方评估制度、国家公园产品品牌增值体系平台管理办法等。比如，在品牌质量标准体系中，要从基地、选种、原料、工艺、包装等方面设立标准，要充分考虑保护地友好、社区友好和文化遗产友好等；在品牌增值检测和保护评估体系中，要明确钱江源国家公园品牌年检制度，对相应产品展开年度质量资格检查，对质量事件和影响品牌发展的事件要依法处理，建立和完善不定期抽检制度等。

2. 采取措施扶持和培育品牌主体

采取扶持性政策，比如和精准扶贫等政策结合，支持龙头企业积极参与品牌建设，鼓励广大农户积极参与；并明确写入《钱江源国家公园产品品牌管理办法》。积极鼓励形成“品牌授权—龙头企业带动”的钱江源国家公园产品品牌发展模式，实现钱江源国家公园品牌的快速市场化。借助产业发展指导体系品牌增值检测和保护评估体系，筛选当地有条件、有品牌基础的优秀企业，确定为钱江源国家公园品牌企业。构建钱江源国家公园品牌特许经营模式，在产业发展指导体系中，明确品牌所有、品牌申请授权使用规则、定期监督检查等内容。

3. 借助“互联网+”建设配套信息服务体系

搭建和钱江源国家公园信息化管理平台衔接的、涉及不同利益相关方的钱江源国家公园产品品牌管理平台，提高管理效率，拓宽市场渠道。依托该平台，建立钱江源国家公园产品品牌管理体系和钱江源国家公园产品信息网络，并和电脑端、手机移动端进行关联。平台内容主要包括：收集分析和发布全球产品供需状况和商业趋势信息，为钱江源国家公园企业挖掘商机；提供咨询服务，包括以提供市场价格走势信息为主的专家在线咨询，提供农艺学家、牲畜养殖顾问与农户之间的在线交互式服务，提供各类产品生产经营和管理工具，为生产者提供各类产品经营管理软件和各类表格等；建立完善的钱江源国家公园产品销售网络系统，利用“互联网+”，促进电子交易在各个产业的普及，实现生产资料和产品的共同订货、发送、结算、产品质量追溯等，并发展连锁经营、现代物流、电子商务等新型流通业态。

4. 采取多元化的融资机制

通过规划引导，规范管理和资金支持，鼓励各类社会资金进入资源和文化保护领域。在特许经营机制下，鼓励和引导不同资本和金融信贷参与钱江源国家公园品牌的经营，将所获收益按比例用于公园内的保护、事务的管理和原住民的生态补偿。鼓励银行开展绿色信贷业务，设立钱江源国家公园基金（如产业投资基金、区域生态环境保护基金和行业性的创业投资基金），并对符合特区生态文明约束标准的企业给予优惠贷款支持。开展绿色金融服务，探索构建以直接投融资银行贷款等金融工具为支撑的、服务于钱江源国家公园品牌的绿色金融体系。探索建立以农村土地承包经营权为基础的农村集体土地产权抵押贷款的融资机制。按照“开发者付费，受益者补偿，破坏者赔偿”的原则，通过财政转移支付，项目支持技术援助等措施，对社区和公园管理给予合理补偿。

5. 建立涉及面更广的社区发展机制

在钱江源国家公园范围内，大部分原住民是农民，农业生产通常是当地居民赖以维持生计的主要活动和收入来源，也是人与自然关系的主要载体。必须充分考虑社区参与的重要性，考虑农民自身特点（如受教育水平不高等）。在《钱江源国家公园产品品牌管理办法》中，既要允许社区合理利用国家公园内的资源，也要特别考虑给予社区不同类型的生态补偿，对其开展与钱江源国家公园品牌相关的培训，分享品牌效应，即实现社区友好。比如，在产业发展指导体系中，明确龙头企业的管理。经营和就业等要向当地社区倾斜；只有充分考虑社区回报和补偿的企业和产品，才能被授予国家公园品牌的使用权。专门设置社区居民培训资金和机制，使当地居民了解国家公园品牌，并且认识到品牌价值和资源环境优势、文化优势之间的关系，使之主动参与生态、文化保护。

参考文献

白杨，欧阳志云，郑华，等.2011. 海河流域森林生态系统服务功能评估. 生态学报，31（7）：2029-2039.

保罗·霍根.2000. 自然资本论（中译本）. 王乃粒，诸大建译. 上海：上海科学普及出版社.

陈百明，黄兴文.2003. 中国生态资产评估与区划研究. 中国农业资源与区划，24（6）：20-24.

陈德敏，郑阳华.2017. 自然资源资产产权制度的反思与重构. 重庆大学学报（社会科学版），23（5）：68-73.

陈宏辉.2003. 企业利益相关者理论与实证研究. 浙江：浙江大学博士学位论文.

陈琳.2018. 生态资本的国内研究进展综述. 时代金融，（20）：42，44.

陈钦，陈治淇，白斯琴，等.2017. 福建省生态公益林生态补偿标准的影响因素分析——基于经济损失的补偿标准接受意愿调研数据. 林业经济，（2）：81-86.

陈尚，任大川，李京梅，等.2010. 海洋生态资本概念与属性界定. 生态学报，30（23）：6323-6330.

崔丽娟，张明祥.2002. 湿地评价研究概述. 世界林业研究，（6）：46-53.

邓远建，张陈蕊，袁浩.2012. 生态资本运营机制：基于绿色发展的分析. 中国人口·资源与环境，22（4）：19-24.

董家华，包存宽，舒廷飞.2006. 生态系统生态服务的供应与消耗平衡关系分析. 生态学报，25（6）：2001-2010.

樊杰.2007. 我国主体功能区划的科学基础. 地理学报，48（4）：339-350.

范金，周忠民，包振强.2000. 生态资本研究综述. 预测，（5）：30-35.

范立红，朱建华，李奇，等. 2018. 三峡库区土地利用/覆被变化对碳储量的影响. 南京林业大学学报（自然科学版），42（4）：53-60.

封志明，杨艳昭，闫慧敏，等.2017. 自然资源资产负债表编制的若干基本问题. 资源科学，39（9）：1615-1627.

高吉喜，范小杉，李慧敏，等.2016a. 生态资产资本化：要素构成·运营模式·政策需求. 环境科学研究，29（3）：315-322.

高吉喜，范小杉.2007. 生态资产概念、特点与研究趋向. 环境科学研究，20（5）：137-143.

高吉喜，李慧敏，田美荣.2016b. 生态资产资本化概念及意义解析. 生态与农村环境学报，32（1）：41-46.

高珊，黄贤金. 2010. 基于PSR框架的1953—2008年中国生态建设成效评价. 自然资源学报，25（2）：341-350.
郜红娟，韩会庆，张朝琼，等. 2016. 乌江流域贵州段2000—2010年土地利用变化对碳储量的影响. 四川农业大学学报，34（1）：48-54.
巩芳，常青，盖志毅，等. 2009. 基于生态资本化理论的草原生态环境补偿机制研究. 干旱区资源与环境，23（12）：167-171.
巩芳，长青，王芳，等. 2011. 内蒙古草原生态补偿标准的实证研究. 干旱区资源与环境，25（12）：151-155.
何涛，孙玉军. 2016. 基于InVEST模型的森林碳储量动态监测. 浙江农林大学学报，33（3）：377-383.
胡滨. 2011. 生态资本化：消解现代性生态危机何以可能. 社会科学，（8）：55-61.
胡聃. 2004. 从生产资产到生态资产：资产—资本完备性. 地球科学进展，19（2）：289-295.
胡欢，章锦河，刘泽华，等. 2017. 国家公园游客旅游生态补偿支付意愿及影响因素研究——以黄山风景区为例. 长江流域资源与环境，26（12）：2012-2022.
胡咏君，谷树忠. 2018. 自然资源资产研究态势及其分析. 资源科学，40（6）：1095-1104.
黄从红. 2014. 基于INVEST模型的生态系统服务功能评价研究——以四川宝兴县和北京门头沟区为例. 北京：北京林业大学硕士学位论文：26-28.
黄进，张晓勉，张金池. 2010. 开化生态公益林主要森林类型水土保持功能综合评价. 水土保持研究，17（3）：87-91.
姜宏瑶，温亚利. 2011. 基于WTA的湿地周边农户受偿意愿及影响因素研究. 长江流域资源与环境，20（4）：490-494.
解宪丽，孙波，周慧珍，等. 2004. 中国土壤有机碳密度和储量的估算与空间分布分析. 土壤学报，41（1）：35-43.
金淑婷，杨永春，李博，等. 2014. 内陆河流域生态补偿标准问题研究——以石羊河流域为例. 自然资源学报，29（4）：610-622.
赖郑华，饶相如，刘进社，等. 1995. 世界国家公园和保护区的未来走向与我国的对策. 河南农业大学学报，35（3）：298-303.
兰伟，陈兴，钟晨. 2018. 国家公园理论体系与研究现状述评. 林业经济，（4）：3-9.
冷文娟. 2010. 论生态资本的有效投入. 南通职业大学学报，24（1）：34-38.
黎元生. 2018. 生态产业化经营与生态产品价值实现. 中国特色社会主义研究，（4）：84-90.
李超显. 2018. 基于环境PDCA循环法的我国流域区域生态补偿实施对策分析. 节能，37（8）：102-104.
李金昌. 1991. 自然资源价值理论和定价方法的研究. 中国人口·资源和环境，1（1）：29-33.
李四能. 2015. 自然资源资产视域问题研究. 经济问题，（10）：20-25.
李银，陈国科，林敦梅，等. 2016. 浙江省森林生态系统碳储量及其分布特征. 植物生态学报，40（4）：354-363.
联合国. 2005. 千年生态系统评估报告. 伦敦：联合国.
梁亚民，韩君. 2015. 能源资源定价机制理论与方法研究. 甘肃社会科学，（6）：176-180.

刘璨，张敏新.2019. 森林生态补偿问题研究进展与评述. 南京林业大学学报（自然科学版），43（5）：149-155.

刘军，岳梦婷.2019. 游客涉入、地方依恋与旅游生态补偿支付意愿——以武夷山国家公园为例. 地域研究与开发，38（2）：112-116，128.

刘青，胡振鹏.2007. 江河源区生态系统服务价值评估初探——以江西东江源区为例. 湖泊科学，88（3）：351-356.

刘峥延，李忠，张庆杰.2019. 三江源国家公园生态产品价值的实现与启示. 宏观经济管理，（2）：68-72.

刘治彦.2017. 我国国家公园建设进展. 生态经济，33（10）：136-138，204.

罗丹丹.2018. 基于利益相关者视角构建大熊猫国家公园生态补偿机制. 湖南生态科学学报，5（4）：50-56.

罗文春. 2011. 基于农民意愿的土地征收补偿研究. 杨凌：西北农林科技大学博士学位论文.

麻智辉，高玫.2013. 跨省流域生态补偿试点研究——以新安江流域为例. 企业经济，32（7）：145-149.

马爱慧.2015. 基于双边界二分式条件价值法的农户耕地补偿意愿评估. 上海国土资源，36（4）：19-22，30.

穆治辊.2004. 增进生态资本：可持续发展的基本要求. 科技导报，（1）：55-57.

宁晨，闫文德，宁晓波，等. 2015. 贵阳市区灌木林生态系统生物量及碳储量. 生态学报，35（8）：2555-2563.

宁潇，吴伟志，胡咪咪，等.2016. 浙江省滨海湿地生态服务功能价值初步研究. 湿地科学与管理，12（4）：22-26.

牛新国，杨贵生，刘志健，等.2003. 生态资本化与资本生态化. 经济论坛，（3）：12-13.

潘耀忠，史培军，朱文泉，等.2004. 中国陆地生态系统遥感定量测量. 中国科学，34（4）：375-384.

彭晓春，刘强，周丽旋，等.2010. 基于利益相关方意愿调查的东江流域生态补偿机制探讨. 生态环境学报，19（7）：1605-1610.

任力，林正衡，李宁燊.2018. 生态流域治理的居民支付意愿研究. 金融教育研究，31（5）：3-11.

尚海洋，丁杨，张志强.2016. 流域生态补偿标准的域值空间分析——以石羊河流域民勤县为例. 资源开发与市场，32（12）：1456-1460，1538.

沈沉沉，尹俊光，张净，等. 2012. 宁波市镇海区生态公益林生态系统服务价值评估. 华东师范大学学报（自然科学版），（4）：120-130.

沈茂英，许金华.2017. 生态产品概念、内涵与生态扶贫理论探究. 四川林勘设计，（1）：1-8.

孙庆刚，郭菊娥，安尼瓦尔·阿木提.2015. 生态产品供求机理一般性分析. 中国人口资源与环境，25（3）：19-25.

孙孝平，李双，余建平，等.2019.. 基于土地利用变化情景的生态系统服务价值评估：以钱江源国家公园体制试点区为例. 生物多样性，27（1）：51-63.

唐小平.2014. 中国国家公园体制及发展思路探析. 生物多样性，22（4）：427-430.

王兵，魏江生，俞社保，等．2013. 广西壮族自治区森林生态系统服务功能研究．广西植物，33（1）：46 -51.

王海滨，邱化蛟，程序，等．2008. 实现生态服务价值的新视角（一）——生态服务的资本属性与生态资本概念．生态经济，（6）：44-48.

王济川，郭志刚．2001. Logistic 回归模型：方法与应用．北京：高等教育出版社．

王金南．2006. 向绿色税收迈出一步．环境经济，（5）：60.

王璟睿，陈龙，张燚，等．2019. 国内外生态补偿研究进展及实践．环境与可持续发展，（2）：121-125.

王军锋，侯超波．2013. 中国流域生态补偿机制实施框架与补偿模式研究——基于补偿资金来源的视角．中国人口・资源与环境，23（2）：23-29.

王俊燕，刘永功，卫东山．2017. 治理视角下跨省流域生态补偿协商机制构建——以新安江流域为例．人民长江，48（6）：15-19.

王伟，陆健健．2005. 生态系统服务功能分类与价值评估探讨．生态学杂志，（11）：27-33.

王秀丽，吴克宁，吕巧灵，等．2007. 郑州市郊区生态服务功能价值变化研究．中国农学通报，（3）：398-401.

王奕淇，李国平．2020. 基于选择实验法的流域中下游居民生态补偿支付意愿及其偏好研究——以渭河流域为例．生态学报，40（9）：2877-2885.

吴帅帅，刘锦．2018. 神农架国家公园生态补偿机制研究．湖北第二师范学院学报，35（7）：44-48.

肖寒，欧阳志云，赵景柱，等．2000. 森林生态系统服务功能及其生态经济价值评估初探——以海南岛尖峰岭热带森林为例．应用生态学报，10（4）：481-484.

肖俊威，杨亦民．2017. 湖南省湘江流域生态补偿的居民支付意愿 WTP 实证研究——基于 CVM 条件价值法．中南林业科技大学学报，37（8）：139-144.

肖思思，吴春笃，储金宇，等．2012. 城市湿地主导生态系统服务功能及价值评估——以江苏省镇江市为例．水土保持通报，32（2）：194-199，205.

谢高地，鲁春霞，成升魁．2001. 全球生态系统服务价值评估研究进展．资源科学，24（6）：5-9.

谢慧明．2012. 生态经济制度化研究．杭州：浙江大学博士学位论文．

谢双玉，王亚玲，黄涛，等．2014. 武汉市主城区土地利用/覆被变化及其对土壤有机碳储量的影响．华中师范大学学报（自然科学版），48（3）：442-447.

新华社．2016. 习近平主持召开中央财经领导小组第十二次会议．http://www.xinhuanet.com//politics/2016-01/26/c_1117903894.htm[2019-10-11].

徐大伟，刘春燕，常亮．2013. 流域生态补偿意愿的 WTP 与 WTA 差异性研究．自然资源学报，28（3）：402-409.

徐菲菲，王化起，何云梦．2017. 基于产权理论的国家公园治理体系研究．旅游科学，31（3）：65-74.

许纪泉，钟全林．2006. 武夷山自然保护区森林生态服务功能价值评估．杭州师范学院学报（自然科学版），27（5）：418-421.

薛卓彬．2017. 基于 InVEST 模型的延河流域生态系统服务功能评估．西安：西北大学硕士学位论文：25-26.

严立冬，屈志光，方时姣．2011. 水资源生态资本化运营探讨．中国人口·资源与环境，21（12）：81-84.

严立冬，谭波，刘加林．2009. 生态资本化：生态资源的价值实现．中南财经政法大学学报，（2）：3-8.

杨爱平，杨和焰．2015. 国家治理视野下省际流域生态补偿新思路——以皖、浙两省的新安江流域为例．北京行政学院学报，（3）：9-15.

杨光梅，闵庆文，李文华，等．2006. 基于 CVM 方法分析牧民对禁牧政策的受偿意愿——以锡林郭勒草原为例．生态环境，（4）：747-751.

杨海龙，杨艳昭，封志明．2015. 自然资源资产产权制度与自然资源资产负债表编制．资源科学，37（9）：1732-1739.

么相姝，金如委，侯光辉．2017. 基于双边界二分式 CVM 的天津七里海湿地农户生态补偿意愿研究．生态与农村环境学报，33（5）：396-402.

叶晗．2014. 内蒙古牧区草原生态补偿机制研究．北京：中国农业科学院博士学位论文.

叶有华，付岚，李鑫，等．2017. 珍稀濒危动植物资源资产价值核算体系研究．生态环境学报，26（5）：808-815.

喻永红．2015. 基于 CVM 法的农户保持退耕还林的接受意愿研究——以重庆万州为例．干旱区资源与环境，29（4）：65-70.

岳玲莉，高会旺，刘明君，等．2016. 利用胶州湾水环境指标分析青岛市环境经济关系．海洋环境科学，35（1）：106-112.

曾贤刚，虞慧怡，谢芳．2014. 生态产品的概念、分类及其市场化供给机制．中国人口·资源与环境，24（7）：12-17.

查爱萍，邱洁威，后智钢．2017. 基于双边界二分式条件价值法的杭州西湖风景名胜区旅游资源非使用价值评估．生态科学，36（2）：135-143.

张剑，罗贵生，王小国，等．2009. 长江上游地区农作物碳储量估算及固碳潜力分析．西南农业学报，22（2）：402-408.

张骏，袁位高，葛滢，等．2010. 浙江省生态公益林碳储量和固碳现状及潜力．生态学报，30（14）：3839-3848.

张昆．2016. 基于双边界二分式 CVM 的生态补偿标准研究．哈尔滨：东北农业大学硕士学位论文.

张林波，虞慧怡，李岱青，等．2019. 生态产品内涵与其价值实现途径．农业机械学报，50（6）：173-183.

张文明，张孝德．2019. 生态资源资本化：一个框架性阐述．改革，（1）：122-131.

张志强，徐中民，程国栋．2003. 条件价值评估法的发展与应用．地球科学进展，18（3）：454-463.

赵翠薇，王世杰．2010. 生态补偿效益、标准——国际经验及对我国的启示．地理研究，29（4）：597-606.

周雅聃，朱文君，卢漫，等. 2018. 深圳香蜜公园生态系统服务功能价值评估研究. 安徽农业科学，46（7）：64-67.

周映华. 2008. 流域生态补偿的困境与出路——基于东江流域的分析. 公共管理学报，（2）：79-85，126.

朱红根，康兰媛. 2016. 基于WTA的退耕还湿中农户受偿意愿及影响因素分析——来自鄱阳湖区实证调查. 农业经济与管理，（3）：60-66.

CarrollA B，Buchholtz A K. 2004. 企业与社会：伦理与利益相关者管理（原书第五版）. 黄煜平，等译. 北京：机械工业出版社：44-60.

Alix-Garcia J，De Janvry A，Sadoulet E. 2008. The role of deforestation risk and calibrated compensation in designing payments for environmental services. Environment and Development Economics，13（3）：375-394.

Bai Y，Ouyang Z Y，Zheng H，et al. 2011. Evaluation of the forest ecosystem services in Haihe River Basin，China. Acta Ecologica Sinica，31：2029-2039.

Beatríz Rodríguez-Labajos，Binimelis R，Monterroso I. 2009. Multi-level driving forces of biological invasions. Ecological Economics，69（1）：63-75.

Benfield J，Nutt R，Taff D，et al. 2018. A laboratory study of the psychological impact of light pollution in national parks. Journal of environmental psychology，57：67-72.

Clarkson M B E. 1995. A stakeholder framework for analyzing and evaluating corporate social performance. Academy of Management Review，20（1）：92-117.

Coase R H. 1960. The problem of social cost. The Journal of Law & Economics，（3）：1-44.

Costanza R，de Groot R，Sutton P，et al. 2014. Changes in the global value of ecosystem services. Global Environmental Change，26：152-158.

Dong J H，Bao C K，Shu T F. 2006. Analysis on the balance between supply and consumption of ecosystem services. Acta Ecologica Sinica，25：2001-2010.

Eggleston S，Buendia L，Miwa K，et al. 2006. 2006 IPCC Guidelines for National Greenhouse Gas Inventories. Kamiyamaguchi：The Institute for Global Environmental Strategies（IGES）for the IPCC.

Frederick W C. 1995. Values，Nature and Culture in the American Corporation. New York：Oxford University Press.

Freeman R E. 1984. Strategic Management：A Stakeholder Approach. Boston：Pitman.

Hanemann M，Loomis J，Kanninen B. 1991. Statistical efficiency of double-bounded dichotomous choice contingent valuation. American Journal of Agricultural Economics，73（4）：1255-1263.

Hanemann M. 1987. Welfare evaluations in contingent valuation experiments with discrete responses. American Journal of Agricultural Economics，69（1）：182-184.

Hicks J R. 1939. The foundations of welfare economics. Economic Journal，69：696-712.

Huang J，Zhang X M，Zhang J C. 2010. Comprehensive evaluation on soil and water conservation function of main forest types of ecological protection forest in Kaihua County. Research of Soil and Water Conservation，17：87-91.

Kristensen P. 2004. The DPSIR Framework. Workshop on a comprehensive/ detailed assessment of the vulnerability of water resources to environmental change in Africa using river basin approach. Nairobi，Kenya：UNEP Headquarters.

Loomis J，González-Cabán A. 1997. Comparing the economic value of reducing fire risk to spotted owl habitat in California and Oregon. Forest Science，43（4）：473-482.

Mcbratney A B，Morgan C L，SJarrett L E. 2017. Changes in the value of ecosystem services along a rural-urban gradient：a case study of greater Manchester，UK. Landscape and Urban Planning // Radford K G，James P. The Value of Soil's Contributions to Ecosystem Global Soil Security. New York：Springer International Publishing：117-127.

Millennium Ecosystem Assessment. 2005. Ecosystems and Human Well-being：A Framework for Assessment. Washington D. C.：Island Press.

Miller Z D，Rice W，Taff B D，et al. 2019. Concepts for understanding the visitor experience in sustainable tourism // McCool S F，Bosak K. A Research Agenda for Sustainable Tourism Cheltenham. Cheltenham，UK：Edward Elgar Publishing.

Mitchell R K，Agle B R，Wood D J. 1997. Toward a theory of stakeholder identification and salience：defining the principle of who and what really counts. Academy of Management Review，22（4）：853-886.

Mokany K，Raison J，Prokushkin A S. 2006. Critical analysis of root：shoot ratios in terrestrial biomes. Global Change Biology，12：84-96.

Newell R G，Stavins R N. 2000 Climate change and forest sinks：factors affecting the costs of carbon sequestration. Journal of Environmental Economics and Management，40（3）：211-235.

Ning X，Wu W Z，Hu M M，et al. 2016. A preliminary study on valuation of ecosystem services of the coastal wetlands in Zhejiang Province. Wetlands Ecology and Management，12：22-26.

Pearce D W，Turner R K. 1990. Economics of Natural Resources and the Environment. Baltimore：Johns Hopkins University Press.

Pearce D，Markandya A. 1987. Marginal opportunity cost as a planning concept in natural resource management. The Annals of Regional Science，21：18-32.

Pigou A C. 1962. The Econnmic of Welare. 4th ed. London：Macmliilan.

Qianjiangyuan National Park Management Committee. 2018. General plan of QianJiangYuan national park（2016—2025）. International Journal of Geoheritage and Parks，6：1-6.

Rodríguez-Labajos B，Binimelis R，Monterroso I . 2009. Multi-level driving forces of biological invasions. Ecological Economics，69（1）：63-75.

Runte A. 1997. National Parks：The American Experience. Lincoln：University of Nebraska Press.

Sharp R，Tallis H，Ricketts T，et al. 2018. InVEST 3. 7. 0 User's Guide. The Natural Capital Project，Stanford University，University of Minnesota，The Nature Conservancy，and World Wildlife Fund.

Taff D，Benfield J，Miller Z D，et al. 2019. The role of tourism impacts on cultural ecosystem services. Environments，64：43.

Van der Perk J P，Chiesura A，De Groot R S. 1998. Towards a conceptual framework to identify and operationalise critical natural capital. Working Paper of CRIINC-Project.

Wheeler D, Sillanpää M. 1998. Including the stakeholders the business case. Long Range Planning, 31 (2): 201-210.

Xiao H, Ouyang Z Y, Zhao J Z, et al. 2000. Forest ecosystem services and their ecological valuation-a case study of tropical forest in Jianfengling of Hainan island. Chinese Journal of Applied Ecology, 10: 481-484.

Xiao S S, Wu C D, Chu J Y, et al. 2012. Evaluation on dominant ecosystem service values and functions of urban wetlands—the case study of Zhenjiang City Jiangsu Province. Bulletin of Soil and Water Conservation, 32: 194-199.

Ye Y H, Fu L, Li X, et al. 2017. Preliminary study on the rare and endangered plant and animal resources accounting system. Journal of Environmental Sciences, 26: 808-815.

Yue L L, Gao H W, Liu M J, et al. 2016. The relationships between environment and economy of Qingdao City by using water quality parameters in Jiaozhou Bay. Marine Environmental Research, 35: 106-112.

Zhou Y D, Zhu W J, Lu M, et al. 2018. Evaluation of the economic value of ecosystem services from Shenzhen Honey Park. Journal of Anhui Agricultural Sciences, 46: 64-67.

附　　录

附录1　钱江源国家公园体制试点区政策的社区居民认知调查问卷

问卷编号：________

尊敬的先生/女士：您好！这是一份关于钱江源国家公园体制试点区（以下简称钱江源国家公园）的匿名问卷，主要为了解您对国家公园相关政策对保护地及社区发展的影响及对国家公园的认知。调查所收集的信息及其相关研究为促进钱江源国家公园体制试点区的建设及管理提供思路与建议。

感谢您的支持！

中国林业科学研究院　钱江源国家公园体制试点研究项目组

调查地点：________乡/镇________村　调查时间：2018年8月________日

调查员姓名：________________

居住地所处功能区位：①核心保护区；②生态保育区；③游憩展示区；④传统利用区；⑤公园区位以外。居住地离最近的县城距离：________千米

一、家庭人口信息

与户主关系	性别	年龄/岁	健康情况	政治面貌	受教育年限/年	工作类别	工作地点	是否常住人口

续表

与户主关系	性别	年龄/岁	健康情况	政治面貌	受教育年限/年	工作类别	工作地点	是否常住人口

注：1. 与户主关系：①户主本人　②户主配偶　③子女或其配偶　④孙子辈　⑤父母　⑥祖父母　⑦兄弟姐妹　⑧其他

2. 性别：①男　②女

3. 健康状况：①健康　②患病能自理且有劳动能力　③患病能自理，但无劳动能力　④完全不能自理

4. 政治面貌：①群众　②中共党员　③其他____

5. 受教育年限：未上过学为0年，小学为6年，初中为9年，中专或高中为12年，大专为15年，本科/大专为16年，研究生为18年及以上

6. 工作类别：①农林牧渔种养业　②自营工商业主　③外出务工　④兼业　⑤村干部（⑤-1 现任，⑤-2 曾经是）⑥上学　⑦其他________；

7. 工作地点：①本村　②本县　③本市　④本省　⑤外省　⑥国家公园内或原自然保护区/森林公园/风景名胜区内

8. 是否常住人口：①是　②否，其中常住人口指一周至少有五天生活在一起，经济上没有分开的家庭人员。

1. 2017年您家庭总收入：________元；其中：①打工收入________元　②农业收入________元　③林业收入________元　④个体经营收入________元　⑤政府补贴________元　⑥工资性收入________元　⑦其他________元

2. 您家实际经营耕地______亩；转入______亩，流转费______元/亩；转出______亩，流转费______元/亩。不耕种的荒地______亩。

其中，粮食作物种植______亩，年产值______元；经济作物种植______亩，年产值______元；经济林果种植______亩，年产值______元。

您家实际的林地______亩；转入______亩，流转费______元/亩；转出______亩，流转费______元/亩。【若流转费用不同，请记录：______】

二、国家公园体制试点区政策了解与影响感知

1. 您知道您生活所在区域被划为钱江源国家公园吗？________

①知道　②不知道

2. 您了解钱江源国家公园的功能吗？________

①非常不了解　②不太了解　③一般　④比较了解　⑤非常了解

3. 您认为设立钱江源国家公园是为了：________

①生态保护 ②经济发展 ③生态保护和发展旅游 ④其他________ ⑤不知道/没考虑过

4. 您认为当地区域经济发展和生态环境保护之间的优先选择关系是：________

①经济发展>生态保护 ②生态保护>经济发展 ③二者同时进行 ④只需要发展经济 ⑤只需要生态保护 ⑥不知道/不清楚

5. 您支持钱江源国家公园的成立建设吗？________

①非常支持 ②比较支持 ③一般 ④不太支持 ⑤非常不支持

6. 您认为所在村与钱江源国家公园的关系：________

①非常不融洽 ②不太融洽 ③一般 ④比较融洽 ⑤非常融洽

7. 您认为目前钱江源国家公园是否注重与社区居民的关系，如征求过社区居民的意见？________

①非常不重视 ②不重视 ③一般 ④比较重视 ⑤非常重视

8. 对钱江源国家公园可能带来的影响（1—18 项及其他）或您对国家公园有什么需求（1—11 项及其他）做出选择和判断：

（1）增加了工作及创业的机会：________

①非常不同意 ②不同意 ③一般 ④比较同意 ⑤非常同意

（2）带动旅游业发展，增加了收入：________

①非常不同意 ②不同意 ③一般 ④比较同意 ⑤非常同意

（3）增强环保意识，改变了居民传统的生活方式，引导绿色生活：________

①非常不同意 ②不同意 ③一般 ④比较同意 ⑤非常同意

（4）改善了当地基础设施建设：________

①非常不同意 ②不同意 ③一般 ④比较同意 ⑤非常同意

（5）吸引社会投资，促进开化县的社会经济发展：________

①非常不同意 ②不同意 ③一般 ④比较同意 ⑤非常同意

（6）保护本地传统文化，促进当地文化的对外宣传和传播：________

①非常不同意 ②不同意 ③一般 ④比较同意 ⑤非常同意

（7）提高了本地的知名度：________

①非常不同意 ②不同意 ③一般 ④比较同意 ⑤非常同意

（8）促进本地历史古迹和文化保护：________

①非常不同意 ②不同意 ③一般 ④比较同意 ⑤非常同意

（9）更好地保护了钱江源和当地生态系统：________

①非常不同意 ②不同意 ③一般 ④比较同意 ⑤非常同意

(10) 促进本地社区环境的美化：________

①非常不同意 ②不同意 ③一般 ④比较同意 ⑤非常同意

(11) 提供了教育、科研的场所：________

①非常不同意 ②不同意 ③一般 ④比较同意 ⑤非常同意

(12) 吸引了更多游客，造成车辆与人口拥挤、带来更多的生活垃圾：________

①非常不同意 ②不同意 ③一般 ④比较同意 ⑤非常同意

(13) 吸引了更多游客，打乱居民日常生活节奏：________

①非常不同意 ②不同意 ③一般 ④比较同意 ⑤非常同意

(14) 是政府的事情，居民没有得到太多实惠：________

①非常不同意 ②不同意 ③一般 ④比较同意 ⑤非常同意

(15) 占用更多集体土地资源，耕地减少：________

①非常不同意 ②不同意 ③一般 ④比较同意 ⑤非常同意

(16) 有关的补助补偿不足，损害居民利益：________

①非常不同意 ②不同意 ③一般 ④比较同意 ⑤非常同意

(17) 禁止采伐木材禁止打猎等，造成收入减少：________

①非常不同意 ②不同意 ③一般 ④比较同意 ⑤非常同意

(18) 野生动物肇事增多，居民损失增加：________

①非常不同意 ②不同意 ③一般 ④比较同意 ⑤非常同意

三、受偿意愿及生态补偿认知

1. 您是否了解“生态补偿”(这个概念)? ________

①非常不了解 ②不太了解 ③一般 ④比较了解 ⑤非常了解

2. 您家是否已获得以下生态补偿，请选择并填写：【并选择出最满意的一个________，原因是：______________________________】

生态补偿类别	实施起始年份	面积/亩	补贴标准［数额，元/(亩·年)，元/次］	补贴额/(元/年)	补助发放形式	实物明细
①生态公益林补偿基金						
②水源地生态保护补偿金						

续表

生态补偿类别	实施起始年份	面积/亩	补贴标准［数额，元/(亩·年)，元/次］	补贴额/(元/年)	补助发放形式	实物明细
③地役权改革补偿资金						
④其他________						
⑤其他________						

注：补助发放形式：①现金　②实物　③以劳务工资形式　④现金汇入农户专门银行账本　⑤其他________

3. 无偿的条件下，您是否愿意减少在当地的家庭经济活动（如采伐、农作、家庭旅游等）来促进支持钱江源国家公园的生态保护与建设？________

①愿意　②不愿意

若选“①愿意”，则最大能接受的损失程度是：(家庭月收入) ①可减少10以下　②可减少5以下　③可减少1以下　④其他________

4. 未来为了推进钱江源国家公园的继续发展，您是否愿意接受一定的补偿而放弃部分对钱江源国家公园自然资源（如森林、水等）的利用？________

①是　②否

若选择“②否”，则原因是（可多选）：①自己收入高　②未来自己会从国家公园获得更多的好处　③补偿不应该给个人和家庭，而应该给集体统筹　④没有付出代价，不是国家公园的“受害者”　⑤没有为国家公园和生态环境做贡献　⑥其他____________________

若选择“①是”，为了促进钱江源国家公园的继续建设和发展，若给您的补偿金额=________元/（年·户），您：

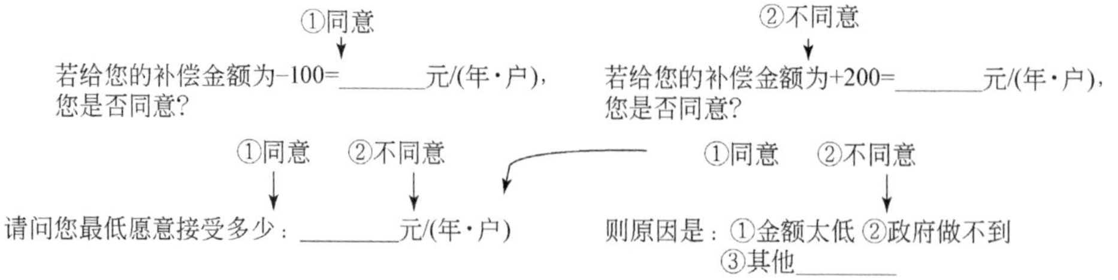

①同意

若给您的补偿金额为−100=________元/(年·户)，您是否同意?

①同意　②不同意

请问您最低愿意接受多少：________元/(年·户)

②不同意

若给您的补偿金额为+200=________元/(年·户)，您是否同意?

①同意　②不同意

则原因是：①金额太低 ②政府做不到 ③其他________

【编号 1—60：=600；编号 61—120：=800；编号 121—180：=1200；编号 181—240：=1600；编号 241—300：=1800；编号 301—360：=2000；编号 361—420：=2400】

5. 根据您的理解和实际需求，您最愿意接受的生态补偿形式有（请按喜好程度高低选择出 5 项）：______>______>______>______>________

①现金补偿　②实物补偿　③异地土地补偿　④技术补偿（工作机会）⑤政策补偿（特许经营权）　⑥金融补偿　⑦搬迁补偿　⑧多种形式组合

6. 若以现金形式补偿，您希望的现金补偿应依据何种计算方式：________

①按照土地面积及树龄　②按家庭人口数量　③按耕地及林地的所在区位　④其他________

7. 如果获得生态补偿费用，您认为应由谁来支付或者给予补偿金？（两类答案分别选答）______和________

第一类：①政府　②受益群体　③国际组织　④其他________________　⑤不知道/不清楚

第二类：①国家财政（中央政府）　②本省、市、县财政（本地地方政府）　③受益省、市、县财政（受益地方政府）　④受益群体（企业/个人）　⑤公益基金（社会捐资）　⑥其他____________　⑦不知道/不在意

8. 若以现金形式补偿，您个人愿意接受的补偿时限是：________

①一次性补偿　②定期发放

9. 若以现金形式补偿，您希望的补偿发放方式是：________

①直接补贴到当地农户的“一卡通”　②集中补贴给乡镇政府用于减免当地农户的社保　③其他________

————————感谢您的回答，问卷到此结束！————————

附录 2　浙江开化钱江源国家公园体制试点改革访谈座谈提纲

一、访谈座谈对象

1. 国家公园管理局（含古田山自然保护区管理局、钱江源国家森林公园森林管理机构、钱江源省级风景名胜区管委会）的负责人。

2. 地方政府有关人员。

3. 特许经营者。

4. 社区居民及社区管理者。

二、访谈座谈内容

1. 国家公园的管理机构设置、人员配置。

2. 国家公园的管理机构职责（包括事权责划分原则、职责范围等）。

3. 国家公园的管理体制：针对国家公园物品的不同属性，所确定的所有权、管理权、经营权等情况。

4. 国家公园的管理机制：资源保护管理、特许经营、科研与监测、宣传教育、工程设施建设、资金来源与管理、法律法规/条例规章、人力资源、科技支撑、收益分配、综合执法、社区发展与公众参与、风险管理、投资估算与效益等情况。

5. 国家公园体制试点改革进展以及所产生的影响/结果（改革前后的变化）。

6. 国家公园体制试点区社区居民的认知、意愿预调查。

7. 地方政府的职责；对国家公园资源保护与利用的规划指导；对社区发展、居民发展的规划指导。

8. 特许经营者的权责利；经营者数量；经营内容、分布、收益情况等。

9. 原国家公园体制试点改革之前的古田山自然保护区管理局、钱江源国家森林公园森林管理机构、钱江源省级风景区的相关数据（包括资源情况、经营管理情况、建设能力情况、资金来源与管理、科技、人力资源、周边社会经济发展情况等）。

三、资料形式

1. 整体资料（条目提纲式总结）。国家公园管理局（含古田山自然保护区管理局、钱江源国家森林公园管理局、钱江源省级风景名胜区管委会）提供管辖范围内资源现状及其经营管理的总体情况，并提供相关资料。

2. 回收问卷。社区居民填写《钱江源国家公园体制试点区政策的社区居民认知调查问卷》（每人填写1份）。